高等职业教育建筑工程技术专业系列教材

总主编 /李 辉
执行总主编 /吴明军

装饰装修工程施工

（第2版）

主 编 殷会斌
副主编 罗 莉 李 恒
主 审 杨丽君

重庆大学出版社

内 容 提 要

本书按照教育部高职高专建筑工程技术、建筑装饰工程技术等专业的教学要求编写而成,紧密结合建筑装饰工程技术专业的实际情况,突出实用性。本书共8章,主要包括概论、楼地面工程施工技术、墙面装饰工程施工技术、轻质隔墙工程施工技术、幕墙工程施工技术、吊顶工程施工技术、门窗工程施工技术、细部工程施工技术。

本书可供高等职业院校、成人高校、二级职业技术院校、继续教育学院和民办高校的建筑工程技术、建筑装饰工程技术专业教学使用,也可作为相关从业人员的培训教材。

图书在版编目(CIP)数据

装饰装修工程施工 / 殷会斌主编.--2 版.--重庆:
重庆大学出版社,2020.8(2024.1 重印)
高等职业教育建筑工程技术专业系列教材
ISBN 978-7-5689-2033-9

Ⅰ.①装… Ⅱ.①殷… Ⅲ.①建筑装饰—工程施工—
高等职业教育—教材 Ⅳ.①TU767

中国版本图书馆 CIP 数据核字(2020)第 075596 号

高等职业教育建筑工程技术专业系列教材

装饰装修工程施工
(第 2 版)

主 编 殷会斌
副主编 罗 莉 李 恒
主 审 杨丽君
策划编辑:范春青 刘颖果

责任编辑:姜 凤 版式设计:刘颖果
责任校对:王 倩 责任印制:赵 晟

*

重庆大学出版社出版发行
出版人:陈晓阳
社址:重庆市沙坪坝区大学城西路 21 号
邮编:401331
电话:(023) 88617190 88617185(中小学)
传真:(023) 88617186 88617166
网址:http://www.cqup.com.cn
邮箱:fxk@ cqup.com.cn(营销中心)
全国新华书店经销
POD:重庆新生代彩印技术有限公司

*

开本:787 mm×1092 mm 1/16 印张:19.5 字数:490千
2014 年 6 月第 1 版 2020 年 8 月第 2 版 2024 年 1 月第 5 次印刷
印数:12 001—13 000
ISBN 978-7-5689-2033-9 定价:49.00 元

编委会名单

（2）教材编写以项目教学为主导，以职业能力培养为核心，适应高等职业教育教学改革的发展方向。

（3）教改教材的编写以实际工程项目或专门设计的教学项目为载体展开，突出"职业工作的真实过程和职业能力的形成过程"，强调"理实"一体化。

（4）实训教材的编写突出职业教育实践性操作技能训练，强化本专业的基本技能的实训力度，培养职业岗位需求的实际操作能力，为停课进行的实训专周教学服务。

（5）每本教材都由企业专家参与大纲审定、教材编写以及审稿等工作，确保教学内容更贴近建筑工程实际。

我们相信，本系列教材的出版将对高等职业教育建筑工程技术专业的教学改革和健康发展起到促进作用！

序　言

进入 21 世纪,高等职业教育建筑工程技术专业办学在全国呈现出点多面广的格局。截至 2013 年,我国已有 600 多所院校开设了高职建筑工程技术专业,在校生达到 28 万余人。如何培养面向企业、面向社会的建筑工程技术技能型人才,是广大建筑工程技术专业教育工作者一直在思考的问题。建筑工程技术专业作为教育部、住房和城乡建设部确定的国家技能型紧缺人才培养专业,也被许多示范高职院校选为探索构建"工作过程系统化的行动导向教学模式"课程体系的专业,这些都促进了该专业的教学改革和发展,其教育背景以及理念都发生了很大变化。

为了满足建筑工程技术专业职业教育改革和发展的需要,重庆大学出版社在历经多年深入高职高专院校调研的基础上,组织编写了这套《高等职业教育建筑工程技术专业规划教材》。该系列教材由住房和城乡建设职业教育教学指导委员会副主任委员吴泽教授担任顾问,四川建筑职业技术学院李辉教授、吴明军教授分别担任总主编和执行总主编,以国家级示范高职院校或建筑工程技术专业为国家级特色专业、省级特色专业的院校为编著主体,全国共 20 多所高职高专院校建筑工程技术专业骨干教师参与完成,极大地保障了教材的品质。

系列教材精心设计该专业课程体系,共包含两大模块:通用的"公共模块"和各具特色的"体系方向模块"。公共模块包含专业基础课程、公共专业课程、实训课程 3 个小模块;体系方向模块包含传统体系专业课程、教改体系专业课程两个小模块。各院校可根据自身教改和教学条件的实际情况,选择组合各具特色的教学体系,即传统教学体系(公共模块+传统体系专业课)和教改教学体系(公共模块+教改体系专业课)。

本系列教材在编写过程中,力求突出以下特色:

(1)依据《高等职业学校专业教学标准(试行)》中"高等职业学校建筑工程技术专业教学标准"和"实训导则"编写,紧贴当前高职教育的教学改革要求。

前　言

随着国民经济的增长,社会的不断进步,科学技术的突飞猛进,人们对物质文明和精神文明的要求不断提高,促进了建筑装饰行业的迅速发展。建筑装饰已进入一个崭新的发展时代。按照国家新的施工规范、质量验收标准,科学合理地选用建筑装饰材料和施工方法,努力提高建筑装饰施工技术水平,对创造一个功能合理、舒适美观、绿色环保的环境,促进建筑装饰行业的健康发展,具有重要意义。

以《建筑装饰装修工程质量验收标准》(GB 50210—2018)、《建筑地面工程施工质量验收规范》(GB 50209—2010)等规范、规程和行业标准为编写依据,结合近几年装饰装修工程中应用的新材料、新技术、新工艺的实践经验,对建筑装饰各分项工程施工技术进行了全面阐述。本书是为了满足专业教学需要,适用于建筑工程技术、建筑装饰工程技术专业和室内设计技术等专业。

本书共 8 章,主要包括概论、楼地面工程施工技术、墙面装饰工程施工技术、轻质隔墙工程施工技术、幕墙工程施工技术、吊顶工程施工技术、门窗工程施工技术、细部工程施工技术等内容。本书系统介绍了建筑装饰工程施工技术的专业知识,重点介绍了相关施工技术方法和技巧,使学生对建筑装饰工程技术有全面的认识和掌握必须、够用的理论知识,并具备一定的实际操作能力。

本书遵循施工工作过程,从各分项工程的施工机具和所用材料的选择入手,按照先进性、针对性和规范性的原则,重点编写了各分项工程的施工工艺和质量验收标准,符合专业职业能力培养目标的要求。同时,每一章节后都设置有复习思考题,帮助学生对本章内容进行总结和巩固。全书采用了大量的施工图片等资料,突出了理论与实践的结合,具有应用性突出、可操作性强、通俗易懂等特点。

本书授课学时约为 64 课时。

本书由殷会斌担任主编,罗莉、李恒担任副主编,杨丽君担任主审。具体编写分工如下:第1—3章由甘肃建筑职业技术学院殷会斌编写,第4—6章由甘肃建筑职业技术学院罗莉编写,第7—8章由甘肃建筑职业技术学院李恒编写;甘肃建筑职业技术学院杨丽君教授对书稿进行了认真的校审。

由于编者水平有限,书中难免存在不足和疏漏之处,恳请广大读者给予批评、指正,以便修订时完善。

编　者

2020 年 4 月

目　录

第1章

概 论

• **基本要求**

(1)知识目标:了解建筑装饰工程的基本知识,理解建筑装饰工程在施工方面的基本规定,掌握建筑装饰的特点、范围及技术要求等方面的知识。

(2)能力目标:使学生具有对建筑装饰工程进行分析的能力,能掌握建筑装饰施工的顺序,使学生对建筑装饰工程有一个基本的了解。

• **重点**

(1)建筑装饰工程施工的特点。

(2)建筑装饰工程在施工方面的基本规定。

(3)住宅装饰施工在施工、防火安全、环境保护等方面的基本要求。

(4)建筑装饰施工顺序的安排。

• **难点**

通过对建筑装饰工程基本知识的学习,能对建筑装饰工程有比较系统的了解,并能在具体的施工中做好工程定位。

1.1　建筑装饰施工概述

建筑装饰施工是一项十分复杂的生产活动,涉及面广,其技术发展与建材、化工、轻工、冶金、机械、电子、纺织及建筑设计、施工、应用和科研等众多领域密切相关。随着国民经济和建筑事业的稳步高速发展,建筑装饰已成为独立的新兴学科和行业,并具有较大的规模,其在美化生活环境、改善物质功能和满足人们精神需求方面发挥着巨大作用。

1.1.1 建筑装饰装修的概念与作用

1）建筑装饰装修的概念

建筑装饰装修是为了保护建筑物的主体结构、完善建筑物的使用功能和美化建筑物，采用装饰装修材料或饰物，对建筑物的内外表面及空间进行的各种处理过程。

它不仅是在已有的建筑主体上覆盖新的装饰表面，对已有的建筑空间作进一步设计，也是对建筑空间不足之处的改进和弥补，使建筑空间满足使用要求、更具个性的一种手段。建筑装饰装修能够使建筑满足人们的视觉、触觉享受，进一步提高建筑物的空间质量，因此它已成为现代建筑工程不可缺少的部分。

2）建筑装饰装修的作用

（1）美化室内空间环境，满足使用功能要求

建筑装饰施工对改善建筑内外空间环境、美化生活空间和工作环境具有显著的作用。建筑装饰可通过材料的质感、色彩、线条和不同的装饰手法及构造处理来弥补和完善建筑空间的不足，从而使建筑空间更加完美，给人以直观的视觉上美的享受，满足人们精神方面的需求。建筑装饰还能增强建筑功能性方面的要求，通过装饰施工对建筑空间进行合理规划与艺术分隔，配以各类方便的装饰设置和家具等，满足使用功能要求，增强其实用性，如光学要求、声学要求、隔音要求等，改善空间环境，满足人们居住、工作、学习等方面的需求。

（2）保护建筑主体结构，增强建筑物耐久性

建筑物的耐久性受多方面的影响，它与结构设计、施工质量、荷载等因素有关。另外，从装饰施工作用的角度来看，包括两个方面的影响因素：一是受自然条件的影响，如水泥制品会因大气的作用变得疏松，钢材会氧化而锈蚀，竹木会因微生物的侵蚀而腐朽；二是人为因素的影响，如在使用过程中由于碰撞、磨损以及水、火、酸、碱的作用而造成破坏。建筑装饰采用现代装饰材料及科学合理的施工工艺，对建筑结构进行有效的包覆施工，使其免受风吹雨打湿气侵袭、有害介质的腐蚀，以及机械作用的伤害等，从而达到保护建筑结构，增强耐久性及延长建筑物使用寿命的作用。

（3）体现建筑物的艺术性

建筑是人的活动空间，建筑装饰装修又在人的视觉、触觉、意识、情感直接感受到的空间范围之内，它通过建筑装饰装修所营造的效果而呈现给人们。因此，建筑装饰施工具有综合艺术的特点，其艺术效果和所形成的氛围，强烈而深切地影响着人们的审美情趣，甚至影响着人们的意识和行动。一个成功的装饰设计方案，优质而先进的装饰材料和规范而精细的装饰施工，可使建筑获得理想的艺术价值而富有永恒的魅力。建筑装饰造型的优美，色彩的华丽或典雅，材料或饰面的独特，质感和纹理，装饰线脚与花饰图案的巧妙处理，细部构件的体形、尺度、比例的协调，是构成建筑艺术和环境美化的重要手段和主要内容。这些都需要通过装饰装修去实现。

（4）协调建筑结构与设备之间的关系

建筑物是供人们生活、工作的使用空间，其内部设施必须满足人们日常生活、工作的需要。这就涉及大量构配件和各种设备的安装组合，致使建筑空间管线穿插、设施交错。为了

理顺这种错综复杂的关系,就必须通过装饰施工,使其布局合理、穿插有序、隐显有致、使用方便。如吊顶处理就能综合协调解决空调送风、照明设施、消防喷淋、音响及烟感报警等装置的管线穿插问题;架空与活动地板、护墙板、装饰包柱、暖气罩、女儿墙压顶板、伸缩缝成型板等装饰处理措施和设置,既满足了建筑结构和设备的要求,将一些不宜明露的部分作隐蔽处理,又满足了使用功能要求,美化了空间环境。

3)建筑装饰装修的内涵

建筑装饰是广泛、普遍的文化现象。历史、文化的痕迹都在建筑装饰中留下了深刻的烙印,人们的意识、信念和价值观都通过这种形式得到显现。

如汉代的瓦当,不仅让建筑物外观宏伟壮丽,还可保护建筑物不被雨水冲蚀,具有很强的实用性。至今遗存的有传统祥瑞象征的"神龙""祥凤"和"狮子"等装饰与建筑相辉映,气势恢宏。如果去掉这些东西,建筑就失去了原有的威严,可见装饰的重要性。

建筑装饰更是使用价值和观赏价值综合为一体的集中表现。如屏风,它的功能体现在将建筑内部一个空间分隔为两个区域,具有半遮挡的实用功能,而且还能美化环境。又如,家居装饰更是个人文化、情感、艺术、意志的体现,丰富着人们的物质和精神生活。但一切装饰装修都要以人为本,为人服务。

1.1.2 建筑装饰施工的任务

建筑装饰施工的任务是通过装饰施工人员的劳动,实现设计师的设计意图。设计师将成熟的设计构思反映在图纸上,装饰施工则是根据设计图纸所表达的意图,采用不同的装饰材料,通过一定的施工工艺、机具设备等手段使设计意图得以实现的过程。设计图纸产生于装饰施工之前,对最终的装饰效果缺乏实感,必须通过施工来检验设计的科学性、合理性。因此,对装饰施工人员来说,不仅仅是"照图施工",还必须具备良好的艺术修养和熟练的操作技能,积极主动地配合设计师完善设计意图。但在装饰施工过程中,装饰施工人员不能随意更改设计图纸,按图施工是对设计师的尊重。如果有些设计确实因材料、施工操作工艺或其他原因而不能实现时,应与设计师直接协商,找出解决方法,即对原设计提出合理的建议并经过设计师的修改,使装饰设计更加符合实际,达到理想的装饰效果。实践证明,每一个成功的建筑装饰工程项目,都显示着设计师的才华和凝聚着施工人员的聪明才智与劳动。设计是实现装饰意图的前提,施工则是实现装饰意图的保证。

1.1.3 建筑装饰施工的特点

1)建筑装饰施工的附着性

建筑装饰是与建筑物密不可分的统一整体,它不能脱离建筑物而单独存在。建筑装饰施工是围绕建筑物的墙面、地面、顶棚、梁柱、门窗等表面附着装饰层的空间环境来进行,它是建筑功能的延伸、补充和完善。在建筑装饰施工过程中,不能损害建筑功能,不能凿墙开洞、重锤敲击、肆意破坏结构安全,不能影响通风、采光,不能带来安全、消防、卫生隐患等。这就要求装饰施工人员在实践中能够客观、合理、综合地处理建筑主体结构、空间环境、使用功能、施工工艺、工程造价和业主要求等多方面的复杂关系,确保建筑装饰施工按功能要求高质量地顺利进行。

2) 建筑装饰施工的规范性

建筑装饰施工需要完成的内容和涉及的领域十分广泛。在施工中,应依靠合格的材料与构配组件,通过科学合理的构造做法,由建筑主体结构予以稳固支承,在施工工艺操作和工序的处理上必须严格遵守国家颁发的、现行的有关施工规范和验收标准,所用材料及其应用技术应符合国家和行业颁发的相关标准,而不能一味追求表面美化,随心所欲地进行构造造型或简化饰面处理,粗制滥造地进行无规范施工,这必然会造成工程质量问题和后遗症,严重者将会危及人民生命安全。由此可见,对建筑装饰施工质量绝不能掉以轻心,一切施工活动均应按国家有关规范、标准施工。在装饰施工项目中实行招投标制,应确认建筑装饰施工企业和施工队伍的资质等级和施工能力。在施工过程中应由建设单位或建设监理机构予以监理,工程竣工后应通过质量监督部门及有关方面组织的检查验收。

3) 建筑装饰施工的严肃性

建筑装饰施工的很多项目与使用者的工作、生活及日常活动直接关联,要求应完善无误地按规程实施其操作工艺,有的工艺还应达到较高的专业水准并精心施工。因为建筑装饰施工大多是以饰面为最终效果,许多操作工序处于隐蔽部位并对工程质量起着关键作用,很容易被忽略,或是其质量弊病很容易被表面的美化修饰所掩盖。如大量的预埋件、连接件、铆固件、骨架杆件、焊接件、饰面板下部的基面或基层的处理,防潮、防腐、防虫、防火、防水、绝缘、隔音等功能性与安全牢固性的构造和处理,包括构件质量、规格、螺栓及各种连接紧固件设置的位置、数量及埋入深度等。如果在施工操作时不按操作程序,偷工减料,势必给工程留下质量安全隐患。为此,建筑装饰施工从业人员应是经过专业技术培训并接受过职业道德教育的持证上岗人员,其技术人员应具备美学知识、审图能力、专业技能和及时发现问题与处理问题的能力,应具有严格执行国家政策和法规的强烈意识,应严肃对待建筑装饰施工,切实保障建筑装饰施工质量和安全。

4) 建筑装饰施工组织管理的严密性

建筑装饰施工一般都是在有限的空间进行,其作业场地狭小,施工工期紧。对于新建工程项目,装饰施工是最后一道工序,为了尽快投入使用,发挥投资效益,一般都需要抢工期。对于那些扩建、改建工程,常常是边使用边施工。建筑装饰施工工序繁多,施工操作人员的工种也十分复杂,工序之间需要平行、交叉、轮流作业,材料、机具频繁搬动等造成施工现场拥挤滞塞,这样就增加了施工组织管理的难度。要做到施工现场有条不紊,工序与工序之间衔接紧凑,保证施工质量并提高工效,就必须依靠具备专业知识和管理经验的组织管理人员,并以施工组织设计作为指导性文件,对材料的进场顺序、堆放位置、施工顺序、施工操作方式、工艺检验、质量标准等进行严格控制,随时指挥调度,使建筑装饰施工严密、有组织、有计划地顺利进行。

1.2　建筑装饰施工的范围与发展

1.2.1　建筑装饰施工的范围

建筑装饰施工的范围几乎涉及所有的建筑物,即除了建筑物主体结构工程和部分设备工程之外的内容。它的范围包括以下几方面:

1)按建筑物的不同使用类型划分的范围

建筑物按不同的使用类型可划分为民用建筑(包括居住建筑和公共建筑)、工业建筑、农业建筑和军事建筑等。其中,绝大多数建筑装饰都集中在各类住宅、宾馆、饭店、影剧院、商厦、娱乐休闲中心、办公楼、写字楼等工业与民用建筑上。随着国民经济的发展及工程技术的不断提高,建筑装饰工程正在逐渐渗透到各种建筑中。

2)建筑装饰施工部位范围

建筑装饰施工部位范围是指能够引起人们视觉或触觉等感觉器官的注意或接触,并能给人以美的享受的建筑物部位。它可分为室外和室内两大类。建筑室外装饰部位有外墙面、门窗、屋顶、檐口、雨篷、入口、台阶、建筑小品等;建筑室内装饰部位有内墙面、顶棚、楼地面、隔墙、室内灯具及家具陈设等。

3)建筑装饰施工满足建筑功能部位范围

建筑装饰施工在完善建筑使用功能的同时,还要追求建筑空间环境工艺效果。如声学实验室的消声装置,是完全根据声学原理而定的,其每一部分都包含声学原理;电子工业厂房对洁净度要求很高,必须用密闭性的门窗和整洁明亮的墙面及吊顶装饰,顶棚和地面上的送回风口位置都应满足洁净要求;一些新型建筑墙体围护材料如金属外墙挂板、玻璃幕墙等,同时也是建筑饰面;还有建筑门窗、室内给排水与卫生设备、暖通空调、自动扶梯与观光电梯、采光、音响、消防等许多以满足使用功能为目的的装饰施工项目,必须将使用功能与装饰有机地结合起来。

4)建筑装饰施工的项目划分范围

根据《建筑装饰装修工程质量验收标准》(GB 50210—2018),将建筑装饰装修工程施工项目划分为抹灰工程、外墙防水工程、门窗工程、吊顶工程、轻质隔墙工程、饰面板工程、饰面砖工程、幕墙工程、涂饰工程、裱糊与软包工程、细部工程等,基本上包括了装饰施工必须涉及的项目。但对于相对独立的建筑装饰施工企业,在实际施工中,需要完成的装饰施工内容和需要接触的装饰施工领域,常常会超出这个范围而涉及许多方面。

1.2.2　建筑装饰工程的发展

建筑装饰是一个古老而新兴的行业。我国传统的建筑装饰技术,是中华民族极为珍贵的财富。无论是单座建筑,还是组群建筑以及各类建筑的内外装饰,大至宫殿、庙宇,小至商店、民居,尽管规模不同,其数千年延续发展的木构架,反映在亭台楼榭之中的装饰技巧和水平无不令人惊叹,雕梁画栋,飞檐挑角,金碧琉璃,以及独具美感的家具、帷幔、屏风,充分展示着劳动人民的高度智慧和精湛技艺。

20世纪60年代前后,建筑物的装饰一般都采用在抹灰的表面层刷石灰浆、大白浆等,只有少量的高级建筑才使用墙纸、大理石、花岗石、地板和地毯等高级装饰材料。

20世纪70年代以后,陆续出现了新的材料和新的施工技术,采用机械喷涂做喷毛饰面,并推广了聚合物水泥砂浆喷涂、滚涂、弹涂饰面做法,较好地解决了装饰面层开裂、脱落和颜色不均及褪色等问题。在干粘石的黏结层砂浆中加入108胶,解决了干粘石掉粒现象。各种墙纸、塑料装饰制品、地毯等中高档装饰材料的应用也越来越多。加上新技术、新工艺的不断创新,促进了建筑装饰施工技术的发展。

20世纪80年代以来,建筑装饰已从公共建筑迅速扩展到家庭住宅装饰上,装饰材料的发展变化也影响着装饰施工技术的发展变化。过去的装饰抹灰普遍都带有湿作业的性质,现在采用的胶合板、纤维板、塑料板、钙塑装饰板、铝合金板等作为墙体和顶棚罩面装饰,质量小,增强了装饰效果,并取代了抹灰,改变了湿作业,提高了工效,改善了劳动环境。各种性能优异的内外墙建筑涂料,如丙烯酸涂料、乳胶漆、真石漆面等,延长了使用年限,改善了建筑物饰面的外观效果。各类胶黏剂的使用,改变或简化了装饰材料的施工工艺。装饰施工机具的普遍使用,如电锤、电钻等电动工具代替了人工凿眼;气动或电动打钉则取代了手锤作业,能高效率地将钉子打入木制品上;射钉枪给铝合金门窗安装带来了方便;气动喷枪则代替了油漆工的涂刷等,施工机具的使用不仅提高了工效,而且保证了建筑装饰施工质量。为了适应建筑装饰施工技术的发展需要,国家颁发制定了一系列规范,使我国建筑装饰施工技术的质量标准有了科学依据,从而规范了建筑装饰行业的市场。

由此可见,建筑装饰施工技术将随着当代建筑发展的大潮而日趋复杂化和多元化,多风格、多功能并极尽高档豪华的建筑在全国各地涌现出来,如娱乐城、康体中心,特别是宾馆、酒店、商厦、度假村、旅游业之类的建筑均趋向多功能和装饰的尽善尽美,集休闲、购物、游乐、观光、健身、商业业务、办公为一体,要求超豪华的装饰和所谓超值享受,提供完备的服务和舒适方便的起居条件及优雅宜人的共享空间,促使建筑装饰工程迅速发展,异彩纷呈,不断更新换代。建筑装饰施工不断采用现代新型材料,集材性、工艺、造型、色彩、美学为一体,逐步用干作业代替湿作业,高效率装饰施工机具的使用减少了大量的手工劳动;对一切工艺及工序,都严格按规范化的流程实施其操作工艺,已达到较高的专业水准。

总之,现代建筑装饰施工行业正步入一个充满生机活力的激烈竞争时代,具有十分广阔的市场前景。

本章小结

建筑装饰是一个古老而又新兴的行业。装饰的内容和装饰服务的对象越来越广泛,涉及的行业和学科领域也更广泛,研究建筑装饰施工技术的内在规律及相关知识,对保证工程质量,促进装饰行业的健康发展是有重要意义。

复习思考题

1. 简述建筑装饰施工的作用与特点。
2. 建筑装饰施工的范围包括哪些方面?
3. 结合实际的参观及认识,谈谈你对建筑装饰施工技术现状的了解及未来的发展趋势。

第 2 章
楼地面工程施工技术

本章导读

● 基本要求

（1）知识目标：了解楼地面的组成与分类，熟悉各种楼地面的基本知识，掌握各种楼地面的施工技术和质量验收标准。

（2）能力目标：通过对施工工艺的深刻理解，使学生学会正确选择材料和组织施工的方法，具有解决施工现场常见工程质量问题的能力，能对建筑装饰施工进行设计和合理安排并进行质量验收。

● 重点

（1）现浇水磨石的施工工艺。

（2）各种面砖、大理石、花岗岩楼地面的施工工艺和质量验收。

（3）木地板的施工及质量验收。

● 难点

通过理论知识的学习，学生能结合实习任务书，独立完成施工过程并能写出操作、安全注意事项和感受。

2.1　楼地面工程施工技术概述

楼地面装饰包括楼面装饰和地面装饰两部分，两者的主要区别是其饰面基层不同。楼面装饰面层的基层是架空的楼板结构层，地面装饰面层的基层是回填土受力层。楼面饰面要注意防渗漏问题，地面饰面要注意防潮问题。

2.1.1　楼地面的组成

楼地面是建筑物底层地坪和楼层楼面的总称,它是室内空间的重要组成部分,也是室内装饰工程施工的重要部位。楼地面一般由基层、中间层和面层三部分组成,如图2.1所示。

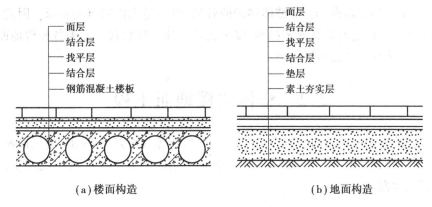

（a）楼面构造　　　　　　　　　　　（b）地面构造

图2.1　楼地面的组成

1）基层

地面基层多为素土或加入石灰、碎砖的夯实土。楼层的基层一般为钢筋混凝土楼板。基层的主要作用是承受室内物体荷载,并将其传给承重墙、柱或基础。

2）中间层

中间层位于基层之上,具有找平、结合、隔音、防潮、保温或敷设管道等功能。根据楼地面装修功能要求的不同,所需的材料也不一样。

3）面层

面层是楼地面的最上层,种类繁多。常用的面层有水泥砂浆面层、细石混凝土面层、面砖面层、木地板面层以及其他特殊材料面层。面层不仅对其下的层次有保护作用,最主要的是还具有很好的装饰作用,可以美化空间。面层一般都要求具有一定的强度、耐久性、舒适性和安全性。

2.1.2　楼地面的分类

室内楼地面有很多分类,根据分类标准不同其所分的类别也不同,主要有以下几种分类方式:

根据楼地面饰面材料的不同,可分为水泥砂浆楼地面、细石混凝土楼地面、水磨石楼地面、大理石楼地面、地砖楼地面、木地板楼地面以及地毯楼地面等。

根据楼地面装饰构造做法的不同,可分为整体式楼地面、板块式楼地面以及木楼地面和人造软质楼地面。

根据楼地面装饰用途的不同,可分为防水楼地面、防火楼地面、防腐楼地面、弹性楼地面及保温楼地面等。

在进行楼地面设计和施工时,在突出装饰作用的同时要结合房间的用途去选择材料,而且要选择合适的施工方法,以保证在达到最好装饰效果的同时也能保证合理的使用要求,使艺术性和使用功能完美结合。

楼地面装饰作为装饰三大面的一个主要组成部分,是装饰施工的一项重要内容。随着人们对装饰要求的不断提高和新型装饰材料、工艺的不断应用,楼地面装饰除了满足正常的使用要求外,还要具有高雅、美观、整体和谐的效果,以满足人们的审美要求。因此,过去单一的水泥类楼地面已逐渐被其他多品种、多工艺的楼地面所替代。因为各种楼地面材料不同,所以施工工艺和方法也不尽相同。

2.2　整体式楼地面工程

整体式楼地面由基层和面层组成。面层无接缝,整体效果好,造价低,施工简便,通常是整片施工,也可以分区施工。常见的整体式楼地面有水泥砂浆楼地面、细石混凝土楼地面和现浇水磨石楼地面。

2.2.1　水泥砂浆楼地面

1)概述

水泥砂浆楼地面是一种比较传统的施工工艺。一些新兴地面及现代地面装饰材料与施工技术的发展,往往把水泥砂浆地面作为基层进行再施工,如环氧树脂自流平地面。

水泥砂浆楼地面是直接在混凝土砂浆找平层上施工的一种方法,施工方便,造价偏低,工期短,但不耐磨,在使用过程中容易出现起灰起砂、空鼓等现象。冬季气温低、湿度大时容易产生凝结水现象。水泥砂浆楼地面所使用的材料主要有砂(细骨料)和水泥,其中水泥作胶凝材料,加水按照一定的比例配合。水泥和砂都必须严格按照施工要求选取。

2)施工准备

(1)材料要求

水泥采用强度等级为32.5或42.5的硅酸盐水泥(普通硅酸盐水泥和矿渣硅酸盐水泥);砂采用中砂较好,也可以中、粗砂混合使用,但是砂中含泥量要控制在3%以内。

(2)主要机具

水泥砂浆搅拌机、木抹子、铁抹子、括尺、水平尺等。

(3)施工条件

①建筑物主体工程已经验收且合格;

②有防水要求的楼面已经做好防水层,并做试水试验成功;

③室内门窗洞口已经安装完毕,并验收合格;

④管线及地漏等安装已经完毕;

⑤墙面水平基准线已经弹好。

3)施工工艺

施工工艺流程:基层处理(主要是清理基层)→弹标高控制线→洒水湿润→抹灰饼和标筋(或称冲筋)→搅拌砂浆(素水泥浆一层)→铺水泥砂浆面层→拍实搓平(木抹子)→压光

3 遍(铁抹子)→养护。

水泥砂浆楼地面是以水泥砂浆为主要材料,主要做法有单层和双层两种。单层做法是在基层上抹一层 15 ~ 25 mm 厚 1∶2.5 水泥砂浆面层(铁抹压光 3 遍);双层做法是先抹一层 10 ~ 12 mm 厚 1∶3 水泥砂浆找平层(木杠压实刮平,木搓拍实搓平),再抹 5 ~ 7 mm 厚 1∶1.5 ~ 1∶1.2 水泥砂浆面层(铁抹压光 3 遍)。有防滑要求的水泥砂浆楼地面,可将水泥砂浆面层做成各种纹理,以增加摩擦力。双层施工工艺烦琐,质量要求高、开裂少。水泥砂浆楼地面构造如图 2.2 所示。

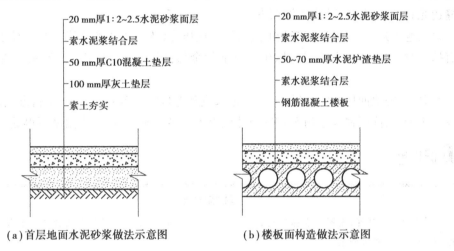

(a)首层地面水泥砂浆做法示意图　　(b)楼板面构造做法示意图

图 2.2　水泥砂浆楼地面构造

①基层处理:先将基层上的灰尘扫掉,用钢丝刷和錾子刷净,剔掉灰浆皮和灰渣层,用 10% 的火碱水溶液刷掉基层上的油污,并用清水及时将碱液冲净。

②弹标高控制线:根据墙上的 +50 cm 水平线,往下量测出面层标高,并弹在墙上。

③洒水湿润:用喷壶将地面基层均匀洒水一遍。

④抹灰饼和标筋(或称冲筋):根据房间内四周墙上弹的面层标高水平线,确定面层抹灰厚度(不应小于 20 mm),然后拉水平线开始抹灰饼(50 mm×50 mm),横竖间距为 1.5 ~ 2.0 m,灰饼上平面即为地面面层标高。如果房间较大,为保证整体面层平整度,还须抹标筋(或称冲筋),将水泥砂浆铺在灰饼之间,宽度与灰饼宽度相同,用木抹子拍抹成与灰饼上表面相平。铺灰饼和标筋的砂浆材料配合比均与抹地面的砂浆相同。

⑤搅拌砂浆:水泥砂浆的体积比宜为 1∶2(水泥∶砂),其稠度不应大于 35 mm,强度等级不应小于 M15。为了控制加水量,应使用搅拌机搅拌均匀,颜色一致。

刷水泥浆结合层:在铺设水泥砂浆之前,应涂刷水泥浆一层,其水灰比为 0.4 ~ 0.5(涂刷之前要将抹灰饼的余灰清扫干净,再洒水湿润),涂刷面积不要过大,随刷随铺面层砂浆。

⑥铺水泥砂浆面层:涂刷水泥浆之后紧跟着铺水泥砂浆,在灰饼之间(或标筋之间)将砂浆铺均匀,然后用木刮杠按灰饼(或标筋)高度刮平。铺砂浆时如果灰饼(或标筋)已硬化,木刮杠刮平后,将利用过的灰饼(或标筋)敲掉,并用砂浆填平。

⑦拍实搓平(木抹子):先用木刮杠刮平,再用木抹子搓平,从内向外退着操作,并随时用 2 m 靠尺检查其平整度。

铁抹子压光第一遍：木抹子抹平后，立即用铁抹子压第一遍，直到出浆为止，如果砂浆过稀、表面有泌水现象时，可均匀撒一遍干水泥和砂（1∶1）的拌合料（砂子要过 3 mm 筛），再用木抹子用力抹压，使干拌料与砂浆紧密结合为一体，吸水后用铁抹子压平。有分格要求的楼地面，在面层上弹分格线，用劈缝工具开缝，再用工具将分缝内压至平、直、光。上述操作均在水泥砂浆初凝之前完成。

第二遍压光：面层砂浆初凝后，人踩上去，有脚印但不下陷时，用铁抹子压第二遍，边抹压边把坑凹处填平，要求不漏压，表面压平、压光。有分格的地面压过后，应用工具压平，做到缝边光直、缝隙清晰、缝内光滑顺直。

第三遍压光：在水泥砂浆终凝前进行第三遍压光（人踩上去稍有脚印），铁抹子抹上去不再有抹纹时，用铁抹子把第二遍抹压时留下的全部抹纹压平、压实、压光（必须在终凝前完成）。

⑧养护：楼地面压光完工后 24 h，铺锯末或其他材料覆盖洒水养护，保持湿润，养护时间不少于 7 天，当抗压强度达到 5 MPa 时才能上人。冬期施工时，室内温度不得低于 5 ℃。

识扩展

> **抹踢脚板**
>
> 　　根据设计图规定，墙基体有抹灰时，踢脚板的底层砂浆和面层砂浆分两次抹成。墙基体不抹灰时，踢脚板只抹面层砂浆。
>
> 　　踢脚板抹底层水泥砂浆：清洗基层，洒水湿润后，按 50 cm 标高线向下量测踢脚板上口标高，吊垂直线确定踢脚板抹灰厚度，然后拉通线、套方、贴灰饼、抹 1∶3 水泥砂浆，用刮尺刮平、搓平整，扫毛浇水养护。
>
> 　　踢脚板抹面层砂浆：底层砂浆抹好，硬化后，上口拉线贴粘靠尺，抹 1∶2 水泥砂浆，用灰板托灰，木抹子往上抹灰，再用刮尺板紧贴靠尺垂直地面刮平，用铁抹子压光，阴阳角、踢脚板上口用角抹子溜直压光。

水泥砂浆在不同的房间有不同的要求，不同水泥砂浆楼地面构造做法参照表 2.1—表 2.3。

表 2.1　水泥砂浆地面构造做法

构造层次	做　法	说　明
面层	20 mm 厚 1∶2.5 水泥砂浆	
结合层	刷水泥砂浆一道（内掺建筑胶）	
垫层	60 mm 厚 C10 混凝土垫层	如有分格，在平面图中绘出分格线
基层	素土夯实	

表 2.2　水泥砂浆楼面构造做法

构造层次	做　法	说　明
面层	20 mm 厚 1∶2.5 水泥砂浆	各种不同填充层的厚度应适合不同暗管敷设的需要。暗管敷设时应以细石混凝土满包为准
结合层	刷水泥砂浆一道(内掺建筑胶)	
垫层	60 mm 厚 1∶6 水泥砂焦渣层或 CL7.5 轻集料混凝土	
楼板	现浇钢筋混凝土楼板或预制楼板现浇叠合层	

表 2.3　浴室、卫生间水泥砂浆楼面构造做法

构造层次	做　法	说　明
面层	15 mm 厚 1∶2.5 水泥砂浆	①在聚氨酯防水层表面撒适量细砂;
防水层	35 mm 厚 C15 细石混凝土;1.5 mm 厚聚氨酯防水层两道	②防水层在墙柱交界处上翻高度不小于 250 mm;
找坡层	1∶3 水泥砂浆或 C20 细石混凝土最薄处 20 mm 厚抹平	③防水层可采用新型防水层做法
结合层	刷素水泥浆一道	
楼板或垫层	现浇钢筋混凝土楼板或地面垫层	
基层	素土夯实	

4)质量验收标准

(1)主控项目

①水泥宜采用硅酸盐水泥,不同品种、不同强度等级的水泥不宜混用;砂应采用中粗砂,当采用石屑时,其粒径应为 1～5 mm,且含泥量不应大于 3%;防水水泥砂浆采用的砂或石屑,其含泥量不应大于 1%。

检验方法:观察检查和检查质量合格证明文件。

检查数量:同一工程、同一强度等级、同一配合比检查一次。

②防水水泥砂浆中掺入的外加剂的技术性能应符合国家现行有关标准的规定,外加剂的品种和掺量应经试验确定。

检验方法:观察检查和检查质量合格证明文件、配合比试验报告。

检验数量:同一工程、同一强度等级、同一配合比、同一外加剂品种、同一掺量检查一次。

③水泥砂浆的体积比(强度等级)应符合设计要求,且体积比应为 1∶2,强度等级不应小于 M15。

检验方法:检查强度等级检测报告。

检查数量:检验同一批次、同一配合比水泥混凝土和水泥砂浆强度的试验块,应按每一层(或检验批)建筑地面工程不少于 1 组。当每一层(或检验批)建筑地面工程面积大

于 1 000 m² 时,每增加 1 000 m² 应增做 1 组试块;小于 1 000 m² 按 1 000 m² 计算,取样 1 组;检验同一施工批次、同一配合比的散水、明沟、踏步、台阶、坡道的水泥混凝土、水泥砂浆 强度的试块,应按每 150 延长米不少于 1 组。

④有排水要求的水泥砂浆地面,坡向应正确、排水通畅;防水水泥砂浆面层不应渗漏。

检验方法:观察检查和蓄水、泼水检验或坡度尺检查及检查检验记录。

检查数量:

a. 基层(各构造层)和各类面层的分项工程的施工质量验收应按每一层或每层施工段 (或变形缝)划分检验批,高层建筑的标准层可按每三层(不足三层按三层计)划分检验批。

b. 每检验批应以各子分部工程的基层(各构造层)和各类面层所划分的分项工程按照自 然间(或标准间)检验,抽查数量应随机检验不应少于 3 间;不足 3 间的,应全数检查;其中走 廊(过道)应以 10 延长米为 1 间,工业厂房(按单跨计)、礼堂、门厅应以两个轴线为 1 间 计算。

c. 有防水要求的建筑地面子分部工程的分项工程施工质量每检验批抽查数量应按其房 间总数随机检验不应少于 4 间,不足 4 间的,应全数检查。

⑤面层与下一层应结合牢固,且应无空鼓和开裂。当出现空鼓时,空鼓面积不应大 于 0.04 m²,且每自然间或标准间不应多于两处。

检验方法:观察和用小锤轻击检查。

检查数量:同主控项目④。

(2)一般项目

①面层表面的坡度应符合设计要求,不应有倒泛水和积水现象。

检验方法:观察和采用泼水或坡度尺检查。

检查数量:同主控项目④。

②面层表面应洁净,不应有裂纹、脱皮、麻面、起砂等现象。

检验方法:观察检查。

检查数量:同主控项目④。

③踢脚线与柱、墙面应紧密结合,踢脚线高度及出柱、墙厚度应符合设计要求且均匀一 致。当出现空鼓时,局部空鼓长度不应大于 300 mm,且每自然间或标准间不应多于两处。

检验方法:用小锤轻击、钢尺和观察检查。

检查数量:同主控项目④。

④楼梯、台阶踏步的宽度、高度应符合设计要求。楼层楼段相邻踏步高度差不应大 于 10 mm;每踏步两端宽度差不应大于 10 mm,旋转楼梯梯段的每踏步两端宽度的允许偏差 不应大于 5 mm。踏步面层应作防滑处理,齿角应整齐,防滑条应顺直、牢固。

检验方法:观察和用钢尺检查。

检查数量:同主控项目④。

⑤水泥砂浆面层的允许偏差见表 2.4 的规定。

检查数量:同主控项目④。

表2.4　水泥砂浆面层的允许偏差

项　次	项　目	允许偏差/mm	检验方法
1	表面平整度	4	用2 m靠尺和楔形塞尺检查
2	踢脚线上口平直	4	拉5 m线和用钢尺检查
3	缝格顺直	3	

5）成品保护

①地面操作过程中要注意对其他专业设备的保护,如埋在地面内的管线不得随意移位,地漏内不得堵塞砂浆等。

②面层做完之后,在其养护期内严禁进入。

③在已完工的地面上进行油漆、电气、暖卫等专业工序施工时,注意不要碰坏面层,油漆、浆活不要污染面层。

④冬期施工的水泥砂浆地面操作环境如低于5 ℃时,应采取必要的防寒保暖措施,严格防止发生冻害,尤其是早期受冻,否则会使面层强度降低,造成起砂、裂缝等质量事故。

⑤如果先做水泥砂浆地面,后进行墙面抹灰时,要特别注意对面层进行覆盖,并严禁在面层上拌和砂浆和储存砂浆。

6）应注意的质量问题

（1）空鼓、裂缝

①基层清理不彻底、不认真。在抹水泥砂浆之前,必须将基层上的黏结物、灰尘、油污彻底处理干净,并认真进行清洗湿润,这是保证面层与基层结合牢固,防止空鼓、裂缝的一道关键性工序。如果不认真清除,使面层与基层之间形成一层隔离层,致使上下结合不牢,就会造成面层空鼓、裂缝。

②涂刷水泥浆结合层不符合要求。在已处理洁净的基层上刷一遍水泥浆,其目的是增强面层与基层的黏结力,这是一项重要的工序。涂刷水泥浆的稠度要适宜(一般为0.4～0.5的水灰比),涂刷时要均匀、不得漏刷,面积不要过大,砂浆铺多少刷多少。一般是先涂刷一大片,由于铺砂浆速度较慢,已刷上去的水泥浆很快干燥,这样不但不起黏结作用,反而起隔离作用。

另外,一定要用刷子涂刷已拌好的水泥浆,不能采用干撒水泥面后,再浇水用扫帚来回扫的办法,由于浇水不匀,水泥浆干稀不匀,也会影响面层与基层的黏结质量。

③在预制混凝土楼板及首层暖气沟盖上做水泥砂浆面层也易产生空鼓、裂缝。预制板的横、竖缝必须按结构设计要求用C20细石混凝土填塞、振捣密实,由于预制楼板安装完后,上表面标高不能完全平整一致,高差较大,铺设水泥砂浆时厚薄不均,容易产生裂缝,因此一般是采用细石混凝土面层。

④首层暖气沟盖板与地面混凝土垫层之间由于沉降不匀,也易造成此处裂缝,因此要采取防裂措施。

（2）地面起砂

①养护时间不够,过早上人。水泥硬化初期,在水中或潮湿环境中养护,能使水泥颗粒

充分水化,提高水泥砂浆面层强度。如果在养护时间短、强度较低的情况下,过早上人使用,就会对刚刚硬化的表面层造成损伤和破坏,致使面层起砂、出现麻坑。因此,水泥地面完工后,必须重视养护工作,当面层抗压强度达 5 MPa 时才能上人操作。

②使用过期、强度等级不够的水泥,水泥砂浆搅拌不均匀,操作过程中抹压遍数不够等,都会造成起砂现象。

(3)有泄漏的房间倒泛水

在铺设面层砂浆时,先检查垫层的坡度是否符合要求。设有垫层的地面,在铺设砂浆前抹灰饼和标筋时,应按设计要求抹好坡度。

(4)面层不光、有抹纹

必须认真按前面所述的操作工艺要求,用铁抹子抹压的遍数去操作,最后在水泥终凝前用力抹压,不得漏压,直到将前遍的抹纹压平、压光为止。

2.2.2 细石混凝土楼地面

1)概述

细石混凝土是用水泥、砂和小石子配合而成的,一般小石子所使用的粒径为 0.5 ~ 1.0 mm。细石混凝土楼地面强度高、干缩性小,与水泥砂浆楼地面相比,其耐久性和防水性更好,且不易起砂、起灰;但是厚度较大,一般厚度在 35 mm 左右。

细石混凝土可直接铺设在夯实的素土上或 100 mm 厚的灰土上,也可直接铺设在楼板上作楼面,不需要做找平层。细石混凝土面层有两种类型,即细混凝土面层和随打随抹面层。细石混凝土面层的构造做法是先铺一层 30 ~ 35 mm 厚由 1∶2∶4 的水泥、砂、小石子配制而成的 C20 细石混凝土,然后再做 10 ~ 15 mm 厚 1∶2 水泥砂浆面层。

随打随抹面层的构造做法是混凝土强度等级不低于 C15,在现浇混凝土楼地面浇捣之后,待其表面略有收水,即提浆抹平、压光。对防水要求高的房间,还可在楼面中加做一层找平层,而后在其上做"一毡二油"或"二毡三油"防水层。

2)施工准备

(1)材料

①水泥:常温施工宜用 32.5 级以上普通硅酸盐水泥或矿渣硅酸盐水泥,冬期施工宜用普通硅酸盐水泥。水泥要采用同一水泥厂生产且同期出厂的同品种、同强度等级、同一出厂编号的水泥,以保证楼地面颜色一致。要防止水泥过期强度不够,造成与基层结合不牢而空鼓和地面起砂。

②砂:粗砂,含泥量不大于 3%。要防止砂子过细,否则易出现空鼓、开裂。

③豆石:粒径为 5 ~ 15 mm,含泥量不大于 2%。混凝土面层所用的石子粒径不应大于 15 mm 和面层厚度的 2/3。

(2)施工机具

混凝土配制、运输工具:混凝土搅拌机、磅秤、手推车、小翻斗车、铁锹。

作业人员使用工具:铁锹、刮杠、木抹子、铁抹子、水桶、小线、水靴。

3) 施工条件

①施工完的结构已办完验收手续。

②室内墙面弹好 0.5 m 水平标高控制线。

③立完门框,钉好保护铁皮和木板。

④安装好水暖立管并堵牢管洞。

⑤门口处高于楼板面的砖层应剔凿平整。

⑥水泥、砂、石随机取样送试验室试验,且试验合格,出具细石混凝土配合比单。

4) 施工工艺

(1) 工艺流程

施工工艺流程:找标高,弹面层水平线→基层处理→洒水润湿→刷素水泥浆→冲筋贴灰饼→浇筑细石混凝土→撒水泥砂子干面灰→第一遍抹压→第二遍抹压→第三遍抹压→养护。

(2) 施工要点

①基层处理:基层表面的浮土、砂浆块等杂物应清理干净。墙面和顶棚抹灰时的落地灰,在楼板上拌制砂浆留下的沉积块,要用剁斧清理干净;墙角、管根、门槛等部位被埋住的杂质要剔凿干净;楼板表面的油污应用 5% ~10% 浓度的火碱溶液清洗干净。清理完后要根据标高线检查细石混凝土的厚度,防止地面过薄而产生空鼓、开裂。基层清理是防止地面空鼓的重要工序,一定要认真做好。

②洒水润湿:提前一天对楼板进行洒水润湿,洒水量要足,要保证第二天施工时地面湿润,但无积水。

③刷素水泥浆:浇灌细石混凝土前应先在已湿润的基层表面刷一遍 1∶0.4 ~0.45(水∶水泥)的素水泥浆,要随铺随刷,防止出现风干现象,如基层表面为光滑面,还应在刷浆前将表面凿毛。

④冲筋贴灰饼:小房间在房间四周根据标高线做出灰饼,大房间还应冲筋(间距 1.5 m);有地漏的房间要在地漏四周做出 2% 的泛水坡度;冲筋和灰饼均应采用细石混凝土制作,随后铺细石混凝土。

⑤浇筑细石混凝土:细石混凝土面层的强度等级应按设计要求做试配,如设计无要求时,一般为 1∶2∶3(体积比),坍落度应不大于 20 mm;并应每 500 m² 制作一组试块,不足 500 m² 时,也应制作一组试块。铺细石混凝土后用长刮杠刮平,振捣密实,表面塌陷处应用细石混凝土填补,再用长刮杠刮一次,用木抹子搓平。

⑥撒水泥砂子干面灰:砂子先过 3 mm 筛,用铁锹拌干面灰(水泥∶砂子 =1∶1),均匀地撒在细石混凝土面层上,待灰面吸水后用长刮杠刮平,随即用木抹子搓平。

⑦抹压。第一遍抹压:用铁抹子轻轻抹压面层,把脚印压平。第二遍抹压:当面层开始凝结,地面面层上有脚印但不下陷时,用铁抹子进行第二遍抹压,将面层的凹坑砂眼和脚印压平。要求不漏压,平面出光。地面的边角和水暖立管四周容易漏压或不平,施工时要认真操作。第三遍抹压:当地面面层上人稍有脚印,而抹压无抹子纹时,用铁抹子进行第三遍抹压,第三遍抹压要用力稍大,将抹子纹抹平压光,压光的时间应控制在终凝前完成。

⑧养护：面层抹压完 24 h 后，及时洒水进行养护，每天浇水两次，至少连续养护 7 天后方准上人（养护期间房间应封闭）。养护要及时、认真，严格按工艺要求进行养护。若为分隔缝地面，在撒水泥砂子干面灰过杠和木抹子搓平以后，应在地面弹线，用铁抹子在弹线两侧各 20 cm 宽的范围内抹压一遍，再用溜缝抹子划缝；以后随大面压光时，沿分隔缝用溜缝抹子抹压两遍，然后交活。

5）质量标准

（1）保证项目

①细石混凝土面层的材质、强度（配合比）和密实度必须符合设计要求和施工规范规定。

②面层与基层的结合必须牢固，无空鼓。

（2）基本项目

①细石混凝土表面密实光洁，无裂纹、脱皮、麻面和起砂等现象。

②一次抹面砂浆面层表面洁净，无裂纹、脱皮、麻面和起砂等现象。

③有地漏和带有坡度的面层，坡度应符合设计要求；不倒泛水，无渗漏，无积水；地漏与管道口结合处应严密平顺。

④踢脚线的高度要一致，出墙厚度要均匀；与墙面结合牢固，局部空鼓的长度不大于 200 mm，且一个检查范围内不多于两处。

（3）允许偏差项目

①表面平整度允许偏差 5 mm。

②踢脚线上口平直允许偏差 4 mm。

③地面分格缝平直允许偏差 3 mm。

6）成品保护

①细石混凝土施工时运料小车不得碰撞门口及墙面等处。

②地面上铺设的电线管、暖卫立管应设置保护措施。

③地漏、出水口等部位安放的临时堵头要保护好。

④不得在已做好的地面上拌和砂浆。

⑤地面养护期间不得上人，其他工种不得进入操作，养护期过后也要注意成品保护。

⑥油漆工刷门窗口、扇时，不得污染地面与墙面及明装的管线。

7）应注意的质量问题

（1）面层起砂、起皮

由于水泥强度等级不够或用过期水泥、水灰比过大、抹压遍数不够、养护期间过早进行其他工序操作，都易造成面层起砂现象。在抹压过程中，撒干水泥面（应撒水泥砂拌合料）不均匀，有厚有薄，表面形成一层厚薄不匀的水泥层，未与混凝土很好地结合，会造成面层起皮。如果面层有泌水现象，要立即撒水泥砂（1∶1＝水泥∶砂）干拌合料，撒均匀、薄厚一致，木抹子搓压时要用力，使面层与混凝土紧密结合成整体。

（2）面层空鼓、有裂缝

由于铺细石混凝土之前基层不干净，如有水泥浆皮及油污，或刷水泥浆结合层时面积过大，用扫帚扫、甩浆等都易导致面层空鼓。由于混凝土的坍落度过大，滚压后水分过多，撒干拌合料后终凝前尚未完成抹压工序,造成面层结构不紧密,易开裂。

(3)面层抹纹多,不光

其主要原因是铁抹子抹压遍数不够或交活太早,最后一遍抹压时应抹压均匀,将抹纹压平压光。

2.2.3　水磨石地面施工工艺

1)概述

水磨石地面是以水泥为主要原材料的一种复合地面,其低廉的造价和良好的使用性能,使得它在超大面积公共建筑中被广泛采用。水磨石地面经常会采用分格施工。水磨石地面主要是以水泥为胶结材料,加入一定颜色、一定粒径的石渣,有时为了使其有丰富的装饰效果也可加入适量的颜料,经过搅拌、成型、养护、凝固硬化后,磨光露出石渣,并再经过补浆、细磨、打蜡等工序而成。水磨石地面的最大优点是防潮,也具有平整光洁、坚固耐用、整体性好、耐污染、耐腐蚀、易清洁等优点。但施工过程烦琐,施工周期较长。图2.3为水磨石构造详图。

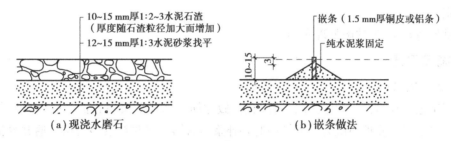

图2.3　水磨石构造详图

现浇水磨石楼地面的构造做法:首先要清理基层,基层清理不干净会导致水磨石地面的空鼓等质量问题;然后在基层上用1∶3水泥砂浆找平12～15 mm厚,当有预埋管道和受力构造要求时,应采用不小于30 mm厚的细石混凝土找平;接着在找平层上镶嵌分格条;再用1∶1～1∶2.5的水泥石子浆浇入整平,待硬结后用磨石机磨光;最后补浆、打蜡、养护。

2)施工准备

(1)材料

①水泥:深色水磨石宜用32.5级以上的硅酸盐水泥、普通硅酸盐水泥或矿渣硅酸盐水泥。美术水磨石用32.5级以上白水泥。

②石粒:水磨石面层所用的石粒,应采用坚硬可磨的白云石、大理石等岩石加工而成,石粒应洁净无杂物,其粒径除特殊要求外,一般为6～15 mm。

③颜料:采用耐光、耐碱的矿物颜料,不得使用酸性颜料,要求无结块,其掺量宜为水泥用量的3%～6%(应由试验确定)。

④分格条:铜条厚1～1.2 mm,合金铝条厚1～2 mm,玻璃条厚3 mm,彩色塑料条厚2～3 mm,宽均为10 mm,长度以分块尺寸而定,一般为1 000～1 200 mm。铜、铝条须经调直使用,下部1/3处每米钻φ2 mm孔,穿铁丝备用。

⑤其他:草酸、白蜡、22号铁丝。草酸为白色结晶,块状、粉状均可。白蜡用川蜡和地板

蜡成品。

（2）主要机具

机械设备：平面磨石机、立面磨石机、砂浆搅拌机等。

主要工具：平铁锹、滚筒（直径150 mm，长800 mm，重70 kg左右）、铁抹子、水平尺、木刮杠、粉线包、靠尺、60~240号油石、手推胶轮车等。

（3）施工条件

①顶棚、墙面抹灰已经完成，门框已经立好，各种管线已埋设完毕，地漏口已经遮盖。

②混凝土垫层已浇注完毕，按标高留出水磨石底灰和面层厚度，并经养护达到5 MPa以上强度。

③工程材料已备齐，运到现场，经检查质量符合要求，数量可满足连续作业的需要。

④为保证色彩均匀，同颜色的面层应使用同厂、同批水泥与颜料，按工程大小一次配够，干拌均匀过筛成为色灰，装袋扎口、防潮，堆放在仓库备用。

⑤石粒应分别过筛，去掉杂质并洗净晾干备用。

⑥彩色水磨石当使用白色水泥掺色粉配制时，应事先按不同的配比做出样板，供设计和甲方选定。

⑦基层清理干净，缺陷处理完毕。

3）施工工艺

（1）工艺流程

施工工艺流程：处理、润湿基层→打灰饼、做冲筋→抹找平层→养护→嵌镶分格条→铺水泥石子浆面层→养护→试磨→磨第一遍并补浆→磨第二遍并补浆→磨第三遍并养护→过草酸出光→上蜡抛光。

（2）施工要求

①基层处理。

打灰饼、做冲筋：做法同水泥砂浆楼地面。

刷素水泥浆结合层：做法同水泥砂浆楼地面。

②铺抹水泥砂浆找平层：找平层用1:3干硬性水泥砂浆，先将砂浆摊平，再用压尺按冲筋刮平，随即用木抹子磨平压实，要求表面平整密实、保持粗糙，找平层抹好后，第二天应浇水养护至少一天。

③嵌镶分格条：找平层养护一天后，先在找平层上按设计要求弹出纵横两向或图案墨线，然后按墨线截裁分格条。

用纯水泥浆在分格条下部抹成八字角通长坐嵌牢固（与找平层约成30°），铜条穿的铁丝要埋好。纯水泥浆的涂抹高度比分格条低3~5 mm［图2.3（b）］。分格条应镶嵌牢固，接头严密，顶面在同一平面上，并通线检查其平整度及顺直。

分格条镶嵌好后，隔12 h开始浇水养护，最少应养护两天。

④铺水泥石子浆面层：水泥石子浆必须严格按照配合比计量。彩色水磨石应先按配合比将白水泥和颜料反复干拌均匀，拌完后密筛多次，使颜料均匀混合在白水泥中，并调足供补浆用的备用量，最后按配合比与石子搅拌均匀，并加水搅拌。

铺水泥石子浆前一天,洒水湿润基层。将分格条内的积水和浮砂清除干净,并涂刷素水泥浆一遍,水泥品种与石子浆的水泥品种一致,随即将水泥石子浆先铺在分格条旁边,将分格条边约10 cm内的水泥石子浆(石子浆配合比一般为1∶1.25或1∶1.50)轻轻抹平压实,以保护分格条。然后再整格铺抹,用木磨板子或铁抹子抹平压实,但不应用压尺平刮。面层应比分格条高5 mm左右,如局部石子浆过厚,应用铁抹子挖去,再将周围的石子浆刮平压实。对局部水泥浆较厚处,应适当补撒一些石子,并压平压实,要求表面平整,石子分布均匀。

水泥石子浆面至少要经两次扫毛拉开面浆,检查石粒均匀(若过于稀疏应及时补上石子)后,再用铁抹子抹平压实至泛浆为止。要求将波纹压平,分格条顶面上的石子应清除掉。

在同一平面上如有几种颜色图案时,应先做深色,后做浅色。待前一种色浆凝固后,再抹后一种色浆。两种颜色的色浆不应同时铺抹,避免串色。但间隔时间不宜过长,一般可隔日铺抹。

⑤养护:水泥石子浆铺抹完成后,次日起应进行浇水养护,并应设警戒线严防人行践踏。

⑥磨光:大面积施工宜用机械磨石机研磨,小面积、边角处可使用小型手提式磨石机研磨,对局部无法使用机械研磨时,可用手工研磨。开磨前应试磨,若试磨后石粒不松动,即可开磨。一般开磨时间同气温、水泥标号品种有关,可参考表2.5的规定。

表2.5　水磨石面层开磨参考时间表

平均温度/℃	开磨时间/天		备　注
	机　磨	人工磨	
20 ~ 30	3 ~ 4	2 ~ 3	
10 ~ 20	4 ~ 5	3 ~ 4	
5 ~ 10	5 ~ 6	4 ~ 5	

磨光作业应采用"二浆三磨"的方法,即整个磨光过程分为磨光3遍,补浆两次。用60 ~ 80号粗石磨第一遍,随磨随用清水冲洗,并将磨出的浆液及时清除。对整个水磨面,要磨匀、磨平、磨透,使石粒面及全部分格条顶面外露。磨完后要及时将泥浆水冲洗干净。稍干后,涂刷一层同颜色水泥浆(即补浆),用以填补砂眼和凹痕,对个别脱石部位要填补好,不同颜色上浆时,要按先深后浅的顺序进行。补浆后需养护3 ~ 4天,再用100 ~ 150号中磨石进行第二遍研磨,方法同第一遍。要求磨至表面平滑、无模糊不清之感为止。经磨完清洗干净后,再涂刷一层同色水泥浆。继续养护3 ~ 4天后,用180 ~ 240号细磨石进行第三遍研磨,要求磨至石子粒粒显露,表面平整光滑,无砂眼细孔为止,再用清水将其冲洗干净并养护。

⑦过草酸出光:对研磨完成的水磨石面层,经检查达到平整度、光滑度要求后,即可擦草酸打磨出光。操作时可涂刷10% ~ 15%的草酸溶液,或直接在水磨石面层上浇适量水及撒草酸粉,随后用280 ~ 320号细油石细磨,磨至出白浆、表面光滑为止。然后用布擦去白浆,用清水冲洗干净并晾干。

⑧上蜡抛光:按蜡∶煤油=1∶4的比例将其热熔化,并掺入松香水适量后调成稀糊状,

用布将蜡薄薄地均匀涂刷在水磨石面上。待蜡干后,用包有麻布的木块代替油石装在磨石机的磨盘上磨光,直到水磨石表面光滑洁亮为止。

4)质量检验标准

(1)主控项目

①水磨石面层的石粒应采用白云石、大理石等岩石加工而成,石粒应洁净无杂物,其粒径除特殊要求外应为 6~16 mm;颜料应采用耐光、耐碱的矿物质原料,不得使用酸性颜料。

检验方法:观察检查和检查质量合格证明文件。

检查数量:同一工程、同一体积比检查一次。

②水磨石面层拌合料的体积比应符合设计要求,且水泥与石粒的比例应为 1∶1.5~1∶2.5。

检验方法:检查配合比试验报告。

检查数量:同一工程、同一体积比检查一次。

③防静电水磨石面层应在施工前及施工完成表面干燥后进行接地电阻和表面电阻检测,并应做好记录。

检验方法:检查施工记录和检测报告。

检查数量:

a. 基层(各构造层)和各类面层的分项工程的施工质量验收应按每一层或每层施工段(或变形缝)划分检验批,高层建筑的标准层可按每 3 层(不足 3 层按 3 层计)划分检验批。

b. 每检验批应以各子分部工程的基层(各构造层)和各类面层所划分的分项工程按照自然间(或标准间)检验,抽查数量应随机检验不应少于 3 间;不足 3 间的应全数检查;其中走廊(过道)应以 10 延长米为 1 间,工业厂房(按单跨计)、礼堂、门厅应以两个轴线为 1 间计算。

c. 有防水要求的建筑地面子分部工程,分项工程施工质量每检验批抽查数量应按其房间总数随机检验不应少于 4 间,不足 4 间的应全数检查。

(2)一般项目

①面层表面应光滑、无裂纹、砂眼和磨纹,石粒应密实,显露应均匀,图案颜色应符合设计要求,不混色;分格条应牢固、清晰顺直。

检验方法:观察检查。

检查数量:按主控项目③检查数量。

②踢脚线与柱、墙面应紧密结合,踢脚线高度及出柱、墙厚度应符合设计要求且均匀一致。当出现空鼓时,局部空鼓长度不应大于 300 mm,且每自然间或标准间不应多于两处。

检验方法:用小锤轻击、钢尺和观察检查。

检查数量:按主控项目③检查数量。

③楼梯、台阶踏步的宽度、高度应符合设计要求。楼层梯段相邻踏步高度差不应大于 10 mm,每踏步两端宽度差不应大于 10 mm,旋转楼梯梯段的每踏步两端宽度的允许偏差不应大于 5 mm。踏步面层应作防滑处理,齿角应整齐,防滑条应顺直、牢固。

检验方法:观察和用钢尺检查。

检查数量:按主控项目③检查数量。

④水磨石面层的允许偏差应符合表 2.6 的规定。

表 2.6　现浇水磨石地面允许偏差

项　次	项　目	允许偏差/mm		检查方法
		普通水磨石面层	高级水磨石面层	
1	表面平整度	3	2	用 2 m 靠尺和楔形塞尺检查
2	踢脚线上口平直	3	3	拉 5 m 线或不足 5 m 拉通线尺量检查
3	缝格平直	3	2	

5)成品保护

①铺抹打底灰和罩面石粒浆时,水电管线、各种设备及预埋件应妥善保护,不得污染和损坏。

②用手推胶轮车运料时,注意保护门口、栏杆等,不得碰损。

③面层装料等操作应注意保护分格条,不得损坏。

④磨面时将磨石废浆及时清除,不得流入下水口及地漏内以防堵塞。

⑤磨石机应设罩板,防止浆水回溅污染墙面。重要部位、设备应加苫盖。

⑥在水磨石面层磨光后涂草酸和上蜡前,其表面严禁污染。涂草酸和上蜡工作,应在有影响面层质量的其他工程全部完成后进行。

⑦已磨光打蜡的面层,严禁在其上拌制石粒浆、抛掷物件、运输堆放材料,如必须时,应采取覆盖、隔离等措施,以防止损伤面层。

6)应注意的质量问题

①冬期施工现浇水磨石面层时,环境温度应保持在 5 ℃以上;冬期抹底灰时,不得浇水养护,常温条件养护时间为底层灰 3～5 天,面层石粒浆 10 天后方可磨光。

②水磨石面层在同一部位应使用同一批号的水泥、石粒,同一颜色面层应使用同厂、同批的颜色,以避免造成颜色深浅不一。

③水磨石面层四角易出现空鼓,产生的主要原因是基层清理不干净,不够湿润或者表面及镶分格条时,分隔条高 1/3 以上部位有浮灰,扫浆不匀造成。操作中应坚持随扫浆随铺灰,压实后注意养护工作。

④漏磨:边角、管根等处易漏磨,应注意磨完头遍后全面检查,漏磨处及时补磨。面层磨光时,应注意按工艺至少擦两遍浆,并注意养护后按工艺程序操作,以避免出现磨纹和砂眼。

⑤面层石粒浆不匀:石粒规格不好,石粒灰拌和不匀,铺抹不平,滚压不密实。应认真操作每道工序。

⑥强度偏低:严格掌握配合比,拌和均匀,拌和好的灰应掌握铺抹滚压时间,注意养护及管理。

⑦分格条掀起,显露不清晰:分格条应镶压牢固、平整,石渣灰铺抹后,滚压应高出分格条,高度一致,磨光应严格平顺。

⑧露天做水磨石面层,宜从下坡向上坡方向铺设,但应注意防止下坡方向嵌条处积水或积水泥浆,如有,应进行处理,以避免打磨时出现洞眼孔隙,导致面层出现起鼓、嵌条松动等

质量隐患。

⑨露天水磨石面层应避免在烈日下或雨天、大风天铺设,以免引起面层出现塑性收缩裂缝,铺设后应及时遮盖养护。

⑩露天水磨石面层应与四周房屋、构筑物或路面设置的变形缝断开,以防止因温差大而造成面层出现温度收缩裂缝。

⑪现浇水磨石质量通病的防止:

a.水磨石地面裂缝空鼓。

产生原因:主要是结构层产生裂缝,如地面垫层或基层不实或结构沉降;楼层预制板灌缝不密实或基层清理不干净;水泥浆中水泥多、收缩大等原因。

防治措施:对底层地面水磨石的垫层及基层施工,要确保收缩变形稳定后再做面层,对于面积较大的基层应配筋,同时设伸缩缝;认真清理基层,预制板缝应用细石混凝土填灌严密;门洞口处应在洞口两侧贴分格条;暗敷管线不能太集中,且上部应有20 mm厚的保护层。

b.表面色泽不一致。

产生原因:石粒浆褪色,没有集中统一配料,没有采用同一规格批号、同一配合比;石粒清洗不干净;砂眼多,色浆颜色与基层颜色不一致。

防治措施:同一部位同一类型的材料必须统一,数量一次备足;严格按配合比配拌合料且拌和均匀,严禁随配随拌;石粒清洗干净并保护好,防止被污染;对多彩图案水磨石施工,严格按工艺要求进行,以防串色、混色,造成分色线处深色污染浅色。

c.表面石粒疏密不均、分格条显露不清。

产生原因:分格条粘贴方法不正确,两边嵌固灰埂太高,十字交叉处不留空隙;石粒浆稠度过大,石粒太多,铺设太厚,超出分格条高度太多;开磨时面层强度过高,磨石过细,分格条不易磨出。

防治措施:粘贴分格条时,按前述的工艺要求施工,保证分格条"粘七露三",十字交叉处留空隙;面层石粒浆以半干硬性为妥,撒石粒一定要均匀;严格控制铺设厚度,滚筒滚压后以面层高出分格条1 mm为宜;开磨时间和磨石规格应适宜,初磨应采用60~90号金刚石,浇水量不宜过大,使面层保持一定浓度的磨浆水。

识扩展

自流平水泥施工工艺

使用自流平水泥是保证卷材类地板施工质量和装修效果的最基本保证。由于其重要性,必须严格按照施工工艺施工。

1)基础地面的要求

基础水泥地面要求清洁、干燥、平整,具体如下:

①水泥砂浆与地面间不能空壳;

②水泥砂浆面不能有砂粒,砂浆面保持清洁;

③水泥面必须平整,要求 2 m 范围内高低差小于 4 mm;

④地面必须干燥,含水率用专用测试仪器测量不超过 17%;

⑤基层水泥强度不得小于 10 MPa。

2)施工前的准备

在自流平水泥施工前,必须用打磨机对基础地面进行打磨,磨掉地面的杂质、浮尘和砂粒。把局部高起较多的地平磨平。打磨后扫掉灰尘,用吸尘器吸干净。

清洁好地面后,上自流平水泥前必须用表面处理剂处理,按要求将处理剂稀释,用不脱毛的羊毛滚按先横后竖的方向把地面处理剂均匀地涂在地面上。要保证涂抹均匀,不留间隙。涂好处理剂后,根据不同厂家产品性能的不同,等待一定时间即可在上面进行自流平水泥的施工。水泥表面处理剂能增大自流平水泥与地面的黏结力,防止自流平水泥的脱壳和开裂。

3)上自流平水泥

准备好一个足够大的桶,严格按照自流平厂家的水灰比加入水,用电动搅拌器把自流平彻底搅拌。搅拌分两次进行,通常第一次搅拌 5 ~ 7 min,中间需停顿 2 min,让其发生反应,之后再搅拌约 3 min。搅拌需彻底,不可有块状或干粉出现。搅拌好的自流平水泥须呈流体状。

搅拌好的自流平水泥尽量在 30 min 之内使用。把自流平水泥倒在地面上,用带齿的靶子把自流平靶开,根据要求的厚度靶到不同大小的面积。待其自然流平后用带齿的滚子在上面纵横滚动,放出其中的气体,防止起泡。需特别注意自流平水泥搭接处的平整。

根据现场温度、湿度和通风情况,自流平水泥需 8 ~ 24 h 后方能彻底干透,干透前不可进行下一步的施工。

4)精打磨处理

完美无缺的自流平施工离不开打磨机,自流平施工完成后,自流平表面可能还会有小的气孔、颗粒及浮尘,门口与走廊也可能有高低差,这些情况都需要打磨机来作进一步的精处理。打磨后用吸尘机把灰尘吸干净。

2.3　块材楼地面工程

块材楼地面是指由各种不同形状的板块材料铺砌而成的装饰地面。它属于刚性地面,铺设在整体性能较好、刚性好的混凝土预制板或细石混凝土上。板块材料主要包括地板砖、石材等。因为饰面材料多种多样,所以这种地面具有花色品种多样、装饰效果好、耐磨损、强度高、刚性大、易清洁等优点;但造价偏高、功效偏低。

2.3.1　陶瓷地砖、陶瓷锦砖楼地面施工工艺

1)概述

地砖楼地面根据所使用的面层材料不同,可分为陶瓷锦砖楼地面和陶瓷地面砖楼地面。

(1)陶瓷锦砖楼地面

陶瓷锦砖(又称"马赛克")楼地面,是由一种小瓷砖镶铺而成的地面。根据它的花色品种,可以拼成各种花纹,故名"锦砖",如图 2.4 所示。这种砖表面光滑、质地坚实、色泽

多样,比较经久耐用,并且耐酸、耐碱、耐火、耐磨、不透水、易清洗。陶瓷锦砖经常被用于浴厕、厨房、化验室等处地面。锦砖的形状较多,一般为正方形。在工厂内预先按设计的图案拼好,然后将其正面粘贴在牛皮纸上,成为 300 mm×300 mm 或 600 mm×600 mm 的大张(称为"一联"),块与块之间留有 1 mm 的缝隙。在施工时,先在基层上铺一层 15 ~ 20 mm 厚的 1∶3 ~ 4 水泥砂浆,将拼合好的马赛克纸板反铺在上面,然后用滚筒压平,使水泥砂浆挤入缝隙。待水泥砂浆初凝后,用水及草酸洗去牛皮纸,最后剔正,并用白水泥浆嵌缝即成。此外,马赛克也可用沥青玛瑞脂粘贴,但是很容易把马赛克表面弄破,因此施工时必须小心。

图 2.4　锦砖(马赛克)

(2)陶瓷地面砖楼地面

陶瓷地面砖是用瓷土加上添加剂经制模成型后烧结而成的。其具有表面平整细致,质地坚硬,耐磨、耐压、耐酸碱,吸水率小,可擦洗、不脱色、不变形,色彩丰富、色调均匀、可拼出各种图案等特点。新型的仿花岗石地砖,具有天然花岗岩石的色泽和质感,经削磨加工后,表面光亮如镜,而且面砖的尺寸精度高,边角加工规整,因而是一种高级瓷砖地面材料。陶瓷地面砖不仅适用于各类公共场所,而且也逐步被引入家庭地面装饰。经抛光处理的仿花岗岩地砖,具有华丽高雅的装饰效果,可用于中、高档室内地面装饰。陶瓷地面砖如图 2.5 所示,地砖楼地面构造如图 2.6 所示。

图 2.5　陶瓷地面砖

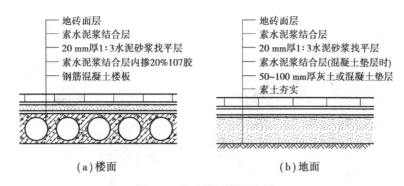

图 2.6　地砖楼地面构造图

2) 施工准备

（1）材料

①水泥：32.5 级及以上的普通硅酸盐水泥或矿渣硅酸盐水泥。

②白水泥：32.5 级白水泥，主要用来填缝（也可用专用填缝剂）。

③石灰膏：使用时石灰膏内不应含有未熟化的颗粒及杂质（如果使用石灰粉应提前一周浸泡）。

④陶瓷地砖、陶瓷锦砖：品种、规格、花色按设计规定，并应有产品合格证。

（2）主要机具

主要施工机具包括釉面砖切割机、水平尺、硬木拍板、橡皮锤、抹灰工具等。

（3）施工条件

①用于地面的地砖应完全无裂纹及其他缺陷。块材进场后要堆放在室内，并详细核对品种、规格、数量等是否符合设计要求，有裂纹、隐伤、缺棱掉角的不得使用。若有图案要求，地砖块材铺贴前，先进行对花选色，编号归类。

②检查室内地面基层，要求坚实、平整，对凸出地面的基层要进行剔凿，对疏松、孔洞等基层要用水泥砂浆填平补齐。

③施工前放出试铺地砖的施工大样图，调整边角块材，对称铺贴，不得出现小于 50 mm 的条块。

3) 施工工艺

（1）施工工艺流程

施工工艺流程：基层处理→弹线定位→做找平层→镶贴地砖→勾缝、擦缝→清洁、养护→踢脚板安装。陶瓷地砖地面施工如图 2.7 所示。

（2）施工要点

①基层处理：混凝土楼地面如果比较光滑，则应进行凿毛处理，凿毛深度为 5 ~ 10 mm，凿毛痕的间距为 30 mm 左右，还要注意清理表面残留的砂浆、尘土、油渍等，并用水冲洗地面。

②弹线定位：弹线时以房间中心点为原点，弹出相互重叠的定位线。其注意事项：应距墙边留出 200 ~ 300 mm 作为调整区间；房间内外地砖品种不同，其交接线应在门扇下框平齐，且门口不应出现非整砖，非整砖应放在房间不显眼的位置；较小房间做丁字形，较大房间

做十字形铺贴。

图 2.7　陶瓷地砖地面施工

③做找平层：根据楼地面的设计标高，用 1∶2.5（体积比）干硬性水泥砂浆找平，如地面有坡度排水，应做好找坡，并作出基准点，在基准点拉水平通线进行铺设。在基层铺抹干硬性水泥砂浆之前，应先在基层表面均匀抹素水泥浆一遍，增加基层与找平层之间的黏结度。

④镶贴地砖：为了找好位置和标高，应从门口开始，纵向先铺几行砖，以此为标筋拉纵横水平标高线，铺设时从里向外进行操作，人不得踏在刚铺好的砖上面，每块砖应与线靠平。铺设地砖之前，在底子灰面层上先撒一层水泥，再洒水随即铺地砖，铺贴时，水泥浆应饱满地抹于瓷砖的背面，并用橡皮锤敲定，一边铺贴、一边用水平尺检查校正，同时即刻擦去表面的水泥浆，铺缝均匀，不留半砖，从门口开始在已经铺好的地砖上垫上木板，人站在板上铺装。铺完一片，清洁一片，随即覆盖一层塑料薄膜进行养护，3~5 天内不准上人踩踏，以确保装饰工程质量(图 2.7)。

⑤勾缝、擦缝：面层铺贴应在 24 h 内进行勾缝、擦缝工作，并应采用同品种、同标号、同颜色的水泥。

⑥清洁、养护：铺完砖 24 h 后，洒水养护，时间不应少于 7 天。

⑦踢脚板安装：踢脚板用的砖一般与地面块材相同，踢脚板的立缝应与地面缝对齐，铺设时应在房间墙面两端阴角处各镶贴一块砖，出墙厚度和高度应符合设计要求，以此砖上棱为标准挂线，开始铺贴，砖背面朝上抹黏结砂浆(配合比为 1∶2 水泥砂浆)，使砂浆粘满整块砖为宜，及时粘贴在墙上，随之将挤出的砂浆刮掉，将面层清洗干净。

4)陶瓷地砖、陶瓷锦砖地面工程质量验收标准

(1)主控项目

①砖面层所有板块的品种、质量必须符合设计要求和国家现行有关标准的规定。

检验方法：观察检查和检查型式检验报告、出厂检验报告、出厂合格证。

检查数量：同一工程、同一材料、同一厂家、同一型号、同一规格、同一批号检查一次。

②砖面层所用板块产品进入施工现场时，应有放射性限量合格的检测报告。

检测方法:检查检测报告。

检查数量:同一工程、同一材料、同一厂家、同一型号、同一规格、同一批号检查一次。

③面层与下一层的结合(黏结)应牢固、无空鼓(单块砖边角允许有局部空鼓,但每自然间或标准间的空鼓砖不应超过总数的5%)。

检验方法:用小锤轻击检查。

检查数量:按水磨石主控项目③检查数量。

(2)一般项目

①砖面层的表面应洁净、图案清晰、色泽应一致,接缝平整,深浅应一致,周边应顺直。板块应无裂纹、掉角和缺楞等缺陷。

检验方法:观察检查。

检查数量:按水磨石主控项目③检查数量。

②面层邻接处的镶边用料及尺寸应符合设计要求,边角整齐、光滑。

检验方法:观察和用钢尺检查。

检查数量:按水磨石主控项目③检查数量。

③踢脚线表面应洁净、高度一致、结合牢固、出墙厚度一致。

检验方法:观察和用小锤轻击及钢尺检查。

检查数量:按水磨石主控项目③检查数量。

④楼梯、台阶踏步的宽度、高度应符合设计要求。踏步板块的缝隙宽度应一致;楼层梯段相邻踏步高度差不应大于10 mm;每踏步两端宽度差不应大于10 mm,旋转楼梯梯段的每踏步两端宽度的允许偏差不应大于5 mm。踏步面层应作防滑处理,齿角应整齐,防滑条应顺直、牢固。

检验方法:观察和用钢尺检查。

检查数量:按水磨石主控项目③检查数量。

⑤面层表面的坡度应符合设计要求,不倒泛水、无积水;与地漏、管道结合处应严密牢固、无渗漏。

检验方法:观察、泼水或坡度尺及蓄水检查。

检查方法:按水磨石主控项目③检查数量。

(3)工程允许偏差

陶瓷地砖、陶瓷锦砖地面工程质量验收允许偏差及检查方法应符合表2.7的规定。

表2.7　陶瓷地砖、陶瓷锦砖地面工程质量验收允许偏差及检查方法

序　号	检查项目	允许偏差或允许值/mm	检查方法
1	表面平整度	2.0	用2 m靠尺和楔形塞尺检查
2	缝格平直	3.0	拉5 m线和用钢直尺检查
3	接缝高低差	0.5	用钢直尺和楔形塞尺检查
4	踢脚线上口平直	3.0	拉5 m线和用钢直尺检查
5	板块间隙宽度	2.0	用钢直尺检查

5）成品保护

①地砖铺砌完后，必须待找平层、黏结层养护达到一定强度后，方可在其上进行其他工序作业，并应铺垫覆盖物，对面层加以保护。

②刚铺完的面层应避免太阳暴晒，室内宜适当通风，覆盖锯末宜一直保持到交工前为止。

③裁切地砖应用垫板，严禁在已铺面层上裁切。

④手推车运料应注意保护门框和已完面层，小车腿应用胶布或布包裹。

⑤面层发现松动，应及时修补，以防止扩展。

⑥在已完面层上，应采取措施防止污染面层。

⑦常温下，一个区间的整个操作过程宜在4 h内连续完成，不宜在砖面上行车和堆放重物，必须时，应在上面铺较平整的木垫板。

6）应注意的质量问题

①面层所用地砖、水泥、砂、颜料的品种、规格、颜色、质量，必须符合设计要求和有关标准的规定。面层与基层必须结合牢固，无空鼓。

②面层表面平整、洁净，图案清晰，色泽一致，接缝均匀，周边顺直，无裂纹、掉角、缺棱、脱层、缺粒等现象。

③地漏和面层坡度符合设计要求，不倒泛水，无积水，与地漏（管道）结合处严密牢固，无渗漏。

④踢脚线表面洁净，接缝平整均匀，高度一致，结合牢固，出墙厚度适宜，基本一致。与各种面层邻接处的镶边用料及尺寸，符合设计要求和施工规范的规定；边角整齐、光滑。

知识扩展

陶瓷地砖、陶瓷锦砖施工注意事项

①温度不应低于5 ℃，否则应按冬期施工要求采取保暖防冻措施。

②铺设时，不同品种、规格的地砖不得混杂使用，严禁散放。

③铺设宜整间一次连续操作完成，应在水泥浆结合层终凝前完成拔缝工作；大面积面层如一次不能铺设完，应将已完部分接槎切齐，并清理干净，避免扰动，交接处要注意整平。

④地砖地面应清洁，每块地砖之间，与结合处之间以及在墙角、镶边和靠墙处，应紧密贴合，不得有空隙，在靠墙处应采用砂浆填补。

⑤已完面层上的砂浆，应随手清理干净，严禁在已经铺好的砖面上拌制水泥砂浆，以防止污染、损伤面层。

⑥用完的地砖应及时装入纸箱，不可到处乱扔。

⑦面层铺设应注意防止空鼓和脱层。一般预防措施为：基层必须清理干净；做找平层时必须浇水湿润；刷素水泥浆一道，找平层做完之后，应接着做面层以防止污染；锦砖铺设前刮的水泥浆层应防止风干，薄厚要均匀；面层铺设后应用木拍板、木锤拍实，使其与基层密合。面层铺设前应严格挑选地砖，在同一房间应使用长宽相同的地砖，以防止造成缝格不匀。铺厕浴室面层时，应注意保护地面防水层；穿楼板的管道应堵实并加套管，与防水层连接应严密，以防止造成地面渗漏。

知 识链接

陶瓷地砖铺贴时常见的质量问题主要有以下几种情况:

①空鼓:主要是由于基层清理不干净,洒水不均匀,砖没有浸水或浸水不足,水泥砂浆干化失去黏结力,过早上人等所致。

②地漏排水不畅:主要是在做找平层时没有按照设计的尺寸标准进行施工。

③地面铺贴不平:主要是水泥砂浆找平层不平所致,在施工时应随时用水平尺控制好水平度。

2.3.2 石材楼地面施工工艺

1)概述

石材楼地面主要是指楼地面使用大理石和花岗岩两种材料作饰面层的地面。石材楼地面常用于宾馆大厅或装饰标准要求较高的卫生间、公共建筑门厅、休息厅及营业厅等。

石材地面所用饰面材料包括天然大理石、花岗岩、预制水磨石板块、碎拼大理石板块以及新型人造石板块等。天然大理石组织细密、坚实,色泽鲜明光亮,用大理石铺装地面,庄重大方、高贵豪华。天然花岗岩质地坚硬、耐磨,不易风化变质,色泽自然庄重、典雅气派。常用石材如图2.8所示。

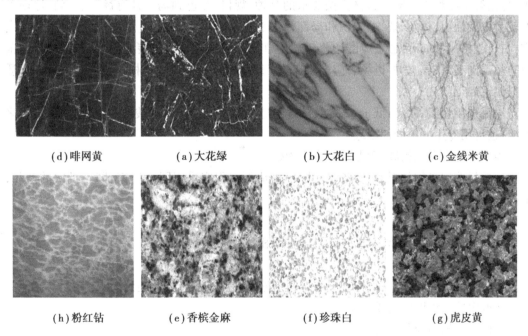

(d)啡网黄   (a)大花绿   (b)大花白   (c)金线米黄

(h)粉红钻   (e)香槟金麻   (f)珍珠白   (g)虎皮黄

图2.8 常用石材

大理石、花岗岩地面板材厚度一般为20~30 mm;规格为300 mm×300 mm~600 mm×600 mm。大理石和花岗岩也可根据实际情况采用矩形规格,主要有600 mm×800 mm、600 mm×1 000 mm、800 mm×1 000 mm、800 mm×1 200 mm等。

大理石和花岗岩楼地面的构造做法:先清理基层表面,然后湿润,保证结合层黏结牢固;

再在基层上抹30 mm厚1∶3干硬性水泥砂浆;平整后在干硬性水泥砂浆上刷一层素水泥浆,以提高黏结强度;然后在其上铺贴石材板块,并用素水泥浆填缝。石材楼地面构造做法如图2.9所示。

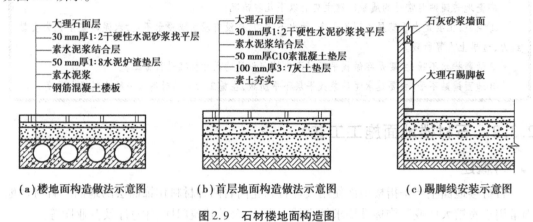

(a)楼地面构造做法示意图　　(b)首层地面构造做法示意图　　(c)踢脚线安装示意图

图2.9　石材楼地面构造图

2)施工准备

(1)材料

大理石、花岗岩的品种很多,分人造石材和天然石材,以天然石材为主,主要经研磨、抛光、打蜡等工序加工而成。石材应按要求的品种、规格、颜色到场。凡有翘曲、歪斜、厚薄偏差较大以及缺边、掉角、裂纹、隐伤和局部污染变色的石材应予剔除。完好的石材板块应套方检查,规格尺寸如有偏差,应磨边修正。用草绳等易褪色材料包装花岗岩石板时,拆包前应防止受潮和污染。材料进场后应堆放在施工现场附近,下方垫木,板块叠合之间应用软质材料垫塞。

水泥选用强度等级不低于42.5级的普通硅酸盐水泥和矿渣硅酸盐水泥,白水泥可用来填缝,也可用专用的填缝剂填缝。

砂主要是中砂或粗砂,含泥量要小于3%。

其颜料选用矿物颜料,一次备足。同一楼地面工程应采用同一厂家、同一批次的产品,不得混用。

(2)施工工具

施工工具包括平铁锹、靠尺、抹子、橡皮锤和磨石机。

(3)施工条件

①地面基层须处理干净,检查整个地面平整度,高凿低补,直至达到要求。

②地面预留预埋已完成。

③检查复核轴线及标高。

④对施工操作者进行技术交底,应强调技术措施、质量标准和成品保护。

⑤先做样板,经质检部门自检,报业主和设计鉴定合格后,再组织人员进行大面积施工。

3)施工工艺

(1)施工流程

施工流程:准备工作→试拼→弹线→试排→基层处理→铺砂浆→铺大理石板块→灌缝、擦缝→打蜡。

(2)施工要求

①准备工作:以施工图和施工要求为依据,熟悉各部位尺寸和做法,清楚各部位之间的关系。

②试拼:在正式铺设前,针对每一房间的大理石(或花岗岩),应按照图案、颜色、纹理进行试拼。试拼后按照两个方向编号排列,按号码齐。

③弹线:在房间的主要部位弹出相互垂直的控制线,用以检查和控制大理石板的位置,十字线按两个方向弹在混凝土垫层上,并引至墙面底部,如图 2.10 所示。

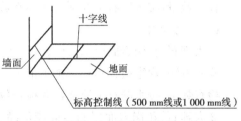

图 2.10　弹线示意图

④试排:根据标准线确定铺贴顺序选定位置,按图案、颜色、纹理试拼完成后,再按两个方向编号排列,码放整齐,待用。

⑤基层处理:在铺砌大理石板之前将混凝土垫层清扫干净,然后洒水湿润,刷一遍素水泥浆。

⑥铺贴(铺砂浆、铺大理石板块):首先在清理干净的地面刷 107 胶、水泥浆一遍,按 1∶3 (水泥∶砂)的比例调配干硬性砂浆,水的掺量应以手抓成团、轻放又能散开为宜。铺开砂浆,虚铺高度以比标准线高出 3~5 mm 为宜,然后用刮杠刮平、拍实,用木抹找平。在石材的背面满刮水泥膏,注意水泥膏一定要刮饱满、均匀,将石材按顺序铺放在砂浆上,用木锤或橡皮锤敲压挤实,并用水平尺找平。贴 24 h 后浇水养护。石材地面铺贴如图 2.11 所示。

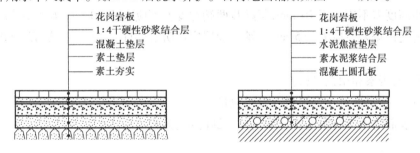

图 2.11　石材地面铺贴

⑦灌缝、擦缝:灌缝前应将地面扫净,并将拼缝内的松散砂浆用刀清除干净,灌缝应分几次进行,用长把刮板往缝内刮浆,务必使水泥浆填满缝子和部分边角不实的空隙。灌缝 24 h 后养护。养护期间禁止上人踩踏。

4)石材(石板)地面工程质量验收标准

(1)主控项目

①大理石、花岗岩面层所用板块产品应符合设计要求和国家现行有关标准的规定。

检验方法:观察检查和检查质量合格证明文件。

检查数量:同一工程、同一材料、同一厂家、同一型号、同一规格、同一批号检查一次。

②大理石、花岗岩面层所用板块产品进入施工现场时,应有放射性限量合格的检测报告。

检测方法:检查检测报告。

检查数量:同一工程、同一材料、同一厂家、同一型号、同一规格、同一批号检查一次。

③面层与下一层应结合牢固,无空鼓(单块板块边角允许有局部空鼓,但每自然层或标准间的空鼓板块不应超过总数的5%)。

检验方法:用小锤轻击检查。

检查数量:按水磨石主控项目③检查数量。

(2)一般项目

①大理石、花岗岩面层铺设前,板块的背面和侧面应进行防碱处理。

检验方法:观察检查和检查施工记录。

检查数量:按水磨石主控项目③检查数量。

②大理石、花岗岩面层的表面应洁净、平整、无磨痕,且应图案清晰、色泽一致、接缝均匀、周边顺直、镶嵌正确,板块无裂纹、掉角、缺棱等缺陷。

检验方法:观察检查。

检查数量:按水磨石主控项目③检查数量。

③踢脚线表面应洁净,与墙、柱面的结合应牢固。踢脚线高度及出墙、柱厚度应符合设计要求,且均匀一致。

检验方法:观察和用小锤轻击及钢尺检查。

检查数量:按水磨石主控项目③检查数量。

④楼梯、台阶踏步的宽度、高度应符合设计要求。踏步板块的缝隙宽度应一致;楼层梯段相邻踏步高度差不应大于10 mm,每踏步两端宽度差不应大于10 mm,旋转楼梯梯段的每踏步宽度的允许偏差不应大于5 mm。踏步面层应作防滑处理,齿角应整齐,防滑条应顺直、牢固。

检验方法:观察和用钢尺检查。

检查数量:按水磨石主控项目③检查数量。

⑤面层表面的坡度应符合设计要求,不倒泛水、无积水;与地漏、管道结合处应严密牢固,无渗漏。

检验方法:观察、泼水或坡度尺及蓄水检查。

检查数量:按水磨石主控项目③检查数量。

⑥允许偏差:大理石和花岗岩面层的允许偏差及检查方法应符合表2.8的规定。

表2.8 大理石和花岗岩面层的允许偏差及检查方法

序 号	检查项目	允许偏差或允许值/mm	检查方法
1	表面平整度	1.0	用2 m靠尺和楔形塞尺检查
2	缝格平直	2.0	拉5 m线和用钢直尺检查

续表

序　号	检查项目	允许偏差或允许值/mm	检查方法
3	接缝高低差	0.5	用钢直尺和楔形塞尺检查
4	踢脚线上口平直	1.0	拉5 m线和用钢直尺检查
5	板块间隙宽度	1.0	用钢直尺检查

5) 成品保护

①运输大理石(或花岗岩)板块和水泥砂浆时,应采取措施防止碰撞已做完的墙面、门口等。

②铺砌大理石(或花岗岩)板块及碎拼大理石板块过程中,操作人员应随铺随用干布揩净大理石面上的水泥浆痕迹。

③在大理石(或花岗岩)地面上行走时,找平层水泥砂浆的抗压强度不得低于1.2 MPa。

④大理石(或花岗岩)地面完工后,房间应封闭或在其表面加以覆盖保护。

6) 应注意的质量问题

①板面空鼓:由于混凝土垫层清理不净或浇水湿润不够,刷素水泥浆不均匀或刷得面积过大、时间过长已风干,干硬性水泥砂浆任意加水,大理石板面有浮土未浸水湿润等因素,都易引起空鼓。因此,必须严格遵守操作工艺要求,基层必须清理干净,结合层砂浆不得加水,随铺随刷一层水泥浆,大理石板块在铺砌前必须浸水湿润。

②接缝高低不平、缝子宽窄不匀:主要原因是板块本身有厚薄及宽窄不匀、窜角、翘曲等缺陷,铺砌时未严格拉通线进行控制等,均易产生接缝高低不平、缝子不匀等缺陷。应预先严格挑选板块,凡是翘曲、拱背、宽窄不方正等块材应剔除不予使用。铺设标准块后,应向两侧和后退方向顺序铺设,并随时用水平尺和直尺找准,缝子必须拉通线不能有偏差。房间内的标高线要有专人负责引入,且各房间和楼道内的标高必须相通一致。

③门口处板块易活动:一般铺砌板块时均从门框以内操作,而门框以外与楼道相接的空隙(即墙宽范围内)部分均后铺砌,由于过早上人,易造成此处活动。在进行板块翻样加工订货时,应考虑此处的板块尺寸,并同时加工,以便铺砌楼道地面板块时同时操作。

知识链接

石材地面常见质量问题的原因及处理措施

(1) 空鼓

原因是基层清理不干净,不密实,未达到强度过早上人。常用的处理措施是基层清理干净、密实,设禁行牌,由专人看护。

(2) 表面不平整

原因是人员过早走动,石材自身不平。常用的处理措施是设置禁行牌,重新选石材或抛磨,随铺随查。

（3）套割误差大

原因是机器不标准,操作人员没有按要求施工。常用的处理措施是修理机具,加强人员培训。

（4）色彩纹理差

原因是未选石材。常用的处理措施是选材时注意品种及色泽。

知识扩展

碎拼大理石地面铺贴施工工艺流程和操作要点

1）施工工艺流程

施工工艺流程:基层清理→抹找平层→铺贴→灌缝→磨光→上蜡。

2）操作要点

①基层清理。方法同板块地面。

②抹找平层。碎拼大理石地面应在基层上抹 30 mm 厚 1:3 水泥砂浆找平层,用木抹子搓平。

③铺贴。在找平层上刷素水泥浆一遍,用 1:2 水泥砂浆镶贴碎大理石标筋（或贴灰饼）,间距为 1.5 m,然后铺碎大理石块,并用橡皮锤轻轻敲击,使其平整、牢固。随时用靠尺检查表面平整度。注意石块与石块间应留足间隙,挤出的砂浆应从间隙中剔除,缝底成方形。

④灌缝。将缝中积水、杂物清除干净,刷素水泥浆一遍,然后嵌入彩色水泥石渣浆,嵌抹应凸出大理石表面 2 mm,再在其上撒一层石渣,用木抹子拍平压实,次日养护。也可用同色水泥砂浆嵌抹间隙做成平缝。

⑤磨光。面层分 4 遍磨光。第 1 遍用 80～100 号金刚石,第 2 遍用 100～160 号金刚石,第 3 遍用 240～280 号金刚石,第 4 遍用 750 号或更细的金刚石进行打磨。

⑥上蜡。方法同水磨石地面。

2.4　竹、木地板楼地面工程

　　木地板楼地面工程是指楼地面表面用木质或竹质地板做表面材料,形成具有很强装饰效果的装饰层。这种地面装饰效果好,富有弹性,且耐磨,易清洁,导热系数小。但是这种地面为木质地面,因此不耐火。在潮湿的环境下又易腐朽、翘曲变形。木地板地面常用于高级住宅、宾馆及剧院舞台等室内。

　　木地板的施工方法可分为实铺式、空铺式和悬空式（也称悬浮式）。实铺式是指木地板通过木格栅与基层相连或用胶黏剂直接粘贴于基层上。实铺式一般用于两层以上的干燥楼面。空铺式是指木地板通过地垄墙或砖墩等架空再安装,一般用于平房、底层房屋或较潮湿地面以及地面敷设管道需要将木地板架空等情况。悬空式是新型木地板的铺设方式,由于产品本身具有较精密的槽样企口边及配套的黏结胶、卡子和缓冲底垫等,铺设时仅在板块企口咬接处施以胶粘或采用配件卡接即可连接牢固,整体铺覆在建筑地面基层。木地板分类较多,目前广泛流行的木地板主要有实木地板、实木复合地板及木质纤维（或粒料）中密度（强化）复合地板。

2.4.1　木地板楼地面的概述

随着科学技术的进步,木地板也不再局限于一种,常用的木地板主要有实木地板、复合木地板、强化木地板及软木地板等,如图2.12所示。

(a)实木地板

(b)复合木地板

图2.12　木地板

①实木地板分为条形木地板和拼花木地板。多选用水曲柳、柞木、枫木、樱桃木及核桃木等硬质树种加工而成,其耐磨性能好,纹理清新自然,有光泽,但容易受潮变形。

②复合木地板由底层、基材层、装饰层和耐磨层组成(图2.13)。其中耐磨层的厚度决定了复合地板的寿命。耐磨层是在强化地板的表层均匀压制一层三氧化二铝成分的耐磨剂。装饰层是将印有特定图案(仿真实纹理为主)的特殊纸放入三聚氰胺溶液中浸泡后,经过化学处理,利用三聚氰胺加热反应后化学性质稳定,不再发生化学反应的特性,使这种纸成为一种美观耐用的装饰层。基层一般由密度板制成,视密度板密度的不同,也可分为低密度板、中密度板和高密度板。底层由聚酯材料制成,起防潮作用。复合木地板克服了实木地板的一些缺点,而且装饰效果更加多样,强度高、耐磨性能好。

耐磨层(三氧化二铝)

装饰层

基材层(高密度板)

底层(平衡纸)

图2.13　复合木地板构造图

③强化木地板主要由以下4层组成:第一层为透明的人造金刚砂超强耐磨层;第二层为木纹装饰层;第三层为高密度纤维板基材;第四层为平衡(防潮)层。经高性能合成树脂浸渍后,再经高温、高压压制,四边开榫而成。强化木地板特别耐磨,阻燃性、耐污性好,施工安装快捷、方便,而且在感观及保温、隔热等方面可与实木地板媲美,如图2.14所示。

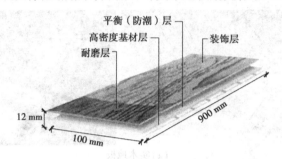

图2.14 强化木地板构造图

④软木地板与普通地板相比,具有更好的保温性、柔软性和吸声性,其吸水率接近于0,防滑效果好,但造价高,产地少,产量不高,目前国内市场上的优质软木地板主要靠进口,如图2.15所示。

图2.15 软木地板

⑤竹地板是一种新型建筑装饰材料,它以天然优质竹子为原料,经过二十多道工序,脱去竹子原浆汁,经高温高压拼压,再经多层油漆,最后用红外线烘干而成。竹地板以其天然赋予的优势和成型之后的诸多优良性能给建材市场带来一股绿色清新之风。竹地板有竹子的天然纹理,清新文雅,给人一种回归自然、高雅脱俗的感觉。竹地板以竹代木,具有木材的原有特色,而且竹子在加工过程中,采用符合国家标准的优质胶种,可避免甲醛等物质对人体的危害,还有竹地板利用先进的设备和技术,通过对原竹进行26道工序的加工,兼具原木地板的自然美感和陶瓷地砖的坚固耐用。

2.4.2 木地板楼地面施工工艺

1)施工材料和施工工具

(1)铺设的工具

①电动工具:电锤、手枪钻、云石电锯机、曲线电锯、气泵、气枪、电刨、磨机、带式砂光机。

②手工工具:手锯、刀锯、墨斗、钢卷尺、角尺、铅笔、拉线绳、锤子、斧子、橡皮锤、冲子、刮刀、螺丝刀、钳子、扁凿、刨、钢锯。

③特殊工具:搬钩、拉紧搬钩。

（2）材料准备

龙骨材料：龙骨通常采用 50 mm×（30～50）mm 的松木、杉木等材料，龙骨必须顺直、干燥，含水率小于 16%。

毛板材料：铺贴毛板是为面板找平和过渡，因此无须企口，可选用实木板、厚木夹板或刨花板，板厚 12～20 mm。

面板材料：采用普通实木地板面层材料。面板和踢脚板材料大多是工厂成品，条状和块状的普通（非拼花制品）实木地板应采用具有商品检验合格证的产品。按设计要求，选择面板、踢脚板应平直，无断裂、翘曲，尺寸准确，板正面无明显疤痕、孔洞，板条之间质地、色差不宜过大，企口完好。板材的含水率为 8%～12%。

采用新型（复合）木地板的地板面层材料。新型（复合）木地板施工材料比较简单，主要是厂家提供的复合木地板、薄型泡沫塑料底垫以及黏结胶带和地板胶水。

2）施工条件

①地板施工前应完成顶棚、墙面的各种湿作业工程且干燥程度在 80% 以上。

②铺地板前地面基层应作好防潮、防腐处理，而且在铺设前要使房间干燥，并须避免在气候潮湿的情况下施工。

③水暖管道、电器设备及其他室内固定设施应安装油漆完毕，并进行试水、试压检查，对电源、通信、电视等管线进行必要的测试。

④复合木地板施工前应检查室内门扇与地面间的缝隙能否满足复合木地板的施工。通常空隙为 12～15 mm，否则应刨削门扇下边以适应地板安装。

3）实木地板施工工艺

（1）工艺流程

工艺流程：检验实木地板质量→技术交底→准备机具设备→安装木格栅→铺毛地板→铺实木地板→刨平磨光。

（2）施工要点

先在楼板上弹出各木格栅的安装位置线（间距 300 mm 或按设计要求）及标高，将木格栅（断面梯形，宽面在下）放平、放稳，并找好标高，用膨胀螺栓和角码（角钢上钻孔）将木格栅牢固固定在基层上。木格栅下与基层间缝隙应用干硬性砂浆填密实，接触部位刷防腐剂。

铺设双层构造时，根据木格栅的模数和房间情况，将毛地板下好料。将毛地板牢固钉在木格栅上，钉法采用直钉和斜钉混用，直钉钉帽不得突出板面。毛地板可采用条板，也可采用整张的细木工板或中密度板等类产品。采用整张板时，应在板上开槽，槽的深度为板厚的 1/3，方向与木格栅垂直，间距为 200 mm 左右。

铺实木地板时，从墙的一边开始铺钉企口实木地板，靠墙的一块板应离开墙面 10 mm 左右，以后逐块排紧。钉法采用斜钉，实木地板面层的接头应按设计要求留置。铺实木地板时，应从房间内退着往外铺设。需要刨平磨光的地板应先粗刨后细刨，使面层完全平整后再用砂带机磨光。不符合模数的板块，其不足部分在现场根据实际尺寸将板块切割后镶补，并应用胶黏剂加强固定。

4)复合木地板施工工艺

（1）工艺流程

工艺流程：水泥砂浆找平油光→垫复合木地板防潮垫→复合木地板铺设。

（2）施工要点

复合木地板面层施工主要包括面层板条的固定及表面的饰面处理。固定方式以钉接固定为主，即用圆钉将面层板条固定在水泥地面上。条形木地板的铺设方向应考虑铺钉方便、固定牢固、使用美观的要求。对于走廊、过道等部位，应顺着行走的方向铺设；而室内房间，宜顺着光线铺钉。对大多数房间来说，同行走方向是一致的。复合木地板构造如图 2.16 所示。以墙面一侧开始，将木板材逐块排紧铺钉，缝隙不超过 1 mm，圆钉的长度为板厚的 2.0 ~2.5 倍。硬木板铺钉前应先钻孔，一般孔径为钉径 0.7 ~0.8 倍。用钉固定，在钉法上有明钉和暗钉两种。明钉法是先将钉帽砸扁，将圆钉斜向钉入板内，同一行的钉帽应在同一条直线上，并须将钉帽冲入板 3 ~5 mm。暗钉法是先将钉帽砸扁，从板边的凹角处，斜向钉入。在铺钉时，钉子要与表面呈一定角度，一般常用45°或60°斜钉入内。

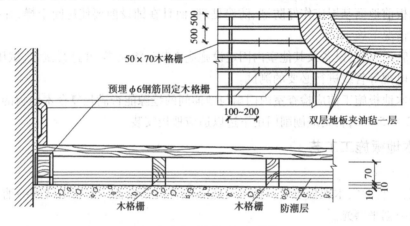

图 2.16　复合木地板构造图(单位:mm)

木地板施工除了有单层的以外，还有双层木地板，主要是在铺设木地板之前先铺设一层毛板，然后再铺设木地板，如图 2.17 所示。

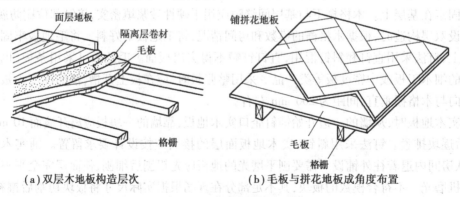

（a）双层木地板构造层次　　　　（b）毛板与拼花地板成角度布置

图 2.17　双层木地板构造图

2.4.3　木地板楼地面质量验收

1)主控项目

①实木地板、实木集成地板、实木复合地板、竹地板面层采用的地板、铺设时的木(竹)含水率、胶黏剂等应符合设计要求和国家现行有关标准的规定。

检验方法:观察检查和检查型式检验报告、出厂检验报告、出厂合格证。

检查数量:同一工程、同一材料、同一厂家、同一型号、同一规格、同一批号检查一次。

②实木地板、实木集成地板、竹地板面层采用的材料进入施工现场时,应有以下有害物质限量合格的检测报告。

a.地板中的游离甲醛(释放量或含量);

b.溶剂型胶黏剂中的挥发性有机化合物(VOC)、苯、甲苯、二甲苯;

c.水性胶黏剂中的挥发性有机化合物(VOC)和游离甲醛。

检验方法:检查检测报告。

检查数量:同一工程、同一材料、同一厂家、同一型号、同一规格、同一批号检查一次。

③木格栅、垫木和垫层地板等应作防腐、防蛀处理。

检验方法:观察检查和检查验收记录。

检查数量:按水磨石主控项目③检查数量。

④木格栅安装应牢固、平直。

检验方法:观察、行走、钢尺测量等检查和检查验收记录。

检查数量:按水磨石主控项目③检查数量。

⑤面层铺设应牢固,黏结应无空鼓、松动。

检验方法:观察、行走或用小锤轻击检查。

检查数量:按水磨石主控项目③检查数量。

2)一般项目

①实木地板、实木复合地板、实木集成夹板面层应刨平、磨光,无明显刨痕和毛刺等现象;图案应清晰、颜色应均匀一致。

检验方法:观察、手摸和行走检查。

检查数量:按水磨石主控项目③检查数量

②竹地板面层的品种与规格应符合设计要求,板面应无翘曲。

检验方法:观察、用 2 m 靠尺和楔形塞尺检查。

检查数量:按水磨石主控项目③检查数量。

③面层缝隙应严实,接头位置应错开,表面应平整、洁净。

检验方法:观察检验。

检查数量:按水磨石主控项目③检查数量。

④面层采用粘、钉工艺时,接缝应对齐,粘、钉应严密;缝隙宽度应均匀一致;表面应洁净,无溢胶现象。

检验方法:观察检验。

检查数量:按水磨石主控项目③检查数量。

⑤踢脚线应表面光滑,接缝严密,高度一致。

检验方法:观察检验。

检查数量:按水磨石主控项目③检查数量。

⑥复合木地板、实木地板面层的允许偏差及检验方法应符合表2.9和表2.10的要求。

表2.9 复合木地板面层允许偏差及检验方法

序 号	项 目	允许偏差/mm	检验方法
		复合木地板面层	
1	板面缝隙宽度	2.0	用钢直尺检查
2	表面平整度	2.0	用2 m靠尺及楔形塞尺检查
3	踢脚线上口平齐	3.0	拉5 m线,不足5 m拉通线
4	板面拼缝平直	3.0	用钢直尺检查
5	相邻板材高差	0.5	用钢直尺和楔形塞尺检查
6	踢脚线与面层的接缝	0.1	楔形塞尺检查

表2.10 实木地板面层允许偏差及检验方法

序 号	项 目	允许偏差/mm			检验方法
		松木地板	硬木地板	拼花地板	
1	板面缝隙宽度	1.0	0.5	0.2	用钢直尺检查
2	表面平整度	3.0	2.0	2.0	用2 m靠尺和楔形塞尺检查
3	踢脚线上口平齐	3.0	3.0	3.0	拉5 m线,不足5 m拉通线
4	板面拼缝平直	3.0	3.0	3.0	用钢直尺检查
5	相邻板材高差	0.5	0.5	0.5	用钢直尺和楔形塞尺检查
6	踢脚线与面层的接缝	1.0			楔形塞尺检查

2.4.4 成品保护

铺钉地板和踢脚板时,注意不要损坏墙面抹灰和木门框。

地板材料进入现场后,经检验合格,应码放在室内,分规格码放整齐,使用时轻拿轻放,不可乱扔乱堆,以免损坏棱角。

铺钉木板面层时,操作人员要穿软底鞋,且不得在地面上敲砸,防止损坏面层。

木地板铺设时应注意施工环境温度、湿度的变化,施工完后应及时覆盖塑料薄膜,防止开裂及变形。地板磨光后及时刷油和打蜡。

通水和通暖气时设专人观察管道节门、三通弯头、风机盘行等处,防止渗漏浸泡地板,造成地板开裂或起鼓。

2.4.5 应注意的质量问题

①铺完地板后,人行走时有响声。这主要是木格栅没有垫实、垫平,捆绑不牢固、有孔隙,木格栅间距过大,地板弹性大所致。要求在钉毛地板前,先检查木格栅的施工质量,人踩在木格栅上检查没响声后,再铺毛地板。

②拼缝不严。铺地板时接口处要插严,钉子的入木方向应是斜向的,一般常采用45°或60°角斜钉入木,促使接缝挤压紧密。

③木踢脚板处墙厚度不一致。在铺钉木踢脚板时,先检查墙面垂直偏差和平整度,如超出允许偏差时,应先处理墙面,达到标准要求后再钉踢脚板。

④地板面平整度超出允许偏差。主要原因是木格栅上未找平就钉铺木地板。铺钉之前,应对木格栅顶拉线找平。

⑤采用粘贴法施工的拼花木地板空鼓。主要原因是地面基层未清理干净就进行黏结,或者是清理后刷胶黏剂时间过长、胶黏剂失效(未经试验室试验就使用)等造成,温度过低也易造成黏结不牢而空鼓。

2.5 地毯楼地面工程

地毯是现代建筑装饰中地面所使用的比较高档的材料之一,主要是以动物毛、植物纤维及合成纤维为原料,经过编制加工而成。地毯按原料不同可分为纯毛地毯和化纤地毯两种。纯毛地毯柔软、温暖、舒适、豪华,具有很好的弹性,但是价格高,且容易被虫蛀或霉变等。化纤地毯较纯毛地毯耐老化、防污染,价格也比较低,原料丰富。常见地毯如图2.18所示。

(a)圈绒地毯　　　　　　(b)手绒地毯　　　　　　(c)簇绒地毯

图2.18　常见地毯

2.5.1 地毯地面概述

地毯的铺设形式有满铺和局铺两种。满铺就是在房间地面全部铺设地毯,而局铺则是在某一局部铺设。地毯的铺设方式也有固定式铺设与不固定式铺设两种。固定式铺设就是将地毯裁边,黏结拼缝成整片,推铺后四周与房间地面加以固定。常见的固定方式有粘贴式固定法和倒刺板固定法(图2.19)两种。粘贴式固定法是用胶黏剂将地毯直接黏结在地面上;倒刺板固定法是在地毯四周用倒刺板固定地毯。不固定式铺设将地毯直接敷设在地面上,不需要将地毯与基层固定。

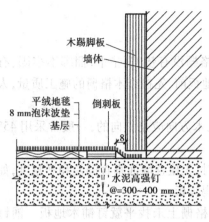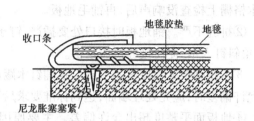

图 2.19　倒刺板固定地毯

地毯具有吸声、保温、隔热、防滑、弹性好、脚感舒适和施工方便等特点,又给人以华丽、高雅、温暖的感觉,因此备受欢迎。各色地毯在高级装饰中被大量采用。

2.5.2　压条法地毯施工工艺

1)施工材料

①地毯根据铺设面积,合理选购适当规格的地毯,以最省料为度。

②地毯胶黏剂、地毯接缝胶带、麻布条。

③地毯木卡条(倒刺板)、铝压条(倒刺板)、锑条。

2)施工工具

主要施工工具有张紧器、裁边机、切割刀、裁剪剪刀、漆刷、熨斗、弹线粉袋、扁铲、锤子等。

3)施工条件

①地毯铺设应在安装工程及其他装饰工程完工,并清扫干净后进行。

②地面干燥,含水率不得大于 8%。

③水泥地面不能有空鼓或宽度大于 1 mm 的裂缝及凹缝,如有上述缺陷,必须提前用水泥修补。

④地面不能有隆起的脊或包。如发现有隆起,应提前剔除或打磨平整。

⑤地面必须清洁,无尘、无油垢、无油漆或蜡,若有油垢宜用丙酮或松节油擦净。

⑥铺设地毯的房间四周墙、柱根部已安装好踢脚板,踢脚板下缘与地面之间的空隙大约为 8 mm,或比地毯厚度大 2～3 mm。

4)压条法地毯施工工艺

(1)工艺流程

工艺流程:清理基层→裁剪地毯→钉木卡条和门口压条→接缝处理→铺接工艺→修整、清理。

(2)施工要求

①清理基层:铺设地毯的基层要求具有一定的强度。基层表面必须平整,无凹坑、麻面、

裂缝,并保持清洁干净。若有油污,须用丙酮或松节油擦洗干净;高低不平处应预先用水泥砂浆填嵌平整。

②裁剪地毯:根据房间尺寸和形状,用裁边机从长卷上裁下地毯。每段地毯和长度要比房间长度长约 20 mm,宽度要以裁出地毯边缘后的尺寸计算,弹线裁剪边缘部分。

③钉木卡条和门口压条:采用木卡条(倒刺板)固定地毯时,应沿房间四周靠墙脚 1~2 cm 处,将卡条固定在基层上。在门口处,为不使地毯被踢起和边缘受损,达到美观的效果,常用铝合金卡条、锑条固定。卡条、锑条内有倒刺扣牢地毯。锑条的长边与地面固定,待铺上地毯后,将短边打下,紧压住地毯面层。卡条和压条可用钉条、螺丝、射钉固定在基层上。

④接缝处理:地毯是背面接缝。接缝是将地毯翻过来,使两条缝平接,用线缝后,刷白胶,贴上牛皮胶纸。缝线应较结实,针脚不必太密。胶带黏结法,即先将胶带按地面上的弹线铺好,两端固定,将两侧地毯的边缘压在胶带上;然后用电熨斗在胶带的无胶面上熨烫,使胶质熔解,随着电熨斗的移动,用扁铲在接缝处碾压平实,使之牢固地连在一起。用电铲修葺地毯接口处正面不齐的绒毛。

⑤铺接工艺:用张紧器或膝撑将地毯在纵横方向逐段推移伸展,使之拉紧,平铺于地面,以保证地毯在使用过程中遇到一定的推力而不隆起。张紧器底部有许多小刺,可将地毯卡紧而推移。推力应适当,过大易将地毯撕破;过小则推移不平,推移应逐步进行。用张紧器张紧后,地毯四周应挂在卡条或铝合金条上固定。

⑥修整、清理:地毯完全铺好后,用切割刀裁去多余部分,并用扁铲交边缘塞入卡条和墙壁之间的缝中,用吸尘器吸去灰尘等。

5)施工注意事项

①凡能被雨水淋湿、有地下水侵蚀的地面,特别是潮湿的地面不能铺设地毯。

②在墙边的踢脚处以及室内柱子和其他突出物处,地毯的多余部分应剪掉,再精细修整边缘,使之吻合服帖。

③地毯拼缝应尽量小,不应使缝线露出,要求在接缝时用张力器将地毯张平服帖后再进行接缝。接缝处要考虑地毯上花纹、图案的衔接,否则会影响装饰质量。

④铺完后,地毯应达到毯面平整服帖,图案连续、协调,接缝不明显,不易滑动,墙边、门口处连接牢靠,毯面无脏污、损伤。

2.5.3 粘贴法地毯施工工艺

1)施工准备

(1)基层要求

①混凝土地面的相对湿度应为 35%~65%,相对湿度低于 35%,可用湿拖布拖地后晾干。

②混凝土地面 pH 值应为 5~9。实验方法:用蒸馏水湿润地面后 5 min,以 pH 试纸鉴定。若 pH 值表明地面碱度过大(pH 值>10),可用拖布醮 5%~10% 的稀盐酸溶液拖地,再用清水冲洗两遍。

（2）环境要求

用黏结法铺设地毯的房间，从铺设前 72 h 到铺设后 72 h，应满足：温度为 18 ~ 35 ℃，相对湿度为 12% ~ 65%。

（3）材料、工具准备

提前 24 h 将黏结剂、热溶式黏结带放到现场环境中存放，准备好所有工具。

2）施工工艺

（1）工艺流程

固定黏结是铺装地毯的重要方法，其工艺流程为：基层地面处理→实量放线→裁割地毯→刮胶晾置→铺设辗压→清理。固定黏结地毯的技术性要求虽比倒刺板要求低，但也需按规范程序施工。

（2）施工要求

采用黏结式铺装地毯的房间往往不安踢脚板，如果安装，也应在地毯铺装后安装，地毯与墙根直接交接。因此，地毯下料必须十分准确，在铺装前必须进行实量，测量墙角是否规正，准确记录各角角度。

裁割地毯时应沿地毯经纱裁割，只割断纬纱，不割经纱，对于有背衬的地毯，应从正面分开绒毛，找出经纱、纬纱后裁割。

地毯刮胶应使用专用的 V 形齿抹子，以保证涂胶均匀。刮胶次序为先从拼缝位置开始，然后刮边缘。刮胶后晾置时间对黏结质量至关重要，一般应晾置 5 ~ 10 min，具体时间依胶的品种、地面密实情况和环境条件而定，以用于触摸表面干而黏时随装最好。

地毯铺装应从拼缝处开始，再向两边展开，不须拼缝时应从中间开始向周边铺装。铺装时用撑子将地毯从中部向墙边拉直，铺平后立即压实。粘贴方法的注意事项同倒刺板固定法。

 识扩展

地毯的活动式铺设简介

地毯的活动式铺设是指将地毯明摆浮搁地铺于楼地面上，不需与基层固定。此类铺设方式一般有 3 种情况：一是采用装饰性工艺地毯，铺置于较为醒目部位，形成烘托气氛的某种虚拟空间；二是小型方块地毯，此类产品一般基底较厚，且在麻底下面带有 2 ~ 3 mm 厚的胶层并贴有一层薄毡片，故其质量较大，人行其上时不易卷起，同时也能加大地毯与基层接触面的滞性，承受外力后会使方块与方块之间更为密实，能够满足使用要求；三是指大幅地毯预先缝制连接成整块，浮铺于地面后自然敷平并依靠家具或设备的重量予以压紧，周边塞紧在踢脚板下或其他装饰造型体下部。

铺设施工工艺流程：基层处理 → 裁割地毯 → 接缝缝合 → 铺贴 → 收口、清理。

施工操作要点：地毯作活动式铺贴时，要求基层平整光洁，不能有突出表面的堆积物，其平整度要求用 2 m 直尺检查时偏差不大于 2 mm。先按地毯方块在基层弹出分格控制线，然后从房间中央向四周展开铺排，逐块就位放稳服帖并相互靠紧，收口部位应按设计要求选择适宜的收口条。与其他材质地面交接处，如标高一致，可选用铜条或不锈钢条；标高不一致时，一般应采用铝合金收口条，将地毯的毛边伸入收口条内，再将收口条端部砸扁，即起到收口和边缘固定的双重作用。重要部位也可配合采用粘贴双面胶带等稳固措施。

2.5.4　地毯成品保护

①要注意保护好上道工序已完成的各分部分项工程成品的质量。在运输和施工操作中,要注意保护好门窗框扇,特别是铝合金门窗框扇、墙纸踢脚板等成品不遭损坏和污染,应采取保护和固定措施。

②应做好地毯等材料进场后的堆放、运输和操作过程中的保管工作,应避免风吹雨淋、防潮、防火、防人踩、物压等,应设专人加强管理。

③要注意倒刺板挂毯条和钢钉等使用和保管工作,尤其要注意及时回收和清理截断下来的零头、倒刺板、挂毯条和散落的钢钉,避免发生钉子扎脚、划伤地毯和把散落的网钉铺垫在地毯垫层和面层下面,否则必须返工取出重铺。

④要认真贯彻岗位责任制,严格执行工序交接制度。凡每道工序施工完毕就应及时清理地毯上的杂物和及时清擦被操作污染的部位,并注意关闭门窗和关闭卫生间的水龙头,严防雨水和地毯泡水事故。

⑤操作现场严禁吸烟,吸烟要到指定吸烟室。应从准备工作开始,根据工程任务的大小,设专人进行消防、成品保护,同时要严格控制非工作人员进入。

知识扩展

楼梯地毯铺设施工要点

由于人行其上,因此必须铺设牢固妥帖。基层处理、裁剪地毯方法同房间地毯的铺设。铺贴施工其他要点如下:

①测量楼梯所用地毯的长度,在测得长度的基础上,再加上 450 mm 的余量,以便挪动地毯,转移调换常受磨损的位置。如所选用的地毯是背后不加衬的无底垫地毯,则应在地毯下面使用楼梯垫料增加耐用性,并可吸收噪声。衬垫的深度必须能触及阶梯竖板,并可延伸至每阶踏步板外 50 mm,以便包覆。

②将衬垫材料用地板木条分别钉在楼梯阴角两边,两木条之间应留 1.5 mm 的间隙。用预先切好的地毯角铁(倒刺板)钉在每级踢板与踏板所形成转角的衬垫上。由于整条角铁都有突起的抓钉,故能不露痕迹地将整条地毯抓住。

③地毯首要先从楼梯的最高一级铺起,将始端翻起在顶级的踢板上钉住,然后用扁铲将地毯压在第一套角铁的抓钉上。把地毯拉紧包住梯阶,循踢板而下,在楼梯阴角处用扁铲将地毯压进阴角,并使地板木条上的抓钉紧紧抓住地毯,然后铺第二套固定角铁。这样连续下来直到最下一级,将多余的地毯朝内折转,钉于底级的踢板上。

④所用地毯如果已有海绵衬底,那么可用地毯胶黏剂代替固定角钢。将胶黏剂涂抹在踢板与踏板面上粘贴地毯,铺设前将地毯的绒毛理顺,找出绒毛最为光滑的方向,铺设时以绒毛的走向朝下为准。在梯级阴角处用扁铲敲打,地板木条上都有突起的抓钉,能将地毯紧紧抓住。在每阶踢、踏板转角处用不锈钢螺钉拧紧铝角防滑条。

⑤楼梯地毯的最高一级是在楼梯面或楼层地面上,应固定牢固并用金属收口条严密收口封边。如楼层面也铺设地毯,固定式铺贴的楼梯地毯应与楼层地毯拼缝对接。若楼层无地毯铺设,楼梯地毯的上部始端应固定在踢面竖板的金属收口条内,收口条要牢固安装在楼梯踢面结构上。楼梯地毯的最下端,应将多余的地毯朝内翻转钉固在底级的竖板上。

知识链接

地毯铺装常见质量问题及处理方法

地毯铺装常见的质量缺陷有起鼓、起皱、色泽不一致和地毯松动等。

起鼓、起皱:除地毯在铺装前未铺展平外,主要是铺装时撑子张平松紧不匀及倒刺板中倒刺个别的没有抓住所致。如地毯打开时,出现鼓起现象,应将地毯反过来卷一下后,铺展平整。铺装时撑子用力要均匀,张平后立即装入倒刺板,用扁铲敲打,保证所有倒刺都能抓住地毯。

色泽不一致:除材料质量不好外,还包括基层表面潮湿或渗水使地毯吸水后变色,以及日光暴晒使地毯表面部分发白变浅。注意在购买时要挑选质量好、颜色一致的地毯。使用中要避免地毯着水,易着水的地面,不要铺装地毯。应避免在日光直照或有害气体环境中施工,日常使用中也应避免阳光直照。

地毯松动:主要是倒刺板上的倒刺固定不住所致。应按要求配置倒刺板,并保证倒刺全部抓住地毯。

2.5.5 地毯楼地面质量验收

1)主控项目

①地毯面层采用的材料应符合设计要求和国家现行有关标准的规定。

检验方法:观察检查和检查型式检验报告、出厂检验报告、出厂合格证。

检验数量:同一工程、同一材料、同一生产厂家、同一型号、同一规格、同一批号检查一次。

②地毯面层采用的材料进入施工现场时,应有地毯、衬垫、胶黏剂中的挥发性有机化合物(VOC)和甲醛限量合格的检测报告。

检验方法:检查检测报告。

检验数量:同一工程、同一材料、同一生产厂家、同一型号、同一规格、同一批号检查一次。

③地毯表面应平服,拼缝处应粘贴牢固、严密平整、图案吻合。

检验方法:观察检查。

检查数量:按水磨石主控项目③检查数量。

2)一般项目

①地毯表面不应起鼓、起皱、翘边、卷边、显拼缝、露线和毛边,绒面毛应顺光一致,毯面应洁净、无污染和损伤。

检验方法:观察检查。

检验数量:按水磨石主控项目③检查数量。

②地毯同其他面层连接处、收口处和墙边、柱子周围应顺直、压紧。

检验方法:观察检查。

检验数量:按水磨石主控项目③检查数量。

2.5.6 地毯质量通病

1)地毯卷边、翻边

产生原因:地毯固定不牢或黏结不牢。

防治措施:墙边、柱边应钉好倒刺板,用以固定地毯;粘贴接缝时,刷胶要均匀,铺贴后要拉平压实。

2)地毯表面不平整

产生原因:基层不平;地毯铺设时两边用力不一致,没能绷紧,或烫地毯时未绷紧;地毯受潮变形。

防治措施:地毯表面不平面积不应大于4 mm;铺设地毯时必须用大小撑子或专用张紧器张拉平整后方可固定;铺设地毯前后应做好地毯防雨、防潮措施。

3)显露拼缝、收口不顺直

产生原因:接缝绒毛未处理;收口处未弹线,收口条不顺直;地毯裁割时,尺寸有偏差。

防治措施:地毯接缝处用弯针做绒毛密实的缝合,收口处先弹线,收口条跟线钉直;严格根据房间尺寸裁割地毯。

4)地毯发霉

产生原因:基层未进行防潮处理;水泥基层含水率过大。

防治措施:铺设地毯前基层必须进行防潮处理,可用乳化沥青涂刷一道或涂刷掺防水剂的水泥浆一道;地毯基层必须保证含水率小于8%。

2.6　其他地板工程

在室内楼地面铺装过程中,除了前面所讲的常用铺装材料外,还有特殊形式的地板,主要用于特定的房间或特定场所。这些特殊的楼地面包括活动地面、发光楼地面、防水楼地面、弹性地板和弹簧木地板楼地面。本节将对常用的活动楼地面和防水楼地面作详细介绍。

2.6.1　活动楼地面

活动楼地面也称活动夹层地板,是由各种装饰面板、龙骨、龙骨橡胶垫或橡胶条、可调金属支架等组成。其特点是安装、调试、清理、维修简便,板下空间可以设多条管道和各种管线,可随意开启检查、迁移等。这种楼地面经常被用于计算机房、通信中心、电化教室、展览馆、剧场及舞台等。活动楼地板形式如图2.20所示。

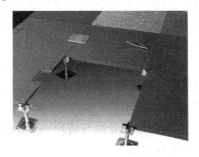

图2.20　活动楼地板形式

1)活动楼地面所用材料和施工工具

(1)材料

活动楼地面所用材料以刨花板为基材,表面覆以高压三聚氰胺优质装饰板、复合静电活动地板等。规格尺寸为457 mm×457 mm,600 mm×600 mm,762 mm×762 mm。可调金属支架有联网式支架和全钢式支架两种,如图2.21所示。

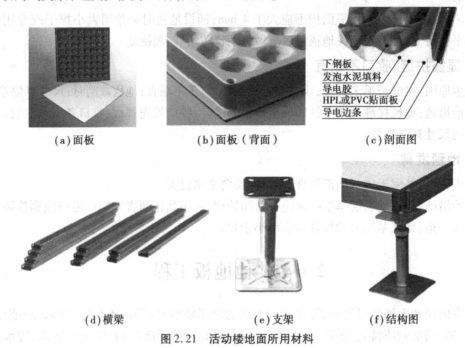

(a)面板 (b)面板(背面) (c)剖面图

下钢板
发泡水泥填料
导电胶
HPL或PVC贴面板
导电边条

(d)横梁 (e)支架 (f)结构图

图2.21 活动楼地面所用材料

(2)施工工具

主要施工工具有电钻、切割锯、红外水平仪、射钉枪、地板吸盘等。

2)活动地面施工

(1)施工条件

基层表面应平整、光洁、不起灰,含水率小于8%。安装前应清扫干净,必要时,在其面上涂刷绝缘漆。布置在地板下的电缆等管道及空调系统应在安装地板前施工完毕。安装活动地板面层,必须等室内各项工程和超过地板面承载的重型设备基座固定完工,设备安装在基座上,基座高度应同地板上表面完成高度一致,不得交叉施工。架设活动地板面层前,要检查核对地面面层标高,应符合设计要求。将室内四周的墙画出面层标高控制水平线。施工现场备有220 V/50 Hz电源和正常水源。大面积架设前,应先放施工大样,并做样板,经质检部门鉴定合格方可组织按样板间要求施工。

(2)施工工艺

工艺流程:基层处理与清理→定位放线→粘贴导电铜带→安装固定可调支架和横梁→铺设活动地板面层。

①基层处理与清理:活动地板面层的骨架应支撑在抹了水泥砂浆的地面或水磨石现浇钢筋混凝土楼板上,其基层表面应平整、光洁、不起尘土,含水率不大于8%。必要时,在其面上涂刷绝缘树脂漆。

②定位放线:拉水平线,并将地板安装高度用墨线弹到墙面上,保证铺设后的地板在同一水平面上。选一个墙角作为出发点,在墙面上找好水平,按照墙面水平需要高度,距墙面595 mm处拴两条平行墙面的腰线,此腰线不易断裂和延伸,两条必须垂直分布。在地面弹出安装支架的网格线(铺设活动地板下的管线要注意避开已弹好标志的支架座)。如室内无控制柜等设备,平面尺寸又符合板块模数时,宜由内向外铺设。

③粘贴导电铜带:做导电处理须在地面上粘贴导电铜带,并在可调支架下面相互连接。

④安装固定可调支架和横梁:将要安装的支架调整到同一需要的高度,并将支架摆放到地面网格线的十字交叉处。用螺钉将横梁固定到支架上,并用水平尺、直角尺逐一矫正横梁,使之在同一平面上并互相垂直。

⑤铺设活动地板面层:首先检查活动地板面层下铺设的电缆、管线,确保无误后才能铺设活动地板面层。用吸板器在组装好的横梁上放置地板,若墙边剩余尺寸小于地板本身长度,可以用切割地板的方法进行拼补活动。地板需要切割或者开孔时,应在开口拐角处用电钻打 $\phi6 \sim \phi8$ 圆孔,防止贴面断裂。

活动地板的铺设如图 2.22 所示。

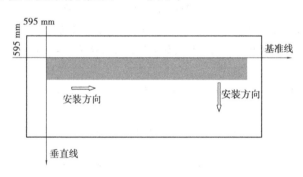

(a)定位放线

(b)粘贴导电铜带

(c)安装固定可调支架和横梁

(d)铺设活动地板面层

图 2.22　活动地板的铺设

知 识链接

活动地板安装注意事项及常见质量问题

(1)由于活动地板有较高的架空层,安装时应注意以下几点:

①活动地板应尽量与走廊内地面保持高度一致,以利于大型设备及人员进出。

②地板上有重物时,地板下部应加设支架。

③金属活动地板应有接地线,以防静电和触电。

(2)活动地板安装常见质量问题如下:

①材质不符合要求。一定要把好活动地板等配套系列材质和技术性能入场关,必须符合设计、现行国家标准和规范的规定。要有产品出厂合格证,必要时要做复试。大面积施工前应进行试铺工作。

②面层高低不平。要严格控制好楼地面面层标高,尤其是房间与门口、走道和不同颜色、不同材料之间交接处的标高能交圈对口。

③交叉施工相互影响。在整个活动地板铺设过程中,要抓好以下两个关键环节和工序:一是当第二道操作工艺完成(即把基层弹好方格网)后,应及时插入铺设活动地板下的电缆、管线工作。这样既避免了不应有的返工,同时又保证了支架不被碰撞造成松动。二是当第三道操作工艺完成后,第四道操作工艺开始铺设活动地板面层之前,一定要检查面层下铺设的电缆、管线,确保无误后再铺设活动地板面层,以避免不应有的返工。

④缝隙不均匀。要注意面层缝格排列整齐,特别要注意不同颜色的电缆、管线设备沟槽处面层的平直对称排列和缝隙均匀一致。

⑤表面不洁净。要重视对已铺设好的面层调整板块水平度和表面的清擦工作,确保表面平整洁净、色泽一致、周边顺直。

3)活动地板工程质量验收标准

(1)主控项目

①活动地板应符合设计要求和国家现行有关标准的规定,应具有耐磨、防潮、阻燃、耐污染、耐老化和导静电等性能。

检验方法:观察检查和检查型式检验报告、出厂检验报告、出厂合格证。

检查数量:同一工程、同一材料、同一生产厂家、同一型号、同一规格、同一批号检查一次。

②活动地板面层应安装牢固,无裂痕、掉角和缺棱等缺陷。

检查方法:观察和行走检查。

检查数量:按水磨石主控项目③检查数量。

(2)一般项目

①活动地板面层应排列整齐、表面洁净、色泽一致、接缝均匀、周边顺直。

检验方法:观察检查。

检查数量:按水磨石主控项目③检查数量。

②活动地面工程允许偏差和检查方法见表2.11。

表 2.11 活动地面工程允许偏差和检查方法

序号	检查项目	允许偏差/mm	检查方法
1	表面平整度	2.0	用 2 m 靠尺和楔形塞尺检查
2	缝格平直	2.5	拉 5 m 线和用钢尺检查
3	接缝高低差	0.4	用钢尺和楔形塞尺检查
4	踢脚线上口平直	—	拉 5 m 线和用钢尺检查
5	板块间隙宽度	0.3	用钢尺检查

2.6.2 防水楼地面

防水楼地面经常用在室内的卫生间、盥洗室、浴室以及厨房等房间。防水楼地面的做法有很多种,常见的做法主要有 3 种:一是在水泥砂浆中混合防水剂制成具有防水性能的水泥砂浆,然后将防水水泥砂浆铺设在楼板基层上做防水层;二是在地面基层上粘贴铺设油毡或 PVC 卷材防水层,并铺设轻质混凝土保护层,然后在上面做地面面层;三是在钢筋混凝土结构层上或底层地面的混凝土结构上用 15 mm 厚 1∶3 水泥砂浆找平,上面刷 2 ~ 3 道防水涂料,并铺设轻质混凝土保护层,再在上面做地面面层,这时不要忘记排水口坡度的设计。

在做地面防水的同时,经常会和墙面的防水结合来做,因此,在讲解地面防水的同时,通常也会结合墙面防水一起来讲解。

1)施工准备

(1)施工条件

水泥砂浆基层:表面坚实、平整、干燥、没起有砂、凹凸、松动、鼓包、裂缝、麻面等缺陷。四周转角处做成圆角转角。

穿顶板的管子孔要用掺加微膨胀剂的干硬性水泥砂浆封堵,管周围留 10 mm×10 mm 的小槽,用以浇注建筑密封胶。

(2)材料要求

①防水材料进场时应有出厂合格证、性能检测报告。

②进场后及时请建设单位(监理单位)进行见证取样复试,合格后方可使用。

(3)施工单位及人员要求

防水施工必须由具有行业行政主管部门颁发的防水施工资质证的专业防水施工队承担,作业人员具有上岗证。施工前将施工单位的施工资质、施工人员的上岗证,报给监理或建设单位审查,并作为技术资料留存。

2) 防水楼地面施工(以聚氨酯防水涂料施工为例)

(1) 施工工艺流程

工艺流程:清扫基层→涂刷底胶→细部附加层→第一层涂膜→第二层涂膜→第三层涂膜→防水层试水→防水层验收。

(2) 施工要点

①清扫基层:用铲刀将粘在找平层上的灰皮除掉,用扫帚将尘土清扫干净,尤其是管根、地漏和排水口等部位要仔细清理。如有油污时,应用钢丝刷和砂纸刷掉。表面必须平整,凹陷处要用1∶3水泥砂浆找平。

②涂刷底胶:将聚氨酯甲、乙两组分和二甲苯按1∶1.5∶2的比例(质量比)配合搅拌均匀,即可使用。用滚动刷或油漆刷蘸底胶均匀地涂刷在基层表面,不得过薄也不得过厚,涂刷量以0.2 kg/m² 左右为宜。涂刷后应干燥4 h以上,手感不粘时才能进行下一道工序。

③细部附加层:将聚氨酯涂膜防水材料按甲组分∶乙组分=1∶1.5的比例混合搅拌均匀,用油漆刷蘸涂料在地漏、管道根、阴阳角和出水口等容易漏水的薄弱部位均匀涂刷,不得漏刷(地面与墙面交接处,涂膜防水拐墙上做150 mm高)。

④第一层涂膜:将聚氨酯甲、乙两组分和二甲苯按1∶1.5∶0.2的比例(质量比)配合后,倒入拌料桶中,用电动搅拌器搅拌均匀(约5 min),用橡胶刮板或油漆刷刮涂一层涂料,厚度要均匀一致,刮涂量以0.8~1.0 kg/m² 为宜,从内往外退着操作。

⑤第二层涂膜:第一层涂膜后,涂膜固化到不粘手时,按第一遍材料配比方法,进行第二遍涂膜操作,为使涂膜厚度均匀,刮涂方向与第一遍刮涂方向垂直,刮涂量与第一遍同。

⑥第三层涂膜:第二层涂膜固化后,仍按前两遍的材料配比搅拌好涂膜材料,进行第三遍刮涂,刮涂量以0.4~0.5 kg/m² 为宜。

在操作过程中,根据当天操作量配料,不得搅拌过多。如涂料黏度过大不便涂刮时,可加入少量二甲苯进行稀释,加入量不得大于乙料的10%。如甲、乙料混合后固化过快,影响施工时,可加入少许磷酸或苯磺酰氯缓凝剂,加入量不得大于甲料的0.5%;如涂膜固化太慢,可加入少许二月桂酸二丁基锡作促凝剂,但加入量不得大于甲料的0.3%。

涂膜防水做完,经检查验收合格后可进行蓄水试验,24 h无渗漏,可进行面层施工。

3) 地面防水施工中的注意事项及质量问题

(1) 地面防水施工中的注意事项

①抹灰支架要离开墙面150 mm。拆支架时不得碰坏口角及墙面。

②落地灰要及时清理,做到活完脚下清。

③地面上人不能过早。

(2) 地面防水施工中容易出现的质量问题

①空鼓、裂缝:基层未处理好,刷素浆前混凝土表面未进行凿毛,油污处未用灰碱刷洗干净,以致出现空鼓、裂缝。另外,养护不好,养护期限不够,也是原因之一。

②渗漏:各层抹灰时间掌握不当,跟得太紧,出现流坠;素浆干得太快,抹面层砂浆黏结不牢易造成渗水;接槎、穿墙管等细部处理不好,易造成局部渗漏,在施工中必须按规定认真

操作。

4) 防水地面工程质量验收标准

（1）主控项目

①防水层材料应符合设计要求和国家现行有关标准的规定。

检验方法：观察检查和检查型式检验报告、出厂检验报告、出厂合格证。

检查数量：同一工程、同一材料、同一生产厂家、同一型号、同一规格、同一批号检查一次。

②卷材类、涂料类防水材料进入施工现场时，应对材料的主要物理性能指标进行复验。

检验方法：检查复验报告。

检查数量：执行现行国家标准。

③厕浴和有防水要求的建筑地面必须设置防水隔离层。楼层结构必须采用现浇混凝土或整块预制混凝土板，混凝土强度等级不小于 C20；房间的楼板四周除门外应做混凝土翻边，高度不小于 200 mm，宽同墙厚，混凝土强度等级不小于 C20。施工时结构层标高和预留孔洞位置应准确，严禁乱凿洞。

检验方法：观察和钢尺检查。

检查数量：按水磨石主控项目③检查数量。

④水泥类防水隔离层的方式等级和强度等级应符合设计要求。

检验方法：观察检查和检查防水等级检测报告、强度等级检测报告。

检查数量：防水等级检测报告、强度等级检测报告均按照水磨石主控项目③检查数量。

⑤防水隔离层严禁渗漏，排水的坡向应正确、排水通畅。

检验方法：观察检查，蓄水、泼水检验和坡度尺检查及检查验收记录。

检查数量：按水磨石主控项目③检查数量。

（2）一般项目

①防水层厚度应符合设计要求。

检验方法：观察检查和用钢尺、卡尺检查。

检查数量：按水磨石主控项目③检查数量。

②防水层与其下一层应黏结牢固，不应有空鼓；防水涂层应平整、均匀，无脱皮、起壳、裂缝、鼓泡等缺陷。

检验方法：用小锤轻击检查和观察检查。

检查数量：按水磨石主控项目③检查数量。

③防水层表面的允许偏差和检查方法应符合表 2.12 的要求。

表 2.12　防水层表面的允许偏差和检查方法

序　号	检查项目	允许偏差或允许值/mm	检查方法
1	表面平整度	3.0	用 2 m 靠尺和楔形塞尺检查
2	标高	±4	用水准仪检查

续表

序　号	检查项目	允许偏差或允许值/mm	检查方法
3	坡度	不大于房间相应尺寸的2/1 000,且不大于30	用坡度尺检查
4	厚度	在个别地方不大于设计厚度的1/10,且不大于20	用钢尺检查

知识扩展

卷材防水工程的质量要求

卷材防水工程质量的一般要求:

(1)卷材防水层应采用高聚物改性沥青防水卷材和合成高分子防水卷材。所选用的基层处理剂、胶黏剂、密封材料等配套材料,均应与铺贴的卷材材性相容。(2)铺贴防水卷材前,应将找平层清扫干净,在基面上涂刷基层处理剂;当基面较潮湿时,应涂刷湿固化型胶黏剂或潮湿界面隔离剂。

(3)防水卷材厚度选用应符合表2.13的规定。

表2.13　防水卷材厚度

防水等级	设防道数	合成高分子防水卷材	高聚物改性沥青防水卷材
1级	三道或三道以上设防	单层:不应小于1.5 mm	单层:不应小于4 mm
2级	二道设防	双层:每层不应小于1.2 mm	双层:每层不应小于3 mm
3级	一道设防	不应小于1.5 mm	不应小于4 mm
	复合设防	不应小于1.2 mm	不应小于3 mm

(4)两幅卷材短边和长边的搭接宽度均不应小于100 mm。采用多层卷材时,上下两层和相邻两幅卷材的接缝应错开1/3幅宽,且两层卷材不得相互垂直铺贴。

(5)冷粘法铺贴卷材应符合下列规定:

①胶黏剂涂刷应均匀,不露底、不堆积。

②铺贴卷材时应控制胶黏剂涂刷与卷材铺贴的间隔时间,排除卷材下面的空气,并辊压黏结牢固,不得有空鼓。

③铺贴卷材应平整、顺直,搭接尺寸正确,不得有扭曲、皱褶。

④接缝口应用密封材料封严,其宽度不应小于10 mm。

(6)热熔法铺贴卷材应符合下列规定:

①火焰加热器加热卷材应均匀,不得过分加热或烧穿卷材;厚度小于3 mm的高聚物改性沥青防水卷材,严禁采用热熔法施工。

②卷材表面热熔后应立即滚铺卷材,排除卷材下面的空气,并辊压黏结牢固,不得有空鼓、皱褶。

③滚铺卷材时接缝部位必须溢出沥青热熔胶,并应随即刮封接口,使接缝黏结严密。

④铺贴后的卷材应平整、顺直,搭接尺寸正确,不得有扭曲。

（7）卷材防水层完工并经验收合格后应及时做保护层。保护层应符合下列规定：

①顶板的细石混凝土保护层与防水层之间宜设置隔离层。

②底板的细石混凝土保护层厚度应大于 50 mm。

③侧墙宜采用聚苯乙烯泡沫塑料保护层，或砌砖保护墙（边砌边填实）和铺抹 30 mm 厚水泥砂浆。

（8）卷材防水层的施工质量检验数量，应按铺贴面积每100 m² 抽查1 处，每处10 m²，且不得少于3 处。

①主控项目。

a.卷材防水层所用卷材及主要配套材料必须符合设计要求。检验方法：检查出厂合格证、质量检验报告和现场抽样试验报告。

b.卷材防水层及其转角处、变形缝、穿墙管道等细部做法均须符合设计要求。检验方法：观察检查和检查隐蔽工程验收记录。

②一般项目。

a.卷材防水层的基层应牢固，基面应洁净、平整，不得有空鼓、松动、起砂和脱皮现象；基层阴阳角处应做成圆弧形。检验方法：观察检查和检查隐蔽工程验收记录。

b.卷材防水层的搭接缝应黏（焊）结牢固，密封严密，不得有皱褶、翘边和鼓泡等缺陷。检验方法：观察检查。

c.侧墙卷材防水层的保护层与防水层应黏结牢固，结合紧密、厚度均匀一致。检验方法：观察检查。

d.卷材防水层搭接宽度的允许偏差为−10 mm。检验方法：观察和尺量检查。

本章小结

在建筑中，人们在楼地面上从事各项活动，安排各种家具和设备，地面要经受各种侵蚀、摩擦和冲击作用，在楼地面上进行各种饰面装饰，不仅提高了楼地面的耐久性，也使楼地面的使用功能和装饰美感有了很大程度的改善。楼地面装饰已成为建筑装饰工程中不可缺少的重要组成部分。

本章详细介绍了不同类型的楼地面工程，也侧重介绍了新型地面材料及施工工艺。章节内容以实际的工作过程为依据，分为施工准备、施工操作、施工完成 3 部分。侧重的应用性知识点包括楼地面工程涉及的材料及机具、楼地面工程施工工艺及操作要点、楼地面工程质量验收。

复习思考题

1.楼地面的基本构造层次有哪些？

2.楼地面有哪些装饰类型？

3.楼地面常用的装饰材料有哪些？

4.水泥砂浆地面的构造做法有哪些？

5. 绘制陶瓷地砖地面的构造做法示意图。

6. 陶瓷地砖的施工工艺及操作要点有哪些？

7. 石材地面的施工工艺及操作要点有哪些？

8. 木地板有哪些类型？实木地板的施工工艺流程是什么？

9. 地毯施工有哪些铺设方式？

10. 地毯有哪些种类？如何进行地毯的收边处理？

11. 活动地板适用于什么范围？其施工工艺有哪些？

第3章

墙面装饰工程施工技术

本章导读

● **基本要求**

(1)知识目标:了解墙面装饰工程的基本知识,熟悉各种墙面装饰工程施工的工艺流程,掌握各种墙面的施工技术和质量验收标准。

(2)能力目标:通过对施工工艺的深刻理解,使学生学会正确选择材料和组织施工的方法,培养学生解决施工现场常见问题的能力。

● **重点**

(1)涂饰类墙面施工工艺。

(2)饰面砖、木饰面、石材饰面的施工工艺和质量验收。

(3)金属板和玻璃饰面的施工工艺及质量验收。

● **难点**

掌握所学的所有理论知识,并结合实训任务,指导学生在真实情景中完成完整的施工过程并写出操作、安全注意事项和感受。

3.1 墙面装饰工程施工技术概述

墙面装饰分内墙装饰和外墙装饰。不同的墙面有着不同的装饰效果和功能。外墙面装饰的主要功能是美化建筑物和城市景观,保护建筑物的外界面免受外界环境的侵蚀,改善建筑物外墙的保温、隔热及隔音等物理功能。内墙面装饰的主要作用是保护墙体,美化环境,提高室内舒适度,保证室内采光、保温、隔热、防腐、防尘和声学等使用功能。

3.1.1 墙面装饰的作用

墙、柱面装饰的作用概括起来主要有以下3个方面。

1) 保护墙体结构构件,提高建筑物使用年限

保护墙体是使墙体不直接受到风、霜、雨、雪的侵蚀,提高墙体的防潮、抗风化能力,增强墙体的坚固性、耐久性,延长墙体的使用年限。

2) 改善空间环境,改善工作条件

对墙面进行装修处理,增加墙厚;用装修材料堵塞孔隙,可改善墙体的热工性能,提高墙体的保温、隔热和隔音能力;平整、光滑、色浅的内墙装修,可增加光线的反射,提高室内照度和采光均匀度,改善室内卫生条件;利用不同材料的室内装修,会产生对声音的吸收或反射作用,改善室内音质效果。

3) 凸显建筑的艺术效果,美化环境

墙面装修可提高建筑物立面的艺术效果,往往是通过材料的质感、色彩和线型等的表现,丰富建筑的艺术形象。

3.1.2 墙面装饰施工的种类

建筑装饰施工实质上是建筑装饰材料及制品通过某种连接手段与主体所组成的满足建筑功能要求的装饰造型体现。

墙面装饰施工的种类从不同的角度有不同的分类,通常有以下分类方式。

1) 按墙面装饰材料分类

①抹灰类饰面工程,包括一般抹灰和装饰抹灰饰面装饰。

②涂刷类饰面工程,包括涂料和刷浆等饰面装饰。

③裱糊与软包工程,包括壁纸布和壁纸饰面、软包饰面装饰。

④饰面板(砖)类饰面工程,包括饰面砖镶贴、装饰玻璃安装、木质饰面、石材及金属板材等饰面。

⑤其他材料类,如玻璃幕墙等。

不同的材料与制品选用的连接方法也有所不同,有的材料与制品不能直接相连时就需加过渡件(中间件)来连接,所设过渡件和其中一种材料一定为相容性物质。

2) 按建筑装饰施工部位分

按建筑装饰施工部位,可分为外墙面装饰和内墙面装饰。

①外墙面装饰包括外墙各立面、檐口、外窗台、雨篷、台阶等。

②内墙装饰包括内墙各装饰面、踢脚、墙裙、隔墙隔断、门窗、楼梯、电梯等。

3) 按墙面装饰构造形式分类

按墙面装饰构造形式可分为装饰结构类、饰面类和配件类三大类。

①装饰结构类构造:指采用装饰骨架、表面装饰构造层与建筑主体结构或框架填充墙连

接在一起的构造形式。

②饰面类构造：又称覆盖式构造，即在建筑构件表面再覆盖一层面层，对建筑构件起保护和美化作用。饰面类构造主要是处理好面层与基层的连接构造（如瓷砖、墙布与墙体的连接，干挂石材等）。

③配件类构造：将装饰制品或半成品在施工现场加工组装后，安装于建筑装饰部位的构造（如暖气罩、窗帘盒）。配件的安装方式主要有粘接、榫接、焊接、钉接等。

3.1.3　墙面装饰施工选择原则

选择装饰构造及施工做法主要考虑的原则：功能及材料要求、质量等级要求、耐久年限、安全性、可行性、经济性、现场制作或预制、施工因素、健康环保等方面。

对于墙面，进行装饰工程时，首先要根据空间功能和用途来选择墙面装饰的种类，并合理选择装饰材料。墙面装饰施工的种类以及选择作为基础知识点应重点掌握。

3.2　抹灰工程

抹灰类墙面，即抹灰类饰面，又称水泥灰浆类饰面、砂浆类饰面，是用各种加色的、不加色的水泥砂浆，或者石灰砂浆、混合砂浆、石膏砂浆、石灰浆以及水泥石渣浆等做成的各种装饰抹灰层。它除了具有装饰效果外，还具有保护墙体、改善墙体物理性能等功能。这种饰面因其造价低廉、施工简便、效果良好，目前在国内外建筑装饰中应用最为广泛。

3.2.1　抹灰类工程概述

1）抹灰的分类

抹灰工程分一般抹灰和装饰抹灰两大类。一般抹灰有石灰砂浆、水泥石灰砂浆、水泥砂浆、聚合物水泥砂浆以及麻刀灰、纸筋灰、石膏灰等；按使用要求、质量标准和操作工序不同，又分为普通抹灰、中级抹灰和高级抹灰。装饰抹灰有水刷石、水磨石、斩假石（剁斧石）、干粘石、拉毛灰、洒毛灰以及喷砂、喷涂、滚涂、弹涂等。

2）抹灰的组成

墙面抹灰通常由底层抹灰、中层抹灰和面层抹灰三部分组成，如图 3.1 所示。

（1）底层抹灰

底层抹灰主要起与基层黏结和初步找平的作用。底灰砂浆应根据基本材料的不同和受水浸湿情况而定，可分别用石灰砂浆、水泥石灰混合砂浆（简称"混合砂浆"）或水泥砂浆。

一般来说，室内砖墙多采用 1∶3 石灰砂浆，或掺入

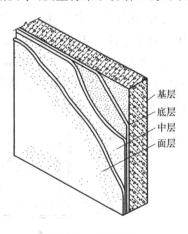

基层
底层
中层
面层

图 3.1　抹灰层次

一些纸筋、麻刀,以增强黏结力并防止开裂;做涂料墙面时,底灰可用1:2:9或1:1:6水泥石灰混合砂浆。室外或室内有防水、防潮要求时,应采用1:3水泥砂浆。

混凝土墙体应采用混合砂浆或水泥砂浆。加气混凝土墙体,内墙可用石灰砂浆或混合砂浆,外墙宜用混合砂浆。窗套、腰线等线脚应用水泥砂浆。北方地区外墙饰面不宜用混合砂浆,一般采用的是1:3水泥砂浆。底层抹灰的厚度为5~10 mm。

(2)中层抹灰

中层抹灰主要起找平和结合的作用。此外,还可以弥补底层抹灰的干缩裂缝。一般来说,中层抹灰所用材料与底层抹灰基本相同,厚度为5~12 mm。在采用机械喷涂时,底层与中层可同时进行,但厚度不宜超过15 mm。

(3)面层抹灰

面层又称罩面。面层抹灰主要起装饰和保护作用。根据所选装饰材料和施工方法不同,面层抹灰可分为各种不同性质与外观的抹灰。例如,选用纸筋灰罩面,即为纸筋灰抹灰;选用水泥砂浆罩面,即为水泥砂浆抹灰;在水泥砂浆中掺入合成材料的罩面,即为聚合砂浆抹灰;采用木屑骨料的罩面,即为吸声抹灰;采用蛭石粉或珍珠岩粉作骨料的罩面,即为保温抹灰等。

由于施工操作方法的不同,抹灰表面可抹成平面,也可拉毛或用斧斩成假石状,还可采用细天然骨料或人造骨料(如大理石、花岗岩、玻璃、陶瓷等加工成粒料),采用手工涂抹或机械喷射成水刷石、干粘石、彩瓷粒等集石类墙面。

彩色抹灰的做法有两种:一种是在抹灰面层的灰浆中掺入各种颜料,色匀而耐久,但颜料用量较多,适用于室外;另一种是在做好的面层上,进行罩面喷涂料时加入颜料,这种做法较省颜料,但是容易出现色彩不匀或褪色现象,多用于室内。

3)抹灰的特点

抹灰的优点是价格便宜、施工方法简单、材料来源丰富;缺点主要是容易受灰尘污染、现场劳动量大。

另外,抹灰砂浆强度较差,阳角处很容易碰坏,通常在抹灰前先在内墙阳角、门洞转角、柱子四角等处,用强度较高的1:2水泥砂浆抹出或预埋角钢做成护角,如图3.2所示。护角高度从地面起,一般为1.5~2 m,然后再做底层及面层抹灰。在施工中,外墙面抹灰一般面积较大,为施工操作方便以及满足立面处理的需求,通常将抹灰层事先进行嵌木条分格,做成引条,如图3.3所示。

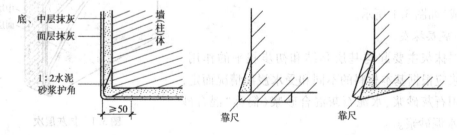

图3.2　护角做法示意图

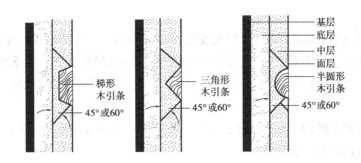

图 3.3 抹灰引条做法示意图

4）抹灰的作用

抹灰工程在建筑装饰中有非常重要的作用。

①内墙抹灰：主要保护墙体和改善室内卫生条件，增强光线反射，美化环境；在易受潮湿或酸碱腐蚀的房间里，主要起保护墙身、顶棚和楼地面的作用。

②外墙抹灰：主要保护墙身不受风、雨、雪及有害气体的侵蚀，提高墙面防潮、防风化、隔热的能力，提高墙身的耐久性，也是对各种建筑表面进行艺术处理的措施之一。

③顶棚抹灰：主要保护顶部结构，提高顶棚的装饰效果。

3.2.2 抹灰类工程施工准备

1）材料

（1）水泥

抹灰类工程宜采用普通水泥或硅酸盐水泥，也可采用矿渣水泥、火山灰水泥、粉煤灰水泥及复合水泥。水泥强度等级宜采用 32.5 级以上颜色一致、同一批号、同一品种、同一强度等级、同一厂家生产的产品。水泥进厂需对产品名称、代号、净含量、强度等级、生产许可证编号、生产地址、出厂编号、执行标准、日期等进行外观检查，同时验收合格证。

（2）砂

抹灰类工程宜采用平均粒径为 0.35~0.5 mm 的中砂，在使用前应根据使用要求过筛，筛好后保持洁净。

（3）磨细石灰粉

其细度过 0.125 mm 方孔筛，累计筛余量不大于 13%，使用前用水浸泡使其充分熟化，熟化时间不小于 3 天。

浸泡方法：提前备好大容器，均匀地往容器中撒一层生石灰粉，浇一层水，然后再撒一层，再浇一层水，依次进行，当达到容器的 2/3 时，将容器内放满水，使之熟化。

（4）石灰膏

石灰膏与水调和后具有凝固时间快，并在空气中硬化，硬化时体积无收缩的特性。用块状生石灰淋制时，用筛网过滤，贮存在沉淀池中，使其充分熟化。熟化时间常温一般不少于 15 天，用于罩面灰时不少于 30 天，使用时石灰膏内不得含有未熟化的颗粒和其他杂质。在沉淀池中的石灰膏要加以保护，防止其干燥、冻结和污染。

（5）纸筋

采用白纸筋或草纸筋施工时，使用前要用水浸透（时间不少于 3 周），并将其捣烂成糊状，要求洁净、细腻。用于罩面时，宜用机械碾磨细腻，也可制成纸浆。要求稻草、麦秆应坚韧、干燥、不含杂质，其长度不得大于 30 mm，稻草、麦秆应经石灰浆浸泡处理。

（6）麻刀

麻刀必须柔韧干燥，不含杂质，行缝长度一般为 20～30 mm，用前 4～5 天敲打松散并用石灰膏调好，也可采用合成纤维。

2）主要机具

麻刀机、砂浆搅拌机、纸筋灰拌和机、窄手推车、铁锹、筛子、水桶（大小）、灰槽、灰勺、刮杠（大 2.5 m，中 1.5 m）、靠尺板（2 m）、线坠、钢卷尺（标、验）、方尺（标、验）、托灰板、铁抹子、木抹子、塑料抹子、八字靠尺、方口尺（标、验）、阴阳角抹子、长舌铁抹子、金属水平尺、捋角器、软水管、长毛刷、鸡腿刷、钢丝刷、喷壶、小线、钻子（尖、扁）、粉线袋、铁锤、钳子、钉子、托线板等。

3）作业条件

（1）内墙

①主体结构必须经过相关单位（建筑单位、施工单位、质量监理、设计单位）检验合格。

②抹灰前应检查门窗框安装位置是否正确，需埋设的接线盒、电箱、管线、管道套管是否固定牢固。连接处缝隙应用 1∶3 水泥砂浆或 1∶1∶6 水泥混合砂浆分层嵌塞密实，若缝隙较大时，应在砂浆中掺少量麻刀嵌塞，将其填塞密实，并用塑料贴膜或铁皮将门窗框加以保护。

③将混凝土过梁、梁垫、圈梁、混凝土柱、梁等表面凸出部分剔平，将蜂窝、麻面、露筋、疏松部分剔到实处，并刷胶黏性素水泥浆或界面剂。然后用 1∶3 的水泥砂浆分层抹平。脚手眼和废弃的孔洞应堵严，外露钢筋头、铅丝头及木头等要剔除，窗台砖应补齐，墙与楼板、梁底等交接处应用斜砖砌严补齐。

④配电箱（柜）、消火栓（柜）以及卧在墙内的箱（柜）等背面露明部分应加钉钢丝网固定好，涂刷一层胶黏性素水泥浆或界面剂，钢丝网与最小边搭接尺寸不应小于 10 cm。

⑤窗帘盒、通风箅子、吊柜、吊扇等埋件、螺栓位置，标高应准确牢固，且防腐、防锈工作完毕。

⑥对抹灰基层表面的油渍、灰尘、污垢等应清除干净，对抹灰墙面结构应提前浇水，要均匀湿透。

⑦抹灰前屋面防水及上一层地面最好已完成，如没完成，防水及上一层地面需进行抹灰时，必须有防水措施。

⑧抹灰前应熟悉图纸、设计说明及其他设计文件，制订方案，做好样板间，经检验达到要求标准后方可正式施工。

⑨抹灰前应先搭好脚手架或准备好高马凳，架子应离开墙面 20～25 cm，便于操作。

⑩抹灰工程的环境温度不应低于 5 ℃，当必须在低于 5 ℃的气温下施工时，应有保证工

程质量的有效采暖措施。

（2）外墙

①残渣铲除工作全部完成，并经有关部门验收，达到合格标准。

②抹灰前应检查门窗框位置的缝隙状况。一般缝隙应用 1∶3 水泥砂浆或 1∶1∶6 水泥混合砂浆分层嵌塞密实。若缝隙较大时，应在砂浆中掺入少量麻刀嵌塞，使其塞缝严实。铝合金门窗缝隙处理按设计要求嵌填。

③砖墙墙基体表面的灰尘、污垢和油渍等应清理干净，并洒水湿润。

④阳台栏杆、挂衣铁件、预埋铁件、管道等应牢固完整，墙面上的破损孔洞应提前堵塞严实，将柱、过梁等凸出墙面的混凝土剔平，凹处提前刷净，用水湿透后，再用 1∶3 水泥砂浆或 1∶1∶6 水泥混合砂浆分层补平。

⑤外墙抹灰层，大面积施工前应先做样板，经鉴定合格并确定施工方法后，再组织施工。

⑥施工时使用的外架子应提前准备好，横竖杆要离开墙面及墙角 200～250 mm，以利于操作。为减少抹灰接搓，保证抹灰面的平整，外架子应铺设三合板，以满足施工要求。为保证外墙抹水泥的颜色一致，严禁采用单排外架子。严禁在墙面上开凿孔洞。

⑦抹灰前应检查基体表面的平整，以决定其抹灰厚度。抹灰前应在墙角的两面、阳台、窗台弹出抹灰层的控制线，以作为打底的依据。

3.2.3　内墙抹灰类工程施工工艺

1）施工工艺

工艺流程：基层处理→浇水湿润→吊垂直、套方、找规矩、做灰饼→抹水泥踢脚（或墙裙）→做护角→抹水泥窗台→墙面充筋→抹底灰→修抹预留孔洞、配电箱、槽、盒→抹罩面灰。

2）施工要点

①基层处理：

a.砖砌体：应清除表面杂物，残留灰浆、舌头灰、尘土等。

b.混凝土基体：表面凿毛或在表面洒水润湿后涂刷 1∶1 水泥砂浆（加适量胶黏剂或界面剂）。

c.加气混凝土基体：应在湿润后边涂刷界面剂，边抹强度不大于 M5 的水泥混合砂浆。

②浇水湿润：一般在抹灰前一天，用软管、皮管或喷壶顺墙自上而下浇水湿润，每天宜浇两次。

③吊垂直、套方、找规矩、做灰饼：根据设计图纸要求的抹灰质量和基层表面平整垂直情况，用一面墙做基准，吊垂直、套方、找规矩，确定抹灰厚度，抹灰厚度不应小于 7 mm。当墙面凹度较大时应分层抹平。

每层厚度不大于 7～9 mm。操作时应先抹上灰饼，再抹下灰饼。抹灰饼时应根据室内抹灰要求确定灰饼的正确位置，再用靠尺板找好垂直与平整。灰饼宜用 1∶3 水泥砂浆抹成 5 cm 见方形状，如图 3.4 所示。

房间面积较大时,应先在地上弹出十字中心线,然后按基层面平整度弹出墙角线,随后在距墙阴角 100 mm 处吊垂线并弹出铅垂线,再按地上弹出的墙角线往墙上翻引弹出阴角两面墙上的墙面抹灰层厚度控制线,以此做灰饼,然后根据灰饼冲筋,如图 3.5 所示。

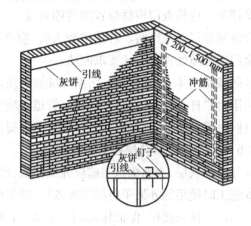

图 3.4 做标志块

图 3.5 墙面冲筋

④抹水泥踢脚(或墙裙):根据已抹好的灰饼充筋(此筋可以冲得宽一些,一般 8~10 cm 为宜,因为此筋即是抹踢脚或墙裙的依据,也是墙面抹灰的依据),底层抹 1:3 水泥砂浆,抹好后用大杠刮平,木抹搓毛,常温下次日用 1:2.5 水泥砂浆抹面层并压光。抹踢脚或墙裙厚度应符合设计要求,无设计要求时凸出墙面 5~7 mm 为宜。凡凸出抹灰墙面的踢脚或墙裙上口必须保证光洁顺直,踢脚或墙面抹好将靠尺贴在大面与上口,然后用小抹子将上口抹平压光,凸出墙面的棱角要做成钝角,不得出现毛刺和飞棱。

⑤做护角:墙、柱间的阳角应在墙、柱面抹灰前用 1:2 水泥砂浆做护角,其高度为自地面以上 2 m(其做法如图 3.2 所示),然后将墙、柱的阳角处浇水湿润。第一步:在阳角正面立上八字靠尺,靠尺突出阳角侧面,突出厚度与成活抹灰面平齐;然后在阳角侧面,依靠尺边抹水泥砂浆,并用铁抹子将其抹平,按护角宽度(不小于 5 cm)将多余的水泥砂浆铲除。第二步:待水泥砂浆稍干后,将八字靠尺移至抹好的护角面上(八字坡向外);然后在阳角的正面,依靠尺边抹水泥砂浆,并用铁抹子将其抹平,按护角宽度将多余的水泥砂浆铲除。第三步:抹完后去掉八字靠尺,用素水泥浆涂刷护角尖角处,并用捋角器自上而下捋一遍,使其形成钝角。

⑥抹水泥窗台:先将窗台基层清理干净,松动的砖要重新补砌好。砖缝划深,用水润透,然后用 1:2:3 豆石混凝土铺实,厚度宜大于 2.5 cm,次日刷胶黏性素水泥一遍,随后抹 1:2.5 水泥砂浆面层,待表面达到初凝后,浇水养护 2~3 天,窗台板下口抹灰要平直,没有毛刺。

⑦墙面充筋:当灰饼砂浆达到七八成干时,即可用与抹灰层相同砂浆充筋,充筋根数应

根据房间的宽度和高度确定,一般标筋宽度为 5 cm。两筋间距不大于 1.5 m。当墙面高度小于 3.5 m 时宜做立筋。大于 3.5 m 时宜做横筋,做横向冲筋时,做灰饼的间距不宜大于 2 m。

⑧抹底灰(图 3.6):一般情况下,充筋完成 2 h 左右开始抹底灰为宜,抹前应先抹一层薄灰,要求将基体抹严,抹时用力压实使砂浆挤入细小缝隙内。接着分层抹灰,用木杠刮找平整,用木抹子搓毛。然后全面检查底灰是否平整,阴阳角是否方直、整洁,管道后与阴角交接处、墙顶板交接处是否光滑、平整、顺直,并用托线板检查墙面垂直与平整情况。散热器背后的墙面抹灰,应在散热器安装前进行。抹灰面接槎应平顺,地面踢脚板(或墙裙)、管道背后应及时清理干净,做到活完底清。

⑨修抹预留孔洞、配电箱、槽、盒:当底灰抹平后,要随即由专人把预留孔洞、配电箱、槽、盒周边 5 cm 宽的石灰砂刮掉,并清除干净,用大毛刷蘸水沿周边刷水湿润,然后用 1∶1∶4 水泥混合砂浆把洞口、箱、槽、盒周边压抹平整、光滑,如图 3.7 所示。

图 3.6 抹底灰

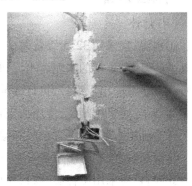

图 3.7 修补孔槽

⑩抹罩面灰:应在底灰六七成干时开始抹罩面灰(抹时如底灰过干应浇水湿润)。罩面灰两遍成活,厚度约 2 mm,操作时最好两人同时配合进行,一人先刮一遍薄灰,另一人随即抹平。依先上后下的顺序进行,然后赶实压光,压时要掌握火候,既不要出现水纹,也不可压活,压好后随即用毛刷蘸水将罩面灰污染处清理干净。

3.2.4 外墙抹灰类工程施工工艺

1)工艺流程

工艺流程:基层处理→吊垂直、套方、抹灰饼、充筋→抹底层砂浆→弹线分格→粘分格条→抹面层砂浆→起条、勾缝→养护。

2)施工要点

①基层处理:将墙面上残存的砂浆、污垢、灰尘等清理干净,用水浇墙,将砖缝中的尘土冲掉,将墙面润湿。

②吊垂直、套方、抹灰饼、充筋:分别在门窗口角、垛、墙面等处吊垂直,套方抹灰饼,并按灰饼充筋后,在墙面上弹出抹灰层厚度控制线。

③抹底层砂浆:常温时可采用水泥混合砂浆,配合比为 1∶0.5∶4,应分层与所冲筋抹

平,大杠横竖刮平,木抹子搓毛,终凝后浇水养护。

④弹线分格,粘分格条:首先应按原尺寸弹线分格,粘分格条,注意粘竖条时应粘在所弹立线的同一侧,防止左右乱粘。

⑤抹面层砂浆:分格条粘好后,当底灰五六成干时,即可抹面层砂浆。先刷掺水重10%的107胶水泥素浆一道,紧跟着抹面。面层砂浆为1:1:5的水泥混合砂浆,一般厚度为5 mm左右,分两次与分格条抹平,再用杠横竖刮平,木抹子搓毛,铁抹子压实、压光,待表面无明水后,用刷子蘸水按垂直于地面方向轻刷一遍,使其面层颜色一致。做完面层后应喷水养护。

3.2.5 清水勾缝施工技术

1)施工准备

（1）材料

①水泥:宜采用32.5级普通硅酸盐水泥或矿渣硅酸盐水泥,应选择同一品种、同一强度等级、同一厂家生产的水泥。水泥进厂需对产品名称、代号、净含量、强度等级、生产许可证编号、生产地址、出厂编号、执行标准、日期等进行外观检查,同时验收合格证。

②砂子:宜采用细砂,使用前应过筛。

③磨细生石灰粉:不含杂质和颗粒,使用前7天用水将其闷透。

④石灰膏:使用时不得含有未熟化的颗粒和杂质,熟化时间不少于30天。

⑤颜料:应采用矿物质颜料,使用时按设计要求和工程用量,与水泥一次性拌均匀,计量配比准确,应做好样板(块),过筛装袋,保存时避免潮湿。

（2）主要机具

①砂浆搅拌机:可根据现场使用情况选择强制式水泥砂浆搅拌机或利用小型鼓筒混凝土搅拌机等。

②手推车:根据现场情况可采用窄式卧斗、翻斗式或普通式手推车。手推车车轮宜采用橡胶轮胎或充气橡胶轮胎,不宜采用硬质轮手推车。

③操作工具:铁锹、铁板、灰槽、锤子、扁凿子、开口凿、尖头钢钻子、瓦刀、托灰板、小铁桶、筛子、粉线袋、施工小线、长溜子、短溜子、喷壶、笤帚、毛刷等。

（3）作业条件

①主体结构已经过相关单位(建筑单位、施工单位、监理单位、设计单位)检验合格,并已验收。

②施工用脚手架(或吊篮,或桥式架)已搭设完成,做好防护,已验收合格。

③所使用材料(如颜料等)已准备充分。

④施工方案、施工技术交底已完成。

⑤门窗口位置正确,安装牢固并已采取保护。预留孔洞、预埋件等位置尺寸符合设计要求,门窗口与墙间缝隙应用砂浆堵严。

2)施工工艺

(1)工艺流程

工艺流程:放线、找规矩→开缝、修补→塞堵门窗口缝及脚手眼→墙面浇水→勾缝、扫缝→找补漏缝→清扫墙面。

(2)施工要点

①放线、找规矩:顺墙立缝自上而下吊垂直,并用粉线将垂直线弹在墙上,作为垂直的规矩。水平缝以同层砖的上下棱为基准拉线,作为水平缝控制的规矩。

②开缝、修补:根据所弹控制基准线,凡在线外的棱角,均用开缝凿剔掉(俗称开缝)。对剔掉后偏差较大的,应用水泥砂浆顺线补齐,然后用原砖研粉与胶黏剂拌和成浆,刷在补好的灰层上,应使颜色与原砖墙一致。

③塞堵门窗口缝及脚手眼:勾缝前,将门窗口残缺的砖补砌好,然后用1:3水泥砂浆将门窗框四周与墙之间的缝隙堵严塞实、抹平,应深浅一致。门窗框缝隙填塞材料应符合设计及规范要求。堵脚手眼时需先将眼内残留砂浆及灰尘等清理干净,后洒水润湿,用同墙颜色一致的原砖补砌堵严。

④墙面浇水:首先将污染墙面的灰浆及污物清刷干净,然后浇水冲洗湿润。

⑤勾缝、扫缝:勾缝砂浆配制应符合设计及相关要求,并且不宜拌制太稀。勾缝顺序应由上而下,先勾水平缝,然后勾立缝。勾平缝时应使用长溜子,操作时左手拿托灰板,右手持溜子,将拖灰板顶在要勾的缝的下口,用右手将灰浆推入缝内,自右向左喂灰,随勾随移动托灰板,勾完一段,用溜子在缝内左右推拉移动,勾缝溜子要保持立面垂直,将缝内砂浆赶平压实、压光,深浅一致。勾立缝时用短溜子,左手将托灰板端平,右手拿小溜子将灰板上的砂浆用力压下(压在砂浆前沿),然后左手将托灰板扬起,右手将小溜子向前上方用力推起(动作要迅速),将砂浆叼起勾入主缝,这样可避免污染墙面。然后使溜子在缝中上下推动,将砂浆压实在缝中。勾缝深度应符合设计要求,无设计要求时,一般可控制在4~5 mm为宜。每一操作段勾缝完成后,用笤帚顺缝清扫,先扫平缝,后扫立缝,并不断抖弹笤帚上的砂浆,减少墙面污染。

⑥找补漏缝:扫缝完成后,要认真检查一遍有无漏勾的墙缝,尤其检查易忽略,挡视线和不易操作的地方,发现漏勾的缝应及时补勾。

⑦清扫墙面:以上工作全部完成后,应将墙面全面清扫,对施工中污染墙面的残留灰痕应用力扫净,如难以扫掉时用毛刷蘸水轻刷,然后仔细将灰痕擦洗掉,使墙面干净整洁。

3)成品保护

①施工时严禁自上步架或窗口处向灰槽内倒灰,以免溅脏墙面,勾缝时溅落到墙面的砂浆要及时清理干净。

②当采用高架提升机运料时,应将周围墙面围挡,防止砂浆、灰尘污染墙面。

③勾缝时应将木门窗框加以保护,门窗框的保护膜不得撕掉。

④拆架子时不得抛掷,以免碰损墙面,翻脚手板时应先将上面的灰浆和杂物清理干净。

特别提示

墙面抹灰施工注意事项

①冬季施工时,抹灰的作业面层温度不低于5 ℃;抹灰层初凝前不得受冻。

②用水泥砂浆和水泥混合砂浆抹灰时,应待前一抹灰层凝结后方可抹后一层;用石灰砂浆抹灰时,应待前一抹灰层七八成干后方可抹后一层。

③底层的抹灰层强度,不得低于面层的抹灰层强度。

④抹灰层的平均总厚度应符合设计要求。抹灰每遍厚度宜为5 ~ 7 mm。当抹灰总厚度≥35 mm时,应采取加强措施。

⑤水泥砂浆拌好后,应在初凝前用完,凡结硬砂浆不得继续使用。

⑥水泥砂浆抹灰层应在抹灰24 h后进行养护。抹灰层在凝结前,应防止快干、水冲、撞击和振动。

知识扩展

1)顶棚抹灰

(1)直接抹灰类装饰顶棚

在目前的工程实践中,顶棚抹灰层一般是其他类型表面装饰(涂料涂饰、墙纸裱糊、直接粘贴轻质装饰饭等)的"基层"处理,或是按设计要求在抹底灰后于现场塑制浮雕式装饰抹灰线脚和立体图案等。

在钢筋混凝土楼板底面进行手工抹灰的常用砂浆材料为水泥石灰膏混合砂浆,必要时也可采用水泥砂浆及聚合物水泥砂浆(适量掺入纸筋或麻刀、玻璃丝等纤维材料)。

抹灰前,应检查楼板结构的工程质量,是否有下沉或裂缝。根据顶棚的水平面确定抹灰厚度,然后沿墙面和顶棚交接处弹水平线,作为控制抹灰层表面平整度的标准。对于理论上的抹灰构造层(底、中、面层),其各层操作尚需注意以下要点:

①抹底灰时的手工涂抹方向,应与预制楼板接缝方向相垂直。

②操作顺序宜由前向后退行,一手持托灰板,一手握铁抹子,双脚站稳,头略后仰。

③抹底层灰后随即抹中层灰,达到厚度要求后用软刮尺刮平,随刮随用刷子顺平,再用小抹子搓平。水泥砂浆(及聚合物水泥砂浆)底层抹灰一般应养护2 ~ 3天后再抹找平层。

④中层抹灰凝结达七八成干时(手按不软,但略有指痕)进行罩面抹灰。

(2)骨架式抹灰类装饰顶棚

骨架式抹灰类装饰顶棚是指采用木质构件或金属型材杆件及辅助材料组成顶棚装饰构造基体和基层后,再进行抹灰的做法。多年沿用的形式为木龙骨木板条抹灰顶棚、木龙骨木板条钢板网抹灰顶棚、型钢龙骨钢板网抹灰顶棚。

①木龙骨木板条抹灰顶棚。抹灰层及抹灰操作:一般采用纸筋石灰或麻刀石灰砂浆抹底层,厚度为4 ~ 6 mm,随即用纸筋石灰或麻刀石灰砂浆再抹第二层,厚度为3 ~ 5 mm;用1∶2.5石灰砂浆(略掺麻刀)抹中层进行找平,厚度为2 ~ 3 mm;最后用纸筋石灰或麻刀石灰砂浆抹面层,厚度为2 ~ 3 mm。

按设计标高于顶棚四周墙向上弹水平线,将钉装好的板条基面预先洒水湿润。

抹灰从墙角顶棚开始,沿板条方向抹底层灰,用铁抹子反复压抹,必须将砂浆挤入板缝内并有部分砂浆压至板条背后形成 T 形挂结,随即再薄抹一层砂浆压入头遍砂浆中。底层砂浆抹好后,静停使之稍有收水,即可抹中层石灰砂浆,用软刮尺刮平,并用木抹子搓平,但不压光。待中层抹灰凝结达七八成干时,可抹罩面灰。罩面面层纸筋石灰砂浆或麻刀石灰砂浆一般分两遍成活,用铁抹子顺板条铺钉方向先薄抹一层,然后再抹第二遍并抹平压光(当设计有压光要求时),做到接槎平整、不显抹痕。

②木龙骨木板条钢板网抹灰顶棚。木龙骨骨架的设置与上述板条抹灰顶棚相同,只是其覆面抹灰层增设钢板网。

顶棚龙骨及板条、钢板网钉装完成,必须经过检查和中间验收,确认合格后,方可进行抹灰。

可采用 1∶1.2 或 1∶1.5 石灰砂浆(适量掺入纸筋或麻刀)抹底层灰和中层灰,各层分遍成活,每遍厚度为 3~6 mm。待中层抹灰至七八成干时再抹面层灰,面层多采用纸筋石灰砂浆或麻刀石灰砂浆,按设计要求分两遍处理平整或在第二遍涂抹时压光。

③型钢骨架钢板网抹灰顶棚。钢板网应绷紧,相互搭接不得小于 200 mm,搭口下面的钢板网应与覆面龙骨及钢筋网焊固或绑牢,不得悬空。

④金属网(及木板条)顶棚抹灰。金属网(及木板条)顶棚抹灰应注意以下要点:

a.金属网顶棚抹灰层的平均总厚度不得大于 20 mm;面层抹灰经赶平压实后的厚度,麻刀石灰不得大于 3 mm,纸筋石灰、石膏厚不得大于 2 mm。

b.金属网抹灰砂浆中掺用水泥时,其掺量应由试验确定。

c.顶棚抹灰面层若采用石膏灰时,石膏灰不得涂抹在水泥砂浆层上;罩面石膏灰应掺入缓凝剂,其掺量应由试验确定,宜在 15~20 min 内凝结。

2)细部抹灰

(1)踢脚、墙裙

内外墙和厨房、厕所的墙脚等部位,经常易受碰撞和水的侵蚀,要求防水、防潮、防蚀、坚硬。因此,抹灰时往往在室内设踢脚板,厕所、厨房设墙裙,在外墙底部设勒脚。通常用 1∶3 的水泥砂浆抹底层和中层,用 1∶2 或 1∶2.5 的水泥砂浆抹面层。

其做法如下:

①根据灰饼厚度,抹高于踢脚、墙裙上口 30~50 mm 的 1∶3 水泥砂浆做底子灰。

②抹灰时根据室内 500 mm 标准线返至设计规定的踢脚、墙裙上口位置,踢脚高 150 mm,墙裙高 900~1 800 mm,用墨斗或粉丝弹一封闭的上口线。

③规矩找好后,将基层处理干净,浇水湿润。按弹好的水平线,将八字靠尺板粘嵌在上口,靠尺板表面正好是踢脚板、墙裙或勒脚的抹灰面,用 1∶3 水泥砂浆抹底、中层,再用木抹子搓平、扫毛,浇水养护。待底、中层砂浆六七成干时,就应进行面层抹灰。面层用 1∶2.5 水泥砂浆先薄刮一遍,再抹第二遍。先抹平八字靠尺,搓平、压光,然后起下八字靠尺,用小阳角抹子捋光上口,再用压子压光。

④另一种方法是在抹底层、中层砂浆时,先不嵌靠尺板,而在抹完罩面灰后用粉线包弹出踢脚板、墙裙或勒脚的高度尺寸线,把靠尺板靠在线上口用抹子切齐,再用小阳角抹子捋光上口,然后再压光。

(2)窗台

在房屋建筑工程中,砌砖窗台一般分为外窗台和内窗台,也可分为清水窗台和混水窗台。混水窗台通常是将砖平砌,用水泥砂浆进行抹灰。

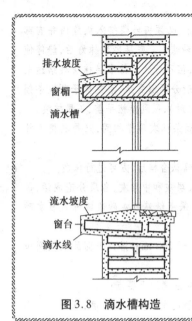

①外窗台抹灰:一般用 1:2.5 水泥砂浆打底,厚 10 mm;用 1:2 水泥砂浆罩面,厚 5~8 mm。窗台操作难度较大,一个窗台有 5 个面,8 个角,1 条凹档,1 条滴水线或滴水槽,质量要求比较高。表面要平整光洁,棱角要清晰;与相邻窗台的高度进出要一致,横竖都要成一条线;排水要通畅,不渗水、不湿墙。

②外窗台抹灰顺序:先立面,后平面,再底面,最后侧面。

③滴水槽及滴水线:外窗台抹灰一般在底面做滴水槽或滴水线。作用:阻止雨水沿窗台往墙面上淌。做法:在底面距边口 2 cm 处,弹灰线,粘分格条(滴水槽的宽度及深度均不小于 10 mm,并要整齐一致)。窗台的平面应向外呈流水坡度。将窗台下边口的直角改为锐角,并将角往下伸约 10 mm,形成滴水,如图 3.8 所示。

④室内窗台抹灰:用水泥砂浆抹内窗台的方法与外窗台一样。抹灰应分层进行。窗台要抹平,窗台两端抹灰要超过窗口 60 mm,由窗台上皮往下抹 40 mm。

图 3.8 滴水槽构造

3.2.6 抹灰工程质量验收

1)一般抹灰

(1)主控项目

①一般抹灰所用材料的品种和性能应符合设计要求及国家现行标准的有关规定。

检验方法:检查产品合格证书、进场验收记录、性能检验报告和复验报告。

②抹灰前基层表面的尘土、污垢和油渍等应清除干净,并应洒水润湿或进行界面处理。

检验方法:检查施工记录。

③抹灰工程应分层进行。当抹灰总厚度大于或等于 35 mm 时,应采取加强措施。不同材料基体交接处表面的抹灰,应采取防止开裂的加强措施,当采用加强网时,加强网与各基体的搭接宽度不应小于 100 mm。

检验方法:检查隐蔽工程验收记录和施工记录。

④抹灰层与基层之间及各抹灰层之间应黏结牢固,抹灰层应无脱层、空鼓,面层应无爆灰和裂缝。

检验方法:观察;用小锤轻击检查;检查施工记录。

(2)一般项目

①一般抹灰工程的表面质量应符合下列规定:

a.普通抹灰表面应光滑、洁净、接槎平整,分格缝应清晰。

b.高级抹灰表面应光滑、洁净、颜色均匀,无抹纹,分格缝和灰线应清晰美观。

检验方法:观察;手摸检查。

②护角、孔洞、槽、盒周围的抹灰表面应整齐光滑;管道后面的抹灰表面应平整。

检验方法:观察。

③抹灰层的总厚度应符合设计要求;水泥砂浆不得抹在石灰砂浆层上;罩面石膏灰不得

抹在水泥砂浆层上。

检验方法:检查施工记录。

④抹灰分格缝的设置应符合设计要求,宽度和深度应均匀,表面应光滑,棱角应整齐。

检验方法:观察;尺量检查。

⑤有排水要求的部位应做滴水线(槽)。滴水线(槽)应整齐顺直,滴水线应内高外低,滴水槽的宽度和深度应满足设计要求,且均不应小于 10 mm。

检验方法:观察;尺量检查。

⑥一般抹灰工程质量的允许偏差和检验方法应符合表 3.1 的规定。

表 3.1　一般抹灰工程质量的允许偏差和检验方法

项　次	项　　目	允许偏差/mm		检验方法
		普通抹灰	高级抹灰	
1	立面垂直度	4	3	用 2 mm 垂直检测尺检查
2	表面平整度	4	3	用 2 mm 靠尺和塞尺检查
3	阴阳角方正	4	3	用 200 mm 直角检测尺检查
4	分格条(缝)直线度	4	3	拉 5 m 线,不足 5 m 拉通线,用钢直尺检查
5	墙裙、勒脚上口直线度	4	3	拉 5 m 线,不足 5 m 拉通线,用钢直尺检查

注:1. 普通抹灰,本表第 3 项阴角方正可不检查;

　　2. 顶棚抹灰,本表第 2 项表面平整度可不检查,但应平顺。

2) 装饰抹灰

(1)主控项目

①装饰抹灰工程所用材料的品种和性能应符合设计要求及国家现行标准的有关规定。

检验方法:检查产品合格证书、进场验收记录、性能检验报告和复验报告。

②抹灰前基层表面的尘土、污垢和油渍等应清除干净,并应洒水润湿或进行界面处理。

检验方法:检查施工记录。

③抹灰工程应分层进行。当抹灰总厚度大于或等于 35 mm 时,应采取加强措施。不同材料基体交接处表面的抹灰,应采取防止开裂的加强措施,当采用加强网时,加强网与各基体的搭接宽度不应小于 100 mm。

检验方法:检查隐蔽工程验收记录和施工记录。

④各抹灰层之间及抹灰层与基体之间必须黏结牢固,抹灰层应无脱层、空鼓和裂缝。

检查方法:观察;用小锤轻击检查;检查施工记录。

(2)一般项目

①装饰抹灰工程的表面质量应符合下列规定:

a. 水刷石表面应石粒清晰、分布均匀、紧密平整、色泽一致,应无掉粒和接槎痕迹。

b. 斩假石表面剁纹应均匀顺直、深浅一致,应无漏剁处;阳角处应横剁并留出宽窄一致的不剁边条,棱角应无损坏。

c. 干粘石表面应色泽一致、不露浆、不漏粘,石粒应黏结牢固、分布均匀,阳角处应无明显黑边。

d. 假面砖表面应平整、沟纹清晰、留缝整齐、色泽一致,应无掉角、脱皮、起砂等缺陷。

检验方法:观察;手摸检查。

②装饰抹灰分格条(缝)的设置应符合设计要求,宽度和深度应均匀,表面应平整光滑,棱角应整齐。

检查方法:观察。

③有排水要求的部位应做滴水线(槽)。滴水线(槽)应整齐顺直,滴水线应内高外低,滴水槽的宽度和深度均不应小于 10 mm。

检查方法:观察;尺量检查。

④装饰抹灰工程质量的允许偏差和检验方法应符合表 3.2 的规定。

表 3.2　装饰抹灰的允许偏差和检验方法

项　次	项　目	允许偏差/mm				检验方法
		水刷石	斩假石	干粘石	假面砖	
1	立面垂直度	5	4	5	5	用 2 m 垂直检测尺检查
2	表面平整度	3	3	5	4	用 2 m 靠尺和塞尺检查
3	阳角方正	3	3	4	4	用 200 mm 直角检验尺检查
4	分格条(缝)直线度	3	3	3	3	拉 5 m 线,不足 5 m 拉通线,用钢直尺检查
5	墙裙、勒脚上口直线	3	3	—	—	拉 5 m 线,不足 5 m 拉通线,用钢直尺检查

3.3　涂饰类工程

涂饰类饰面是指将建筑涂料涂刷于构配件表面并与之较好地黏结,以达到保护、装饰建筑物,并改善建筑构配件性能目的的装饰层。涂刷类饰面是建筑内外墙饰面的重要组成部分之一,与其他种类饰面相比,涂饰类饰面具有工效高、工期短、材料用量少、自重轻、造价低等优点。涂饰类饰面的耐久性略差,但维修、更新很方便,而且简单易行。

目前,建筑涂料由于量大面广正日益受到重视,在质量和耐久性方面也都有较大的改善。在涂饰饰面装饰中,涂料几乎可以配成任何需要的颜色。这是它在装饰效果上的一个优点,也是其他饰面材料所不能及的,它可为建筑设计提供灵活多样的表现手段。由于涂料饰面中涂料所形成的涂层较薄,较为平滑,即使采用厚涂料或拉毛等做法,也只能形成微弱的麻面或小毛面,因此除可以掩盖基层表面的微小瑕疵外,不能形成凹凸程度较大的粗质表面。涂刷饰面的本身效果是光滑而细腻的,要使涂饰表面有丰富的饰面质感,就必须先在基层表面创造必要的质感条件。因此,外墙涂料的装饰作用主要在于改变墙面色彩,而不在于改善质感。

3.3.1　涂饰类工程施工准备

1) 材料

根据我国颁布的建筑涂料国家标准,建筑涂料基本上有五大类:

(1) 合成树脂乳液涂料(俗称乳胶漆)

合成树脂浮液涂料是由人工合成的一类高分子聚合物,为黏稠液体或加热可软化的固体,受热时通常有熔融或软化的温度范围,在外力作用下可呈塑性流动状态,某些性质与天然树脂相似。合成树脂最重要的应用是制造塑料。为便于加工和改善性能,常添加助剂,有时也直接用于加工成形。合成树脂还是制造合成纤维、涂料、胶黏剂、绝缘材料等的基础原料。

(2) 合成树脂乳液砂壁状建筑涂料(俗称彩砂涂料)

彩砂涂料是一种新兴的装饰材料,是生产真石漆(石头漆和彩砂涂料)的主要原材料。天然彩砂是精心挑选的天然彩色矿石,通过严格加工,精制而成,产品规格齐全,色泽鲜艳。天然彩砂生产的涂料具有色泽柔和、高雅、耐老化、永不褪色等优点,解决了外墙涂料多年保色性差的难题,因此具有极高的推广应用价值。

(3) 复层建筑涂料(又名凹凸复层涂料或复层浮雕花纹涂料)

复层建筑涂料由多层涂膜组成,如底涂层、主涂层和面涂层等,故有此名称。

①底涂层:用于封闭基层和增强主涂料的附着能力的涂层。

②主涂层:用于形成立体或平状装饰面的涂层,厚度至少 1 mm 以上。

③面涂层:用于增强装饰效果、提高涂膜性能的涂层,其中溶剂型面涂层为 A 型,水性面涂层为 B 型。

复层建筑涂料按主涂层所用黏结剂的不同可分为四大类,即聚合物水泥类(代号为 CE)、硅酸盐类(代号为 Si)、合成树脂乳液类(代号为 E)、反应固化型合成树脂乳液类(代号为 RE)。

(4) 水溶性内墙涂料(只能用于内墙)

水溶性内墙涂料包括水溶性涂料、水稀释性涂料、水分散性涂料(乳胶涂料)3 种。水溶性涂料是以水溶性树脂为成膜物,以聚乙烯醇及其各种改性物为代表。除此之外,还有水溶醇酸树脂、水溶环氧树脂及无机高分子水性树脂等。水溶性内墙涂料极易溶于水,不能用于外墙涂料。

(5) 油漆类涂料

油漆是一种能牢固覆盖在物体表面,起保护、装饰、标志和其他特殊用途的化学混合物涂料。它属于有机化工高分子材料,所形成的涂膜属于高分子化合物类型。按照现代通行的化工产品的分类,涂料属于精细化工产品。

①按部位分类,油漆主要分为墙漆、木器漆和金属漆。墙漆包括外墙漆、内墙漆和顶面漆,主要是乳胶漆等品种;木器漆主要有硝基漆、聚氨酯漆等;金属漆主要是磁漆。

②按状态分类,油漆可分为水性漆和油性漆。乳胶漆是主要的水性漆,而硝漆、聚氨酯漆等多属于油性漆。

③按功能分类,油漆可分为防水漆、防火漆、防霉漆、防蚊漆及具有多种功能的多功能漆等。

④按作用形态分类,油漆可分为挥发性漆和不挥发性漆。

⑤按表面效果分类,油漆可分为透明漆、半透明漆和不透明漆。

2)施工机具

主要施工机具有排笔、涂料辊、喷枪、高压无空气喷涂机、手提式涂料搅拌器等。

3)施工条件

(1)环境条件

①环境气温:一般要求施工环境的温度宜为 10~35 ℃,最低温度不得低于 5 ℃。冬期在室内进行涂料施工时,应采取保温和采暖措施,室温要保持均匀,不得骤然变化。溶剂型涂料宜在 5~35 ℃气温条件下施工,不能采用现场烘烤饰面的加温方式促使涂膜表干和固化。

②环境湿度:建筑涂料适宜的施工环境相对湿度一般为 60%~70%,在高湿度环境或降雨天气不宜施工,如氯乙烯-偏氯乙烯共聚乳液作地面罩面涂布时,在湿度大于 85% 时就难以干燥。

③太阳光照:建筑涂料一般不宜在阳光直接照射下进行施工,特别是在夏季强烈日光的照射下,会造成涂料的成膜不良而影响涂层质量。

④风力大小:在大风天气情况下不宜进行涂料涂饰施工,风力过大会加速涂料中溶剂或水分的挥(蒸)发,致使涂层成膜不良并容易沾染灰尘而影响饰面质量。

(2)对基层的一般要求

①对于有缺陷的基层应进行修补,经修补后的基层表面不平整及连接部位的错位状况应限制在涂料品种、涂饰厚度及表面状态等的允许范围之内。

②基层含水率应根据所用涂料产品种类,除非采用允许施涂于潮湿基层的特殊涂料品种,涂饰基层的含水率应在允许范围之内。

③基层 pH 值应根据所用涂料产品的种类,在允许范围之内,一般要求小于 10。

④基层表面修补砂浆的碱性、含水率及粗糙度等,应与其他部位相同,如果不一致,应进行处理并加涂封底涂料。

⑤基层表面的强度与刚度应高于涂料的涂层。如果基层材料为加气混凝土等疏松表面,应预先涂刷固化溶剂型封底涂料或合成树脂乳液封闭底漆等配套底涂层,以加固基层的表面。

⑥根据《建筑装饰装修工程质量验收标准》(GB 50210—2018)的规定,新建筑物的混凝土基层在涂饰涂料前,应涂刷抗碱封闭底漆;旧墙面在涂饰涂料前,应清除疏松的旧装饰层,并涂刷界面剂。

⑦涂饰工程基层所用的腻子,应按基层、底涂料和面涂料的性能配套使用,其塑性和易涂性应满足施工要求,干燥后应坚实牢固,不得粉化、起皮和裂纹。腻子干燥后,应打磨平整、光滑并清理干净。

⑧在涂饰基层上安装的金属件和钉件等,除不锈产品外均应进行防锈处理。

⑨在涂饰基层上的各种构件、预埋件,以及水暖、电气、空调等设备管线或控制接口等,凡是有可能影响涂层装饰质量的工种、工序和操作项目,均应按设计要求事先完成。

3.3.2　涂饰类工程施工

1)溶剂型涂料工程施工

(1)工艺流程

工艺流程:基层处理→修补腻子→刮腻子→施涂第一遍乳液薄涂料→施涂第二遍乳液薄涂料→施涂第三遍乳液薄涂料。

(2)施工要点

①基层处理:首先将墙面等基层上起皮、松动及鼓包等清除凿平,将残留在基层表面上的灰尘、污垢、溅沫和砂浆流痕等杂物清除扫净。

②修补腻子:用腻子将墙面等基层上磕碰的坑凹、缝隙等处分遍找平,干燥后用1号砂纸将凸出处磨平,并将浮尘等扫净。

③刮腻子:刮腻子的遍数可由基层或墙面的平整度来决定,一般情况为3遍。腻子的配合比(质量比)有两种:一是适用于室内的腻子,其配合比为聚醋酸乙烯乳液(即白乳胶):滑石粉或大白粉:2%羧甲基纤维素溶液=1:5:3.5;二是适用于外墙、厨房、厕所、浴室的腻子,其配合比为聚醋酸乙烯乳液:水泥:水=1:5:1。

刮腻子的具体操作方法为:第一遍用胶皮刮板横向满刮,接头不得留槎,每刮一刮板最后收头时,要注意收得干净利落,干燥后用1号砂纸磨,将浮腻子及斑迹磨平磨光,再将墙面清扫干净;第二遍用胶皮刮板竖向满刮,所用材料和方法同第一遍腻子,干燥后用1号砂纸磨平并清扫干净;第三遍用胶皮刮板找补腻子,用钢片刮板满刮腻子,将墙面等基层刮平刮光,干燥后用细砂纸磨平磨光,注意不要漏磨或将腻子磨穿。

④施涂第一遍乳液薄涂料:施涂顺序是先刷顶板后刷墙面,刷墙面时应先上后下。先将墙面清扫干净,再用布将墙面粉尘擦净。乳液薄涂料一般用排笔涂刷,使用新排笔时,注意将活动的排笔毛理掉。乳液薄涂料使用前应搅拌均匀,适当加水稀释,防止头遍涂料施涂不开。干燥后复补腻子,待复补腻子干燥后用砂纸磨光,并清扫干净。

⑤施涂第二遍乳液薄涂料:操作要求同第一遍,使用前要充分搅拌,如不稠,不宜加水或尽量少加水,以防露底。漆膜干燥后,用细砂纸将墙面小疙瘩和排笔毛打磨掉,磨光滑后清扫干净。

⑥施涂第三遍乳液薄涂料:操作要求同第二遍乳液薄涂料。由于乳胶漆涂膜干燥较快,应连续迅速操作,涂刷时从一头开始,逐渐涂刷向另一头,要注意上下顺刷互相衔接,后一排笔紧接前一排笔,避免出现干燥后再处理接头。

特别提示

(1)后一遍涂料必须在前一遍涂料干后进行。

(2)冬季施工时,必须在采暖条件下进行。

（3）成品保护

①施涂前应首先清理好周围环境,防止尘土飞扬,影响涂料质量。

②施涂墙面涂料时,不得污染地面、踢脚线、阳台、窗台、门窗及玻璃等已完成的分部分项工程。

③最后一遍涂料施涂完后,室内空气要流通,防止漆膜干燥后表面无光或光泽不足。

④涂料未干前,不应打扫室内地面,严防灰尘等沾污墙面涂料。

⑤涂料墙面完工后要妥善保护,不得磕碰、污染墙面。

（4）应注意的质量问题

①涂饰工程基体或基层的含水率:混凝土和抹灰表面施涂水性和乳液薄涂料时,含水率不得大于10%。

②涂饰工程使用的腻子应坚实牢固,不得粉化、起皮和裂纹。外墙、厨房、浴室及厕所等需要使用涂料的部位和木地(楼)板表面需使用涂料时,应使用具有耐水性能的腻子。

③透底:产生的主要原因是漆膜薄,因此刷涂料时除应注意不漏刷外,还应保持涂料的稠度,不可加水过多。

④接槎明显:涂刷时要上下顺刷,后一排笔紧接前一排笔,若间隔时间稍长,就容易看出接头,因此大面积施涂时,应配足人员,互相衔接好。

⑤刷纹明显:乳液薄涂料的稠度要适中,排笔蘸涂料量要适当,涂刷时要多理多顺,防止刷纹过大。

⑥分色线不齐:施工前应认真按标高找好并弹好分色线,刷分色线时要挑选技术好、有经验的油漆工来操作。例如,要会使用直尺,刷时用力要均匀,起落要轻,排笔蘸量要适当,脚手架要通长搭设,从前向后刷等。

⑦涂刷带颜色的涂料时,配料要合适,保证每间或每个独立面和每遍都用同一批涂料,并宜一次用完,确保颜色一致。

2）水溶性内墙涂料施工

（1）工艺流程

工艺流程:基层清理→喷刷胶水→局部刮腻子→轻隔墙拼缝处理→满刮腻子→刷(喷)第一遍浆→打磨刷(喷)第二遍浆→打磨→刷(喷)交活浆→成品保护。

（2）施工要求

①基层清理:

a. 新建筑的混凝土或抹灰基层在涂料涂饰前应刷抗碱封闭底漆。

b. 旧墙面在涂饰涂料前应清除疏松的旧装修层,并涂刷界面剂。

c. 混凝土或抹灰基层涂刷乳液型涂料时,含水率不得大于10%。

d. 基层腻子应平整、坚实、牢固,无粉化、起皮和裂缝;内墙腻子的黏结强度应符合《建筑室内用腻子》(JG/T 298—2010)的规定。

e. 厨房、卫生间墙面必须使用耐水腻子。

②喷刷胶水:刮腻子之前在混凝土墙面上先喷刷一道胶水(质量配合比为水:乳液=5:1),要喷刷均匀,不得有遗漏。

③局部刮腻子:用石膏腻子将缝隙及坑洼不平处找平,应将腻子填实补平,并将多余的废腻子收净,腻子干后,用砂纸磨平,并将浮尘扫净。如发现还有腻子塌陷处和凹坑,应重新复找腻子使之补平。石膏腻子配合比为:石膏粉∶乳液∶纤维素水溶液 = 100∶45∶60,其中纤维素水溶液为3.5%。

④轻隔墙拼缝处理:石膏板和轻条板墙上糊一层玻璃网格布或绸布条,用乳液将布条粘在缝上,粘条时应把布条拉直糊平,并刮石膏腻子一道。

⑤满刮腻子:根据墙体基层的不同和浆活等级要求的不同,刮腻子的遍数和材料也不同。如混凝土墙应刮两道石膏腻子和1~2道大白腻子;抹灰墙及石膏板墙可以刮两道大白腻子即可达到喷浆的基层要求。刮腻子时应横竖刮,并应注意接槎,接槎时腻子要刮平,每道腻子干后应磨砂纸,将腻子磨平磨完后将浮尘擦净。如面层要涂刷带颜色的浆料时,在腻子中要掺入相同颜色的适量颜料。腻子配合比为乳液∶滑石粉(或大白粉)∶20%纤维素 = 1∶5∶3.5(质量比)。

⑥刷(喷)浆:室内刷(喷)浆根据使用材料、操作工序和质量要求的不同,一般分为普通刷浆、中级刷浆和高级刷浆3种。面层均为两遍刷,共三遍成活。

喷(滚、刷)浆次序:须先顶棚,而后由上而下刷(喷)四面墙壁。

刷浆方法有刷涂、喷涂、滚涂3种。刷涂是以排笔、扁刷、圆刷等工具人工进行,操作简单但工效较低;喷涂用手压式或电动式喷浆机进行,工效高、质量均匀,适于大面积刷(喷)浆;滚涂是用毛长12 mm左右人造滚子,蘸浆后进行滚涂,具有涂布较均匀、拉毛短、表面平整、无接头排痕、减轻体力劳动、省浆(30%)等优点。在具体实施中,根据工程实际,以上3种方法灵活使用。具体方法:第一遍应横着刷,浆宜稠些,晾干后找补腻子(刷石灰水不用),打磨平,第二和第三遍宜稍稀些,再竖着刷,做到刷轻刷快,距离不要拉得太大,每一遍一气呵成。接头处不得重叠,做到颜色均匀、厚度一致,不带刷痕、刷毛,不漏刷、不漏底。喷浆应将门窗用纸盖好。每刷(喷)一次检查一遍,漏刷(喷)应补刷(喷),末遍要均匀。每间要一次做完,干后如不均匀,再找补一次腻子,打磨后再刷一遍。基层表面过干,应适当喷水湿润。冬期每刷一遍须隔3 h。

知识扩展

1)彩砂建筑涂料施工

施工工艺:基层封闭→喷胶黏剂→喷彩色石粒→喷罩面涂料。

施工要点:彩砂涂料以丙烯酸酯乳液为胶黏剂,以彩色硅砂为基料配合而成。

①基层封闭:由树脂乳液加助剂与水配制而成,主要是缓解干燥基层从粘胶中吸收水分。

②喷胶黏剂:胶黏剂是彩砂与墙体表面的连接体,一般由生产厂家生产,采用喷涂工艺。

③喷彩色石粒:施工时,一人在前喷胶,一人随后喷石粒砂。不能间断操作,喷完石粒砂2 h后再喷罩面涂料。

④喷罩面涂料:连续透明的薄膜可防止雨水浸入饰面层,并有抗污染和抗老化的能力,罩面涂料干燥后有一定的光泽。

2)真石漆涂料施工

(1)基层要求

彻底清除疏松、起皮、空鼓、粉化的基层，然后去除灰尘、油污等污染物。用外墙腻子修补墙面，第一道局部找平，用腻子或填逢胶填补大的孔洞和缝隙，待腻子干燥后，局部打磨，再满批腻子使基层平整。腻子完全干燥后，进行打磨使基层平整。由于真石漆有一定的厚度，对基层的平整度要求不像薄质平涂那样高，如图3.9所示。

图3.9　真石漆饰面效果

(2)施工工艺

①涂封闭底漆：待腻子干透后，涂刷一遍封闭底漆。其目的是清理基层，增加基层强度及涂膜的黏结强度。一般采用滚涂施工，也可采用喷涂施工。

②喷涂带色底漆：喷涂带色底漆的目的是使底材的颜色一致，能有效避免真石漆涂膜透底导致的发花现象，也能减少真石漆用量，以达到颜色均匀的良好装饰效果。

③喷涂中层真石漆：真石漆一般不需要加水，必要时可少量加水调节，但喷涂时应注意控制产品施工黏度一致，气压、喷口大小、距离等应严格保持一致。

④打磨：采用400～600号的砂纸，轻轻抹平真石漆表面凸起砂料及尖角。

⑤喷罩面漆：为了保护饰面、增加光泽、提高耐污染能力，增强整体装饰效果，在涂料喷涂完成后，进行罩面处理，喷涂罩面清漆。待真石漆完全干燥后(一般晴天至少保持3天)，方可喷涂罩面清漆。

3)油漆工程施工

对于混色的油漆，通常采用手工扫漆涂装局部木质材料造型及线脚类表面，以取得较为丰富的色彩效果。油漆刷的优点：操作简便，节省材料，不受场地大小、物体形状与尺寸的限制，涂膜的附着力和油漆的渗透性等均优于其他涂饰的做法；缺点：工效比较低，涂膜外观质量不够理想。对于挥发比较迅速的油漆(如硝基漆、过氯乙烯漆等)，一般不宜采用刷涂施工方法。

(1)施工方法

①空气喷涂：也称有气喷涂，即指利用压缩空气作为喷涂动力的油漆喷涂。油漆喷涂常用的喷枪形式主要有吸出式、对嘴式和流出式，如图3.10所示。使用最广泛的是对嘴式PQ-1型和PQ-2型喷漆枪，其工作参数见表3.3。

(a) 吸出式喷枪　　　　　(b) 对嘴式喷枪　　　　　(c) 流出式喷枪

图 3.10　油漆喷涂常用的喷枪类型

表 3.3　对嘴式及吸出式喷枪的主要工作参数

型号	工作压力/MPa	喷涂有效距离为 25 cm 时的喷涂面积/cm²	喷嘴直径/mm
PQ-1 型	0.28 ~ 0.35	3 ~ 8	0.2 ~ 4.5
PQ-2 型	0.40 ~ 0.60	13 ~ 14	1.8

②高压无气喷涂:通常利用 0.4 ~ 0.8 MPa 的压缩空气作为动力,带动高压泵将油漆涂料吸入,加压至 15 MPa 左右通过特制的喷嘴喷出,如图 3.11 所示。承受高压的油漆涂料喷至空气中时,即刻剧烈膨胀雾化成扇形气流射向被涂物面。

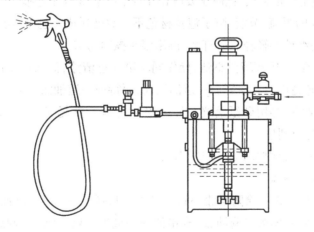

图 3.11　高压无气喷涂设备

(2)施工工艺

①工艺流程:处理基层→封底漆→磨砂纸→润油粉→基层着色、修补→满批色腻子→打磨→刷油色→刷第一道清漆→复补腻子→修色→磨砂纸→刷第二道清漆→刷罩面漆。

②施工要点。

A. 处理基层:用刮刀或玻璃片将表面的灰尘、胶迹、锈斑刮干净,注意不要刮出毛刺。

B. 封底漆:面板、线条等饰面材料在油漆前刷一道清漆,要求涂刷均匀,不能漏刷。

C. 磨砂纸:将打磨层磨光,顺木纹打磨,先磨线后磨四口平面。

D. 润油粉:用棉丝蘸油粉在木材表面反复擦涂,将油粉擦进棕眼,然后用麻布或木丝擦净,线角上的余粉用竹片剔除。待油粉干透后,用1号砂纸顺木纹轻轻打磨,磨至光滑,保护棱角。

E.基层着色、修补:饰面基层着色依据样板规定的油漆颜色确定,并采用清油等配制而成,油粉不可调得太稀,以调成粥状为宜。用断成20~40 cm长的麻头来回揉擦,包括边、角等都要擦净。

F.满批色腻子:颜色要浅于样板1~2成,腻子油性大小适宜。用开刀将腻子刮入钉孔、裂缝等内,刮腻子时要横抹竖起,腻子要刮光,不留散腻子。待腻子干透后,用1号砂纸轻轻顺纹打磨,磨至光滑,湿布擦粉灰。

G.打磨:饰面基层上色和刮完腻子找平后采用砂纸进行打磨平整,磨后用布清理干净。再用同样的色腻子满刮第二遍,要求和刮头一遍腻子相同。刮后用同样的色腻子将钉眼和缺棱掉角处补刮腻子,要求刮得饱满平整。干后磨砂纸,打磨平整。做到木纹清晰,不得磨破棱角,磨光后清扫并用湿布擦净、晾干。

H.刷油色:涂刷动作要快,顺木纹涂刷,收刷、理油时都要轻、快,不可留下接头刷痕,每个刷面要一次刷好,不可留有接头,涂刷后要求颜色一致、不盖木纹,涂刷程序与刷铅油一样。

I.刷第一道清漆:刷法与刷油色相同,并应使用已磨出口的旧刷子。待漆干透后,用1号旧砂纸彻底打磨一遍,将头遍漆面先基本磨掉,再用湿布擦干净。

J.复补腻子:使用牛角腻板,色腻子要收刮干净、平滑、无腻子疤痕,不可损伤漆膜。

K.修色:将表面的黑斑、节疤、腻子疤及材色不一致处拼成一色,并绘出木纹。

L.磨砂纸:使用细纱纸轻轻往返打磨,再用湿布擦净粉末。

M.刷第二道清漆:周围环境要整洁,操作同刷第一道清漆,但动作要敏捷,多刷多理,涂刷饱满、不流不坠、光亮均匀。涂刷后一道油漆前,要待前一道油漆干后,局部磨平并湿布擦净。接着刷下一道油漆,再用砂纸磨光、磨平,磨后擦净。重复三遍,要求做到漆膜厚度均匀,棱角、阴角等要打磨到位。

N.刷罩面漆:最后按照要求刷一遍罩面漆。

(3)金属表面油漆施工

①工艺流程:基层处理→涂防锈漆→修补腻子→刮腻子→刷第一遍油漆(刷铅油→抹腻子→磨砂纸→装玻璃)→刷第二遍油漆(刷铅油→擦玻璃→磨砂纸)→刷最后一遍油漆。以上是高级金属面的油漆,如是中级油漆工程,除少刷一道油外,不满刮腻子。如采用高级磨退工艺时,可参照木饰面磁漆磨退涂饰工序,磨砂纸工序应待上一道工序干后进行。

②施工要点。

A.基层处理:金属表面的处理,除油脂、污垢、锈蚀外,最重要的是表面氧化皮的清除,常用的办法有3种,即机械和手工清除、火焰清除、喷砂清除。根据不同基层,要彻底除锈、满刷(或喷)防锈漆1~2遍。

B.涂防锈漆:对安装过程的焊点、防锈漆磨损处,应清除焊渣,有锈时除锈,补1~2遍防锈漆。

C.修补腻子:将金属表面的砂眼、凹坑、拼缝等处找补腻子,做到基本平整。

D. 刮腻子:用开刀或胶皮刮板满刮一遍腻子,要刮得薄,收得干净,均匀平整,无飞刺。

E. 磨砂纸:用 1 号砂纸轻轻打磨,将多余腻子打掉,并清理干净灰尘。注意保护墙角,达到表面平整光滑、线角平直、整齐一致。

F. 刷第一遍油漆:要厚薄均匀,线角处要薄一些但要盖底,不出现流淌、不显刷痕。

G. 刷第二遍油漆:方法同刷第一遍油漆,但要增加油的总厚度。

H. 磨最后一道砂纸:用 1 号或旧砂纸打磨,注意保护墙角,达到表面平整光滑、线角平直、整齐一致。由于是最后一道,砂纸要轻磨,磨完后用湿布打扫干净。

I. 刷最后一遍油漆:要多刷多理,刷油饱满,不流不坠,光亮均匀,色泽一致,如有问题要及时修整。

J. 冬期施工:冬期施工室内油漆工程,应在采暖条件下进行,室温保持均衡,一般油漆施工的环境温度不宜低于 10 ℃,相对湿度为 60%。不得突然变化。应设专人负责监测室温情况。

知识链接

涂饰工程质量通病

1)泛碱

(1)泛碱现象

干净平整的涂膜被雨水润湿后,雨过天晴,涂膜表面泛出白色粉末状物质,该层粉料可以轻轻除去,但粉末物质可能再三地泛出。涂膜泛碱会导致涂层颜色变化,涂膜起皮、开裂、脱落,减短涂层的保护寿命。涂膜经历 3~6 个月的泛碱,涂膜表面将发生起粒、褪色、起泡、开裂、脱落现象,如图 3.12、图 3.13 所示。

 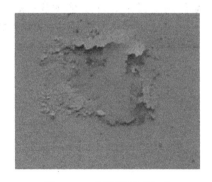

图 3.12　墙面泛碱　　　　　　　图 3.13　涂膜因泛碱起皮

(2)泛碱原因

①基底碱性:涂膜泛碱因基材碱性太高或地基为盐碱地基,或腻子质量太差,应选用高碱性水泥。

②封闭底漆的封闭性差,不耐水、耐碱。

③墙体内部积水过多,由于水分蒸发,水蒸气将墙体内可迁移的碱性物质一起带出涂层,在表面碳化成盐,沉积在涂膜表面。

④外墙面漆的抗雨水渗透性差,大量雨水的渗透,在雨过天晴后,水汽往外蒸发。

---

(3)泛碱预防

降低墙体碱性:对高碱性墙面使用10%的草酸溶液洗刷中和,再用清水冲洗墙面,干燥后封底涂刷涂料。加强对底材的封闭:选用渗透封闭作用强的封闭底漆,如溶剂型封闭底漆。

2)涂膜黄变

浅色或白色漆膜经受光、氧和水或其他化学物质的作用,在短期内出现发黄现象。

涂膜发黄原因:第一,涂料配方使用某些性能不稳定的白颜料,在接受光氧作用后,易于变色;第二,乳胶漆涂料同溶剂型涂料一起施工,乳胶漆受溶剂型涂料的影响变黄;第三,涂膜受碱性的影响、水的浸泡等也会导致泛黄。

黄变预防:选用耐黄变的乳液,以及化学性能稳定的颜料生产涂料;在涂装过程中,先涂刷溶剂型涂料,待干透一段时间后再施工乳胶漆涂料。

图3.14 墙面粉化

3)粉化

涂膜表面有粉末状物质析出,用手轻轻擦拭,掉下白粉,如图3.14所示。

粉化原因:第一,涂料质量差,基料不足以包覆所有的填料粒子,部分填料粒子松散地堆积在涂膜中;第二,涂料施工过度兑水稀释,涂膜疏松,不耐擦拭;第三,涂料施工低温、湿度大,或风大,成膜干燥慢,乳胶粒成膜性差;第四,墙面碱性过重,泛碱。

预防方法:选用优质涂料,涂料施工控制稀释程度,提高涂膜密实度;选用优质封闭底漆,做好基底处理工作;施工时应注意天气环境,不宜在恶劣的环境下施工。

4)涂膜开裂

干燥涂膜上生成线状、多角状或不定状裂纹,如图3.15所示。

涂膜开裂原因:第一,涂料劣质,成膜性差,开裂;第二,涂层间匹配差,如硬质涂层涂布在弹性涂膜上;第三,低温涂装,或遇大风,涂层干燥成膜不良开裂;第四,一次涂刷过厚或未干重涂,收缩开裂;第五,基底有裂缝,或过于疏松和粗糙,处理不良,涂料稀释过量,涂膜太薄,不能抗裂。

图3.15 涂膜开裂

图3.16 涂膜起皮、脱落

预防方法:选用成膜良好的涂料,涂料配方根据季节调整,调整其干燥成膜性;遵循施工规范,彻底处理基材,作好基底防水层,施工前对基底进行修补,保证基底条件符合施工要求;不在恶劣的气候下施工。

5)涂膜起皮、脱落

完整涂膜经历一段时间后,局部涂膜出现老化、附着力丧失,起皮、剥落,如图3.16所示。

涂膜起皮、脱落原因:底漆涂刷后,暴露时间过长,有粉化存在;腻子强度低,耐水性差,腻子吸水膨胀,或失去强度和附着力,导致涂膜起皮脱落;基底或腻子碱性过高,不停地泛碱,导致涂膜起皮脱落;基层疏松、脏污、渗水有潮气;基层表面过硬和光滑,面涂附着力差;施工时空气气温过高,高于35℃或在有风的天气涂装,或在低温下涂装,导致涂膜干燥过快,成膜不充分。

预防方法:涂料配方设计要求有良好的抗水、抗碱性,添加硅溶胶可大大增强涂膜的抗碱性;涂料施工要求基材干净、干燥和牢固,对基底做好防水封闭处理。

6)起泡现象

水分透入漆面内或墙体表面潮湿,导致漆层失去黏附性,以致在物体表面起泡,如图3.17所示。

起泡原因:施工过程中未按施工要求进行施工,未等底漆表面干透就进行第二遍或第三遍涂刷,造成底漆的水分或溶剂无法挥发出来;涂装在阳光直射下的表面进行;乳胶漆干后不久,特别是表面预处理不够充分时,就暴露在湿气或雨水中。

处理方法:要预防起泡现象,可先刷上一层优质底漆;若漆面有严重的起泡现象,必须将全部漆面刮除,让表面干透后再上漆;若是局部起泡,则将个别的起泡刮除,把刮涂部分

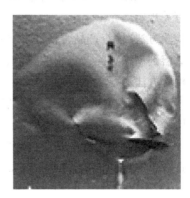

图3.17 墙面起泡

的边缘磨平滑,先涂刷1~2遍底漆,然后刷面漆,待基层充分干燥后再上漆。

7)咬底现象

咬底现象是底漆未彻底干透就涂刷面漆,或前道漆与后道漆不配套所引起的漆膜鼓起移位、溶解、起皱、收缩、脱落等,多见于溶剂型涂料,如图3.18所示。

处理方法:涂层施工必须按指定的时间间隔,头道漆要彻底干透后再涂第二层,用配套的漆涂装。

图3.18 咬底现象

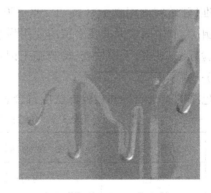

图3.19 流挂现象

8)流挂现象

涂料在施工上产生向下流淌的现象,形成泪滴状或波纹状的外观,造成涂层表面不均匀的现象,如图3.19所示。引起此现象的原因是涂料稀释过度或涂料本身黏度太低,一次性涂刷过厚,喷枪嘴与被涂表面靠得太近。

处理方法:把墙体重新打磨平整,按正确比例稀释,重新正确施工或调整涂料本身黏度。

3.3.3　涂饰类工程质量验收标准

1) 溶剂型涂料涂饰工程

(1) 主控项目

①溶剂型涂料涂饰工程所选用涂料的品种、型号和性能应符合设计要求及国家现行标准的有关规定。

检验方法:检查产品合格证书、性能检验报告、有害物质限量检验报告和进场验收记录。

②溶剂型涂料涂饰工程的颜色、光泽、图案应符合设计要求。

检验方法:观察。

③溶剂型涂料应涂饰均匀、黏结牢固,不得漏涂、透底、开裂、起皮和反锈。

检验方法:观察;手摸检查。

④溶剂型涂料工程的基层处理应符合以下规定:

a. 新建筑物的混凝土或抹灰基层在用腻子找平或直接涂饰涂料前应涂刷抗碱封闭底漆。

b. 既有建筑墙面在用腻子找平或直接涂饰涂料前应清除疏松的旧装修层,并涂刷界面剂。

c. 混凝土或抹灰基层在用溶剂型腻子找平或直接涂刷溶剂型涂料时,含水率不得大于8%;在用乳液型腻子找平或直接涂刷乳液型涂料时,含水率不得大于10%,木材基层的含水率不得大于12%。

d. 找平层应平整、坚实、牢固,无粉化、起皮和裂缝;内墙找平层的黏结强度应符合现行行业标准《建筑室内用腻子》(JG/T 298—2010)的规定。

e. 厨房、卫生间墙面的找平层应使用耐水腻子。

检验方法:观察;手摸检查;检查施工记录。

(2) 一般项目

①色漆的涂饰质量和检验方法应符合表 3.4 的规定。

表 3.4　色漆的涂饰质量和检验方法

项　次	项　目	普通涂饰	高级涂饰	检验方法
1	颜色	均匀一致	均匀一致	观察
2	光泽、光滑	光泽基本均匀,光滑无挡手感	光泽均匀一致,光滑	观察、手摸检查
3	刷纹	刷纹通顺	无刷纹	观察
4	裹棱、流坠、皱皮	明显处不允许	不允许	观察

②清漆的涂饰质量和检验方法应符合表 3.5 的规定。

表 3.5 清漆的涂饰质量和检验方法

项 次	项 目	普通涂饰	高级涂饰	检验方法
1	颜色	基本一致	均匀一致	观察
2	木纹	棕眼刮平,木纹清晰	棕眼刮平,木纹清晰	观察
3	光泽、光滑	光泽基本均匀,光滑无挡手感	光泽均匀一致,光滑	观察、手摸检查
4	刷纹	无刷纹	无刷纹	观察
5	裹棱、流坠、皱皮	明显处不允许	不允许	观察

③涂层与其他装修材料和设备衔接处应吻合,界面应清晰。

检验方法:观察。

④墙面溶剂型涂料涂饰工程的允许偏差和检验方法应符合表 3.6 的规定。

表 3.6 墙面溶剂型涂料涂饰工程的允许偏差和检验方法

项 次	项 目	允许偏差/mm				检验方法
		色漆		清漆		
		普通涂饰	高级涂饰	普通涂饰	高级涂饰	
1	立面垂直度	4	3	3	2	用 2 m 垂直检测尺检查
2	表面平整度	4	3	3	2	用 2 m 靠尺和塞尺检查
3	阴阳角方正	4	3	3	2	用 200 mm 直角检测尺检查
4	装饰线、分色线直线度	2	1	2	1	拉 5 m 线,不足 5 m 拉通线,用钢直尺检查
5	墙裙、勒角上口直线度	2	1	2	1	拉 5 m 线,不足 5 m 拉通线,用钢直尺检查

2)水性涂料涂饰工程

(1)主控项目

①水性涂料涂饰工程所用涂料的品种、型号和性能应符合设计要求及国家现行标准的有关规定。

检验方法:检查产品合格证书、性能检测报告、有害物质限量检验报告和进场验收记录。

②水性涂料涂饰工程的颜色、光泽、图案应符合设计要求。

检验方法:观察。

③水性涂料涂饰工程应涂饰均匀、黏结牢固,不得漏涂、透彻、开裂、起皮和掉粉。

检验方法:观察;手摸检查。

④水性涂料涂饰工程的基层处理应符合以下规定:

a.新建筑物的混凝土或抹灰基层在用腻子找平或直接涂饰涂料前应涂刷抗碱封闭底漆。

b. 既有建筑墙面在用腻子找平或直接涂饰涂料前应清除疏松的旧装修层,并涂刷界面剂。

c. 混凝土或抹灰基层在用溶剂型腻子找平或直接涂刷溶剂型涂料时,含水率不得大于8%;在用乳液型腻子找平或直接涂刷乳液型涂料时,含水率不得大于10%,木材基层的含水率不得大于12%。

d. 找平层应平整、坚实、牢固,无粉化、起皮和裂缝;内墙找平层的黏结强度应符合现行行业标准《建筑室内用腻子》(JG/T 298—2010)的规定。

e. 厨房、卫生间墙面的找平层应使用耐水腻子。

检验方法:观察;手摸检查;检查施工记录。

(2)一般项目

①薄涂料的涂饰质量和检验方法应符合表3.7的规定。

表3.7 薄涂料的涂饰质量和检验方法

项 次	项 目	普通涂饰	高级涂饰	检验方法
1	颜色	均匀一致	均匀一致	观察
2	光泽、光滑	光泽基本均匀,光滑无挡手感	光泽均匀一致,光滑	
3	泛碱、咬色	允许少量轻微	不允许	
4	流坠、疙瘩	允许少量轻微	不允许	
5	砂眼、刷纹	允许少量轻微砂眼、刷纹通顺	无砂眼,无刷纹	

②厚涂料的涂饰质量和检验方法应符合表3.8的规定。

表3.8 厚涂料的涂饰质量和检验方法

项 次	项 目	普通涂饰	高级涂饰	检验方法
1	颜色	均匀一致	均匀一致	观察
2	光泽	光泽基本均匀	光泽均匀一致	
3	泛碱、咬色	允许少量轻微	不允许	
4	点状分布	—	疏密均匀	

③复层涂料的涂饰质量和检验方法应符合表3.9规定。

表3.9 复层涂料的涂饰质量和检验方法

项 次	项 目	质量要求	检验方法
1	颜色	均匀一致	观察
2	光泽	光泽基本均匀	
3	泛碱、咬色	不允许	
4	喷点疏密程度	均匀,不允许连片	

④涂层与其他装饰材料和设备衔接处应吻合,界面应清晰。

检验方法:观察。

⑤墙面水性涂料涂饰工程的允许偏差和检验方法应符合表 3.10 的规定。

表 3.10　墙面水性涂料涂饰工程的允许偏差和检验方法

项　次	项　目	允许偏差/mm					检验方法
		薄涂饰		厚涂饰		复层涂料	
		普通涂饰	高级涂饰	普通涂饰	高级涂饰		
1	立面垂直度	3	2	4	3	5	用 2 m 垂直检测尺检查
2	表面平整度	3	2	4	3	5	用 2 m 靠尺和塞尺检查
3	阴阳角方正	3	2	4	3	4	用 200 mm 直角检测尺检查
4	装饰线、分色线直线度	2	1	2	1	3	拉 5 m 线,不足 5 m 拉通线,用钢直尺检查
5	墙裙、勒脚上口直线度	2	1	2	1	3	拉 5 m 线,不足 5 m 拉通线,用钢直尺检查

3.4　裱糊与软包工程

裱糊工程在我国有着悠久的历史,它是指采用建筑装饰卷材,通过裱贴等方法覆盖于室内墙、柱、顶面及各装饰造型构件表面的装饰饰面工程,如图 3.20 所示。在现代室内装修中,经常使用的有壁纸、墙布、皮革及微薄木等。壁纸、墙布色泽和凹凸图案效果丰富,装饰效果好,因此广泛用于宾馆、酒店的标准间及各种会议室、展览空间及住宅卧室等。

图 3.20　裱糊类工程实例

软包是在室内内墙表面用柔性材料加以包装的一种墙面装饰方法。它所使用的材料质地柔软、色彩柔和,能柔化整体空间氛围,其纵深的立体感也能提升装修档次。除了美化空间外,更重要的是它具有阻燃、吸声、隔音、防潮、防霉、抗菌、防水、防油、防尘、防污、防静电、防撞等功能。以前,软包大多用于高档宾馆、会所、KTV等地方,在家装中不多见。现在一些高档小区的商品房、别墅等在装修时也会大面积使用。

3.4.1 裱糊类工程

1)概述

在我国,用纸张、锦缎等裱糊室内墙面的历史由来已久。裱糊类装饰一般只用于室内,可以是室内墙面、顶棚或其他构配件表面。它要求基底有一定的平整度。与其他内墙面饰面装饰相比,裱糊类墙面装饰具有以下优点:

①施工方便。多数壁纸、墙布可以用普通胶黏剂粘贴,操作简便;可以减少现场湿作业量,缩短工期,提高工效。

②装饰效果好。由于壁纸、墙布有各种颜色、花纹、图案,如仿木纹、石纹、仿锦缎、仿瓷砖等,用于装饰后显得新颖别致、丰富多彩。有的壁纸、墙布表面凹凸起伏,富有立体感和质感。

③多功能性。目前,市场供应的壁纸、墙布实用性较强。

④维护保养方便。大多数壁纸、墙布都有一定的耐磨性和防污染性,更新也很方便。

⑤抗变形性能好。大部分壁纸、墙布都具有一定的弹性,可以允许墙体或抹灰层有一定程度的裂纹,对简化高层建筑变形缝的处理有利。

裱糊类饰面经常被用于餐厅、会议室、高级宾馆客房和居住建筑中作内墙装饰。目前,裱糊类饰面还存在着价格较贵、耐用性较差等缺陷。

2)裱糊材料

(1)壁纸

①按壁纸的表面材料分。

a.纸质壁纸:这类壁纸是在特殊耐热的纸上直接印花压纹而成。特点:哑光、环保、天然、恬静、亲切感。纸质壁纸在全世界的使用率占17%左右。

b.胶面壁纸:表面为PVC材质的壁纸,分为纸底胶面壁纸和布底胶面壁纸两种。

纸底胶面壁纸是目前使用最广泛的产品,在全世界的使用率占70%左右。特点:防水、防潮,耐用,印花精致,压纹质感佳。

布底胶面壁纸分为十字布底和无纺布底。特点:阻燃性质、布的坚韧性比纸更佳,故耐用、耐磨、耐刮,适合人流量大的公共活动空间。

c.壁布(纺织壁纸):表面为纺织品类的材料,也可印花、压纹。特点:视觉恬静、触感柔和、吸声、透气、亲和性佳、典雅、高贵。此类壁纸在全世界的使用率占5%左右。表面纺织品有纱线壁布(用不同式样的纱或线构成图案和色彩)、织布布类壁纸(有平织布面、提花布面和无纺布面)、植绒壁布(将短纤维植入底纸,产生质感极佳的绒布效果)等。

d.金属类壁纸:用铝铂、金箔制成的特殊壁纸,以金色、银色为主要色系。特点:防火、防水、华丽、高贵、价值感。此类壁纸在全世界的使用率较少,一般为1%左右。

e.自然材质类壁纸:用自然材质,如草本、藤、竹、叶材编制而成。特点:亲切天然、休闲、恬静的感觉,产品环保。此类壁纸在全世界的使用率较少,一般为1%左右。主要有植物编制类、软木、树皮类壁纸,石材、细砂类壁纸。

f. 防火壁纸:用防火材质编制而成,常用玻璃纤维编制而成。特点:防火性特佳,防火、防霉,常用于机场或公共建筑。此类壁纸又可分为表面防火和全面防火两种。表面防火壁纸是在塑胶涂层添加阻燃剂,底纸为普通不阻燃纸;全面防火壁纸是表面涂料层和底纸全部采用阻燃配方的壁纸。此类壁纸在全世界的使用率较少,一般为1%左右。

g. 特殊效果壁纸:此类壁纸只在一些特殊场所使用。

荧光壁纸:在印墨中加有荧光剂,夜间会发光,常用于娱乐空间。

夜光壁纸:使用吸光印墨,白天吸收光能,在夜间发光,常用于儿童房。

防菌壁纸:经由防菌处理,可防止霉菌滋长,适用于病房。

吸声壁纸:使用吸声材质,可防止回音产生,适用于剧院、音乐厅、会议室。

防静电壁纸:用于特殊需要防静电场所,如实验室、计算机房等。

②按壁纸的背面材料分。从壁纸的背面材料(底纸)来看,主要有纸底和布底两大类。

a. 纸底壁纸以纸作为壁纸的底面,此类壁纸因为施工方便、价格便宜而广受欢迎,市场占有率将近90%。所用的底纸有进口纸或国产纸。

b. 布面壁纸以布作为壁纸的底面,增加了壁纸的强度。以是否纺织又可分为编织布(十字布)壁纸(机器编制而成,价格相对较贵)和无纺布(不织布)壁纸(底的表面较为平坦,价格相对便宜)。

(2)墙布

常见的墙布有玻璃纤维墙布、无纺贴墙布、装饰墙布、化纤装饰墙布、锦缎墙布等。

a. 玻璃纤维墙布:以中碱玻璃纤维作为基材,表面涂以耐磨树脂印花而成的一种卷材。这种墙布本身有布纹质感,经套色印花后色彩鲜艳,有较好的装饰效果。但是,它不能像壁纸那样根据工艺美术设计的需要而压成不同凹凸程度的纹理质感。玻璃纤维墙布除了耐擦洗、价格相对低廉、裱糊工艺比较简单外,它还是非燃烧体,有利于减少建筑物内部装饰材料的燃烧荷载。其不足之处是盖底能力稍差,当基层颜色深浅不匀时,容易在裱糊面上显现出来;涂层一旦磨损破碎时,有可能散落出少量玻璃纤维,故要注意保养。

b. 无纺贴墙布:采用棉、麻等天然纤维或涤纶、腈纶等合成纤维,经无纺成型,然后上树脂印花而成的卷材。无纺贴墙布挺括、光洁,表面色彩鲜艳,有羊毛感。这种墙布有一定的透气性和防潮性,而且有弹性,不易折断,能够擦洗而不褪色,其纤维不老化、不散失,对皮肤无刺激作用。因此,无纺贴墙布适用于各种建筑的内墙面装饰。其中,涤纶棉无纺布尤其适用于宾馆客房和高级住宅室内装饰。

c. 装饰墙布:以纯棉平布为基材经过前处理、印花、涂层而制成的一种卷材。特点:强度大、表面无光、花色美观大方,而且静电小、吸声、无毒、无味。

d. 化纤装饰布墙布:以化纤布为基材,经过一定处理后印花而成的一种卷材。特点:无分层、无毒、无味、透气、防潮、耐磨。化纤装饰墙布可用于各类办公室、会议室、宾馆及家庭居室的内墙面装饰。

e. 锦缎墙布:锦缎是丝织物的一种,其优点是花纹图案绚丽多彩,古雅精致,质感、接触感很好,但易生霉、不易清洁,且价格昂贵,因此一般只适用于重要的建筑物作室内饰面用。

（3）胶黏剂

裱糊饰面工程施工常用的胶黏剂主要有聚乙烯醇缩甲醛胶（108 胶）、801 胶、聚醋酸乙烯胶黏剂（白乳胶）、粉末壁纸胶等。

图 3.21　常用胶黏剂

108 胶——塑料壁纸、玻璃纤维墙布的粘贴。

801 胶——墙布、壁纸等制品的粘贴。

白乳胶——纸质壁纸的粘贴。

粉末壁纸胶——纸基塑料壁纸的粘贴。

图 3.21 为常用胶黏剂。

知识链接

壁纸、壁布性能的国际通用标志

部分标志如图 3.22 所示。

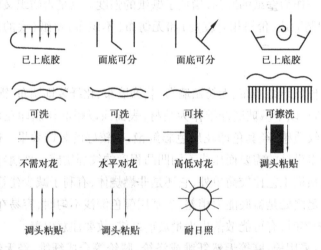

图 3.22　壁纸、壁布性能的国际通用标志

知识链接

胶水配制

胶水一般由墙纸胶粉和白胶混合而成,黏度适当,易于刷涂即可。

根据胶粉包装盒上的使用说明,先在桶中倒入规定数量的冷水,然后慢慢加入所需数量的黏合剂粉充分搅匀,直至胶液呈均匀状态且不结块为止。

一般调好后须过 15 min 才可使用,原则上,壁纸越重,胶液的加水量应越小,要根据胶粉包装盒上的厂家说明进行调配。

3）施工机具

施工机具有剪裁工具、刮涂工具、刷具、滚压工具、其他工具及设备,如图 3.23 所示。

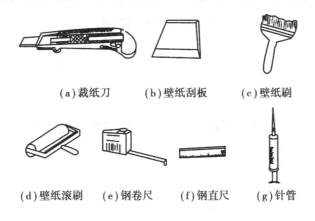

(a)裁纸刀　　(b)壁纸刮板　　(c)壁纸刷

(d)壁纸滚刷　(e)钢卷尺　　(f)钢直尺　　(g)针管

图 3.23　常用工具

4）作业条件

①新建筑物的混凝土或抹灰基层墙面在刮腻子前应涂刷抗碱封闭底漆。

②旧墙面在裱糊前应清除疏松的旧装修层,并涂刷界面剂。

③基层应符合设计要求,木砖或木筋已埋设,水泥砂浆找平层已抹完,经干燥后含水率不大于 8% ,木材基层含水率不大于 12% 。

④水电及设备、顶墙上预留预埋件已完,门窗油漆已完成。

⑤房间地面工程已完,经检查符合设计要求。

⑥房间的木护墙和细木装修底板已完,经检查符合设计要求。

⑦大面积装修前,应做样板间,经监理单位鉴定合格后,方可组织施工。

5）裱糊类工程施工工艺

以 PVC 塑料壁纸裱糊施工工艺流程为例。

（1）工艺流程

工艺流程:基层处理→弹线→裁割下料→壁纸预处理(浸水)→涂刷胶黏剂→裱糊壁纸→细部处理等。

（2）施工要点

①基层处理:裱糊工程的基层,要求坚实牢固、表面平整光洁,不疏松起皮、不掉粉,无砂粒、孔洞、麻点和飞刺,否则壁纸就难以贴平整。为防止壁纸、墙布受潮脱落,经工序检验合格后,应采用喷涂或刷涂的方法施涂封底涂料或底胶,做基层封闭处理一般不少于两遍。封底涂料可采用涂饰工程使用的成品乳胶底漆,相对湿度较大的南方地区或室内易受潮部位可采用清漆或光油。

知 识链接

不同基层的处理方法

1）混凝土基层

墙面清扫干净,将表面裂缝、坑洼不平处用腻子找平。再满刮腻子,打磨平。根据需要确定刮腻子遍数。

2）抹灰基层

如果基层表面抹灰质量较差,必须增加基层刮腻子的工作量。抹灰基层最主要的是表面平整度,用2 m靠尺检查,应不大于2 mm。

3）木基层

木基层应刨平,无毛刺、接槎,无外露钉头。接缝、钉眼用腻子补平。满刮腻子,打磨平整。如果吊顶采用胶合板,板材不宜太薄,特别是面积较大的厅、堂吊顶,板厚宜在5 mm以上,以保证刚度和平整度,有利于墙纸裱糊的质量。

4）石膏板基层

石膏板接缝用嵌缝腻子处理,并用接缝带贴牢,刮腻子后表面用乳胶漆处理。

②弹线:为了使裱糊饰面横平竖直、图案端正,每个墙面第一幅壁纸墙布都要挂垂线找直,作为裱糊的基准标志线,自第二幅起,先上端后下端对缝一次裱糊。有图案的壁纸,为保证做到整体墙面的图案对称,应在窗口中心部位弹好中心线,由中心线再向两边弹分格线;如窗户不在中间位置,为保证窗间墙的阳角处图案对称,应在窗间墙弹中心线,以此向两侧分幅弹线;对于无窗口的墙面,可选择一个距窗口墙面较近的阴角,在距壁纸幅宽处弹垂线,如图3.24所示。

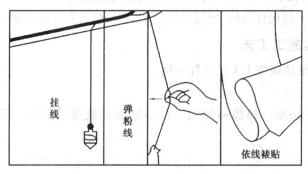

挂线　弹粉线　依线裱贴

图3.24　墙面弹线

特 别提示

贴墙纸要从主要窗户的邻墙开始,从亮处向暗处贴。这样,即使墙纸边缝有交搭,也没有阴影,搭接处不会很明显。如果有窗户的墙不止一面,应把最大的窗户作为主要光源。

③裁割下料:根据弹线找规矩的实际尺寸,在裁割时,要根据材料的规格及裱糊面的尺寸统筹规划,并按裱糊顺序进行分幅编号,认清哪一头是上端。裁墙纸时,可在朝上的一头

的背面注上"上"字,壁纸墙布的上下端宜各自留出 20～30 mm 的修剪余量,如图 3.25 所示。

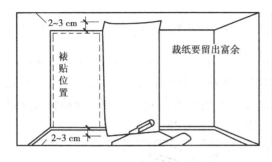

图 3.25　壁纸裁切示意图

对于花纹图案较为具体的壁纸、墙布,要事先明确裱糊后的花饰效果及其图案特征,应根据花纹图案和产品的边部情况,确定采用对口拼缝或是搭口裁割拼缝的拼接方式,应保证对接无误。

④壁纸预处理(浸水):对于裱糊壁纸应事先湿润,这是针对纸胎的塑料壁纸;对于玻璃纤维基材及无纺贴墙布类材料,遇水无伸缩,无须润纸,可不进行湿润;纸质壁纸则严禁进行润水处理。

识链接

壁纸预处理注意事项

①聚氯乙烯塑料壁纸遇水或胶液浸湿后即膨胀,需 5～10 min 胀足,干燥后又自行收缩,因此要用水润纸,使塑料墙纸充分膨胀,掌握和利用这一特性是保证塑料壁纸裱糊质量的重要环节。如未经浸水直接裱贴,则会出现气泡、褶皱。

润水处理的一般做法是将塑料壁纸置于水槽中浸泡 2～3 min,取出后抖掉多余的水,再静置 10～20 min,然后再进行裱糊操作。

②对于金属壁纸,在裱糊前也需要进行适当的润纸处理,但润水时间应短些,即将其浸入水槽中 1～2 min 取出,抖掉多余的水,再静置 5～8 min,然后再进行裱糊操作。

③纸质壁纸的湿强度较差,严禁浸湿处理。为达到软化此类壁纸以利于裱糊的目的,可在壁纸的背面均匀地涂刷胶黏剂,然后将胶面对胶面自然对折静置 5～8 min,即可上墙裱糊。

④纺织纤维壁纸不能在水中浸泡,可用洁净的湿布在其背面稍作擦拭,然后即可裱糊。

---

⑤涂刷胶黏剂:壁纸墙布裱糊胶黏剂的涂刷应薄而均匀,不得漏刷;墙面阴角、阳角部位应增刷胶黏剂 1～2 遍。对于自带背胶的壁纸,则无须再使用胶黏剂。

根据壁纸、墙布的品种特点,胶黏剂的施涂分为在壁纸的背面涂胶、在被裱糊基层上涂胶,以及在壁纸的背面和基层上同时涂胶。例如,聚氯乙烯塑料壁纸,背面可不涂胶黏剂,而在基层上涂刷;纺织纤维壁纸,为增强黏结能力,材料背面及基层均应涂刷;纸基壁纸背涂胶静置软化后,裱糊时基层也应涂刷;玻璃纤维墙布,只需将胶黏剂涂刷在基层上,不必在背面涂刷。

特别提示

> 玻璃纤维墙布和无纺墙布,背面不能刷胶黏剂,可直接将胶黏剂刷在基层上。因为墙布有细小孔隙,胶黏剂会印透表面而出现胶痕,影响美观。

⑥裱糊壁纸:壁纸的粘贴通常从窗户部位开始,粘贴每个墙面的第一个纸带时,务必用水平尺或铅锤画垂线。将壁纸贴到墙面后,需用壁纸专用压辊向同一个方向滚动将气泡赶出,切勿用力将浆液从纸带边缘挤出而溢到壁纸表面,如图 3.26、图 3.27 所示。

图 3.26　壁纸裱糊

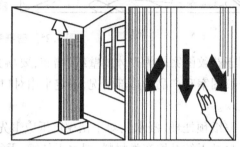
图 3.27　裱糊示意图

靠近屋顶及地面部分用刮板轻刮,将气泡赶出并使壁纸紧贴墙面以便作最终的剪裁。不得使用刮板在壁纸上进行大面积刮压,以免损坏壁纸表面或将部分胶液从壁纸的边缘挤出而溢到壁纸表面上,从而造成壁纸粘贴不牢、接缝部位开裂及脏污等现象。

知识链接

壁纸的裱糊拼缝

对于无图案的壁纸墙布,接缝处可采用搭接法裱糊。相邻的两幅在拼接处重叠 30 mm 左右,然后用钢尺在搭接重叠范围进行裁切,如图 3.28 所示。

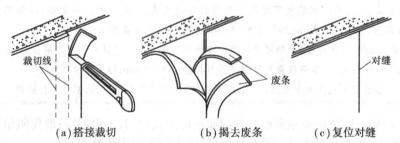

　(a)搭接裁切　　　　　　(b)揭去废条　　　　　(c)复位对缝

图 3.28　搭缝裁切

对于有图案的壁纸,为保证图案的完整性,可采用拼法,先对花,后拼缝。

对于需要重叠对花的壁纸,可将相邻两幅对花搭叠,待胶黏剂干燥到一定程度,用钢尺或刀从重叠搭扣中间切断。

裱糊拼缝对齐后,要用薄钢片刮板或胶皮刮板自上而下地进行抹刮(较厚的壁纸必须用胶辊滚压)。

⑦细部处理:阴阳角处理是为了防止在使用时由于被碰、划伤而造成壁纸墙布开胶,裱

糊时不可在阳角处甩缝,应包过阳角不小于 20 mm;阳角处搭接时,应先裱糊压在里面的壁纸或墙布,再裱贴搭在上面的,一般搭接宽度为 20 ~ 30 mm,如图 3.29 所示。

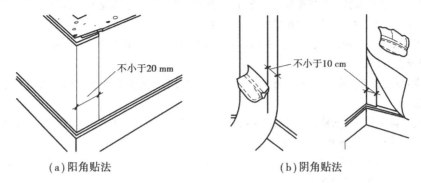

（a）阳角贴法　　　　　　　　　　　　（b）阴角贴法

图 3.29　阴阳角的处理

阴角处搭接时,应先裱糊压在里面的壁纸或墙布,再裱贴上层壁纸,一般搭接宽度为 20 ~ 30 mm;搭接宽度尺寸不宜过大,否则其褶痕过宽会影响饰面美观。

知识扩展

1)特殊壁纸的施工要点

金铂壁纸的施工要点:金铂壁纸的表面是电化铝铂,施工时要注意轻刮抹,粘好后需把壁纸的表面全部用毛巾清洁一遍。

纯纸壁纸的施工要点:纯纸壁纸的表面比较软,施工时不能使用刮板,应用短毛刷和毛巾,贴好后需把壁纸的表面全部用毛巾清洁一遍。

金色和银色壁纸施工要点:金色、银色壁纸表层是用金属粉末印刷的,施工时要注意轻刮轻抹,贴好后需把壁纸的表面全部用毛巾清洁一遍,可避免边缘反差。

砂粒(喷砂)壁纸的施工要点:砂粒壁纸质地厚、重,胶液配制的稠度要高,黏度要好。粘贴时,可在壁纸背面及墙面上同时均匀刷胶,以达到壁纸和墙面的紧密结合。不可将壁纸浸水。为防止破坏砂粒表面,粘贴时不可使用硬质刮板,应用柔软(绒质或橡胶)辊轮在砂粒面上滚压,以达到和墙面密切粘贴。如接缝处有多余胶液,可用海绵、洁净毛巾或面巾纸及时吸附干净,但不可擦洗。

2)裱糊工程应注意的质量问题

(1)翘边

①现象:壁纸边沿脱离开基层而卷翘起来。

②原因:

a.基层有灰尘、油污等或表面粗糙、干燥或潮湿。

b.胶黏剂胶性小,特别在阳角处更易卷翘。

c.胶黏剂局部不均匀或过早干燥。

d.阳角处裹过阳角的壁纸少于 2 cm,未能克服壁纸的表面张力,也易卷翘。

③预防措施。

a.清理基层。

b.壁纸裱糊刷胶黏剂时,一般可在壁纸背面刷胶液,若基层表面较干燥,在壁纸背面和基层同时刷胶黏剂。

c.壁纸上墙后,用工具由上至下抹刮,顺序刮平压实,并及时用湿毛巾或棉丝将挤压出的多余胶液擦净。注意滚压接缝边沿时不要用力过大,以防胶被挤干而失去黏结性。擦余胶的布不可太潮湿,避免水由纸边渗入基层,冲淡胶液,降低黏合强度。

d.严禁在阳角处甩缝,壁纸应裹过阳角≥2 cm,包角须用黏性强的胶黏剂并压实,不得有气泡。

(2)表面空鼓(气泡)

①现象:壁纸表面出现小块凸起,用手按压,有弹性和与基层附着不实的感觉,敲击时有鼓音。

②原因:

a.白灰或其他基层较松软,强度低,有裂纹、空鼓或孔洞,凹陷处未用腻子刮抹找平、填补不坚实。

b.基层表面有灰尘、油污或基层潮湿,含水率大。

c.赶压不当,往返挤压胶液次数过多,使胶液干燥失去黏结作用或赶压力量太小,多余的胶液未挤出,形成胶囊状,或未将壁纸内部的空气全部挤出而形成气泡。

d.涂刷胶液厚薄不匀或漏刷。

③预防措施:

a.壁纸胶要搅拌均匀,不能结块,刷胶时要刷匀。

b.壁纸裱糊完成后要用刮板刮平,不能出现气泡。

(3)褶皱

①现象:在壁纸表面上有皱纹棱脊凸起,影响壁纸的美观。

②原因:

a.壁纸材质不良或壁纸较薄。

b.操作技术不佳。

③预防措施:

a.用材质优良的壁纸,不使用残次品。对优质壁纸也需进行检查,厚薄不匀的要剪掉。

b.裱贴时,用手将壁纸展平后,才可用刮板均匀赶压。在壁纸未展平前,不得使用钢皮刮板硬推压。当壁纸已出现皱褶时,必须轻轻揭起壁纸,慢慢推平,待无皱褶时再赶压平整。

6)裱糊工程施工成品保护

壁纸裱糊完的房间应及时清理干净,不准做料房或休息室,避免污染和损坏。在整个裱糊的施工过程中,严禁非操作人员随意触摸壁纸。电气和其他设备等在进行安装时,应注意保护壁纸,防止污染和损坏。铺贴壁纸时,必须严格按照规程施工,施工操作时要做到干净利落,边缝要切割整齐,胶痕必须及时清擦干净。严禁在已裱糊好壁纸的顶、墙上打洞。若纯属设计变更,也应采取相应的措施,施工时要小心保护,施工后要及时认真修复,以保证壁纸的完整。

7)裱糊工程施工质量验收

(1)主控项目

①壁纸、墙布的种类、规格、图案、颜色和燃烧性能等级应符合设计要求及国家现行标准的有关规定。

检验方法:观察;检查产品合格证书、进场验收记录和性能检验报告。

②裱糊工程基层处理质量应符合表3.1中高级抹灰的要求。

检验方法:检查隐蔽工程验收记录和施工记录。

③裱糊后各幅拼接应横平竖直,拼接处花纹、图案应吻合,不离缝、不搭接、不显拼缝。

检验方法:距离墙面 1.5 m 处观察。

④壁纸、墙布应粘贴牢固,不得有漏贴、补贴、脱层、空鼓和翘边。

检验方法:观察;手摸检查。

(2)一般项目

①裱糊后的壁纸、墙布表面应平整,不得有波纹起伏、气泡、裂缝、皱褶;表面色泽应一致,不得有斑污,斜视时应无胶痕。

检验方法:观察;手摸检查。

②复合压花壁纸和发泡壁纸的压痕或发泡层应无损坏。

检查方法:观察。

③壁纸、墙布与装饰线、踢脚板、门窗框的交界处应吻合、严密、顺直。与墙面上电气槽、盒的交接处套割应吻合,不得有缝隙。

检验方法:观察。

④壁纸、墙布边缘应平直整齐,不得有纸毛、飞刺。

检验方法:观察。

⑤壁纸、墙布阴角处搭接应顺光,阳角处应无接缝。

检验方法:观察。

⑥裱糊工程的允许偏差和检验方法应符合表 3.11 的规定。

表 3.11　裱糊工程的允许偏差和检验方法

项　次	项　目	允许偏差/mm	检验方法
1	表面平整度	3	用 2 mm 靠尺和塞尺检查
2	立面垂直度	3	用 2 mm 垂直检测尺检查
3	阴阳角方正	3	用 200 mm 直角检测尺检查

3.4.2　软包工程

软包是在室内墙表面用柔性材料加以包装的墙面装饰方法,图 3.30 为常见软包形式。

软包可划分为 3 大类:

①常规传统软包。施工工艺:先用基层板(9 厘或 12 厘板)铺设,然后上面加一层 3 ~ 5 cm 厚的泡沫垫,再用布艺、人造皮革或者真皮饰(包)面。

②型条软包。施工工艺:先将型条按需要图形固定在墙面,中间填充海绵,最后用塞刀把布或皮革塞在型条里。

③皮雕软包是一种新型软包。它是用专用模具经高温一次热压成型,款式新颖,阻燃耐磨。

图 3.30　常见软包

1) 施工准备

(1) 材料

①机织物、针织物:织物的材质、纹理、颜色、图案及幅宽应符合设计要求和国家现行有关产品规范、规程的规定;织物表面不得有明显的跳线、断丝和瑕疵点;织物本身应符合设计的防火等级要求,否则必须对织物进行阻燃或防火处理。

②皮、人造革:材质、纹理、颜色、图案、厚度及幅宽应符合设计要求和国家有关产品规范、规程的规定;人造革本身应满足设计的防火等级要求,否则必须对皮、人造革进行阻燃或防火处理。

③内衬材料:材质、厚度应符合设计要求和国家有关产品规范、规程的规定;设计无要求时,应采用环保、阻燃型泡沫塑料作内衬,厚度一般不小于 10 mm;禁止使用非环保型内衬材料。

④基层及辅助材料:基层龙骨、底板及其他辅材的材质、厚度、规格尺寸、型号应符合设计要求和国家有关材料规范、规程的规定;胶、防腐剂、防潮剂等均必须满足环保要求。

(2) 主要机具

主要机具包括气泵、气钉枪、曲线锯、手枪钻、织物剪裁工作台、长卷尺、盒尺、钢板直尺、方角尺、毛刷、排笔、擦布或棉丝、砂纸、锤子、弹线用的粉线包、墨斗、小白线、托线板、红铅笔、剪刀、电剪、电熨斗、划粉饼、缝纫机、工具袋、水准仪、经纬仪等。

(3) 施工条件

①软包墙、柱面上的水、电、供热通风专业预留预埋件必须全部完成,且电气穿线、测试完成并合格,各种管路打压、试水完成并合格。

②室内湿作业完成,地面和顶棚施工已经全部完成(地毯可以后铺),室内清扫干净。

③不做软包的部分墙面面层施工基本完成,只剩最后一遍涂层。

④门窗工程全部完成(做软包的门扇除外),房间达到可封闭条件。

⑤软包门扇必须全部涂刷完且不少于两道底漆,各五金件安装孔已开好。

⑥各种材料、施工机具已全部到达现场,并经检验合格。各种木制品满足含水率不大于12%的要求。

⑦基层墙、柱面的抹灰层已干透,含水率达到不大于8%的要求。

2)软包工程施工工艺

(1)工艺流程

①墙、柱面织物软包工程工艺流程:基层处理→龙骨、底板施工→定位、放线→内衬及预制镶嵌块施工→皮革拼接下料→面层施工→理边、修整→完成其他涂饰。

②墙、柱面及门扇皮、人造革软包工程工艺流程:基层处理→定位、弹线→做内衬→皮革拼接下料→面层施工→理边、修整→完成其他涂饰。

(2)施工要求

①基层处理:在需做软包的墙面上按设计要求的纵横龙骨间距进行弹线,设计无要求时,间距一般控制在 400~600 mm。再按弹好的线用电锤打孔,孔间距小于 200 mm、孔径大于 12 mm、深不小于 70 mm,然后将经过防腐处理的木楔打入孔内。墙面为抹灰基层或临近房间较潮湿时,做完木砖后必须对墙面进行防潮处理,然后再进行下道工序。软包门扇的基层面底油涂刷不得少于两道,拉手及门锁应后装。

②龙骨、底板施工:在事先预埋的木砖上用木螺钉安装木龙骨,木螺钉长度>龙骨高度+40 mm。木龙骨必须先作防腐处理,然后再将表面作防火处理。安装龙骨时,必须边安装边用不小于 2 m 的靠尺进行调平,龙骨与墙面的间隙用经防腐处理过的木楔塞实,木楔间隔应不大于 200 mm,安装完的龙骨表面不平整度在 2 m 范围内应小于 2 mm。在木龙骨上铺钉底板,底板在设计无要求时宜采用环保细木工板或环保九厘板,铺钉用钉的长度≥底板厚+20 mm。墙面为轻钢龙骨石膏板或轻钢龙骨玻镁板时,可以不安装木龙骨,直接将底板钉在墙面上,铺钉用自攻螺钉,自攻螺钉长度≥底板厚+石膏板或波镁板厚+10 mm,自攻螺钉必须固定到墙体的轻钢龙骨上。门扇软包不需做底板,直接进行下道工序。

③定位、放线:根据设计要求的装饰分格、造型等尺寸,在安装好的底板上进行吊直、套方、找规矩、弹控制线等工作,把图纸尺寸与实际尺寸相结合后,将设计分格与造型按 1:1 反映到墙、柱面的底板或门扇上。

④内衬及预制镶嵌块施工:做预制镶嵌软包时,要根据弹好的控制线,进行衬板制作和内衬材料粘贴。衬板按设计要求选材,设计无要求时,应采用 5 mm 的环保型多层板,按弹好的分格线尺寸进行下料制作。制作时,硬边拼缝的在衬板的一面四周钉上一圈木条,木条的规格、倒角形式按设计要求确定,设计无要求时,木条一般不小于 10 mm×10 mm,倒角不小于 5 mm×5 mm 圆角或斜角,木条要进行封油处理防止原木吐色污染布料,木条厚度还应根据内衬材料的厚度确定。软边拼缝的衬板按尺寸裁好即可。衬板做好后应先上墙试装,以确定其尺寸是否正确,分缝是否通直、不错台,木条高度是否一致、平顺,然后取下来在衬板背面编号,并标注安装方向,在正面粘贴内衬材料。内衬材料的材质、厚度按设计要求选用,设计无要求时,材质必须是阻燃环保型,厚度应大于 10 mm。硬边拼缝的内衬材料要按照衬板上所钉木条内侧的实际净尺寸剪裁下料,四周与木条之间必须吻合,无缝隙,高度宜高出

木条 1~2 mm,用环保型胶黏剂平整地粘贴在衬板上。软边拼缝的内衬材料按衬板尺寸剪裁下料,四周剪裁、粘贴必须整齐,与衬板边平齐,最后用环保型胶黏剂平整地粘贴在衬板上。做直接铺贴和门扇软包时,应待墙面细木装修和边框完成,油漆作业基本完成,基本达到交活条件时,再按弹好的线对内衬材料进行剪裁下料,然后直接将内衬材料粘贴在底板或门扇上。铺贴好的内衬材料表面必须平整,分缝必须顺直、整齐。

⑤皮革拼接下料:织物和人造革一般情况下不宜进行拼接,采购定货时要充分考虑设计分格、造型等对幅宽的要求。皮革受幅面的影响,使用前必须进行拼接下料,拼接时各块的几何尺寸不宜过小,并必须使各块皮革的鬃眼方向保持一致,接缝形式应符合设计和规范要求。

⑥面层施工:用于蒙面的织物、人造革的花色、纹理、质地必须符合设计要求,同一场所必须使用同一匹面料。面料在蒙铺之前必须确定正反面。面料的纹理及纹理方向,在正放情况下,织物面料的经纬线应垂直和水平。用于同一场所的所有面料,纹理方向必须一致,尤其是起绒面料,更应注意。织物面料要先拉伸熨烫,再蒙面上墙。

预制镶嵌衬板蒙面及安装:面料有花纹、图案时,应先包好一块作为基准,再按编号将与之相邻的衬板面料对准花纹后进行裁剪。面料裁剪根据衬板尺寸确定,织物面料剪裁好以后,要先进行拉伸熨烫,再蒙到已贴好的内衬材料的衬板上,从衬板的反面用 U 形气钉和胶黏剂进行固定。蒙面时要先固定上下两边(即织物面料的经线方向),四角叠整规矩后,再固定另外两边。蒙好的衬板面料应绷紧、无褶皱,纹理拉平拉直,各块衬板的面料绷紧度要一致。最后将包好面料的衬板逐块检查,确认合格后,按衬板的编号对号进行试安装,经试安装确认无误后,用钉黏合的方法(即衬板背面刷胶,再用气钉从布纹缝隙钉入,必须注意气钉不要打断织物纤维)固定到墙面底板上。

直接铺贴和门扇软包面层施工:按已弹好的分格线和设计造型,确定出面料分缝定位点,把面料按定位尺寸进行剪裁,剪裁时要注意相邻两块面料的花纹和图案必须吻合。将剪裁好的面料蒙铺到已贴好内衬材料的门扇或墙面上,把下端和二侧位置调整合适后,用压条先将上端固定好,然后固定下部和两侧。四周固定后,若设计要求有压条或装饰钉时,按设计要求钉好压条,再用电化铝帽头钉或其他装饰钉梅花状进行固定。设计采用木压条时,必须先将压条进行油漆打磨,达到基本成活后再上墙安装。

⑦理边、修整:清理接缝、边沿露出的面料纤维,调整接缝不顺直处。开设、修整各设备安装孔,安装镶边条,安装贴脸或装饰物,修补各压条上的钉眼,修刷压条、镶边条油漆,最后擦拭、清扫浮灰。

⑧完成其他涂饰:软包面施工完成后,要对其周边的木质边框、墙面以及门扇的其他几个面做最后一遍油漆或涂饰,以使整个室内装修效果完整、整洁。

图 3.31 为固定式软包构造图。

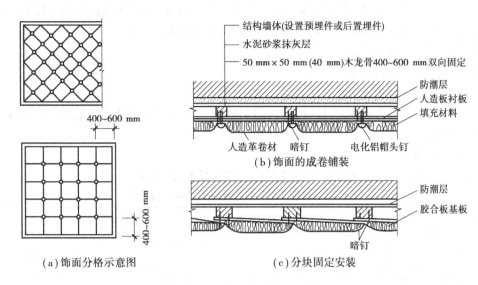

图 3.31　固定式软包构造图

3)软包工程质量验收

(1)主控项目

①软包工程的安装位置及构造做法应符合设计要求。

检验方法:观察;尺量检查;检查施工记录。

②软包边框所选木材的材质、花纹、颜色和燃烧性能等级应符合设计要求及国家现行标准的有关规定。

检验方法:观察;检查产品合格证书、进场验收记录、性能检验报告和复验报告。

③软包衬板材质、品种、规格、含水率应符合设计要求。面料及内衬材料的品种、规格、颜色、图案及燃烧性能等级应符合国家现行标准的有关规定。

检验方法:观察;检查产品合格证书、进场验收记录、性能检验报告和复验报告。

④软包工程的龙骨、边框应安装牢固。

检验方法:手扳检查。

⑤软包衬板与基层应连接牢固,无翘曲、变形,拼缝应平直,相邻板面接缝应符合设计要求,横向无错位拼接的分格应保持通缝。

检验方法:观察;检查施工记录。

(2)一般项目

①单块软包面料不应有接缝,四周应绷压严密。需要拼花的,拼接处花纹、图案应吻合。软包饰面上电气槽、盒的开口位置、尺寸应正确,套割应吻合,槽、盒四周应镶硬边。

检验方法:观察;手摸检查。

②软包工程的表面应平整、洁净、无污染、无凹凸不平及皱褶;图案应清晰、无色差,整体应协调美观、符合设计要求。

检验方法:观察。

③软包工程的边框表面应平整、光滑、顺直,无色差、无钉眼;对缝、拼角应均匀对称、接

缝吻合。清漆制品木纹、色泽应协调一致。其表面涂饰质量应符合《建筑装饰装修工程质量验收标准》(GB 50210—2018)第12章涂饰工程中的有关规定要求。

检验方法:观察;手摸检查。

④软包内衬应饱满、边缘应平齐。

检验方法:观察;手摸检查。

⑤软包墙面与装饰线、踢脚板、门窗框的交界处应吻合、严密、顺直。交接(留缝)方式应符合设计要求。

检验方法:观察。

⑥软包工程安装的允许偏差和检验方法应符合表3.12的规定。

表3.12 软包工程安装的允许偏差和检验方法

项 次	项 目	允许偏差/mm	检验方法
1	单块软包边框水平度	3	用1 m水平尺和塞尺检查
2	单块软包边框垂直度	3	用1 m垂直检测尺检查
3	单块软包对角线长度差	3	从框的裁口里角用钢尺检查
4	单块软包宽度、高度	0,−2	从框的裁口里角用钢尺检查
5	分格条(缝)直线度	3	拉5 m线,不足5 m拉通线,用钢直尺检查
6	裁口线条结合处高度差	1	用钢直尺和塞尺检查

知识扩展

软包工程成品保护及应注意的质量问题

1)软包工程成品保护

①软包工程施工完毕的房间应及时清理干净,不准作为材料库或休息室,以避免污染和损坏,并设专人进行管理(如加锁、定期通风换气、排湿)。

②若软包工程施工安排插入较早,施工完毕后还有其他工序施工,则必须设置成品保护膜。

③施工过程中,各工序必须严格按照规程施工,操作要干净利落,边缝要切割整齐到位,胶痕及时擦拭干净,并做到活完料净脚下清,下脚料当天及时清理。严禁非操作人员随意触摸成品。

④严禁在软包工程施工完毕的墙面上剔槽打洞。若因设计变更,必须采取可靠、有效的保护措施,施工完后要及时认真进行修复,以保证成品完整。

⑤在进行暖卫、电气和其他设备等安装或修理过程中,应注意保护各墙面,严防污染和损坏成品。

⑥修补压条、镶边条的油漆或浆活时,必须对软包面进行保护。地面磨石清理打蜡时,也必须注意保护好软包工程的成品,防止污染、碰撞与损坏。

2)软包工程应注意的问题

①软包工程所选用的面料、内衬材料、胶黏剂、细木工板、多层板等材料必须有出厂合格证和环保、消防性能检测报告,其防火等级必须达到设计要求。

②接缝不垂直、不水平。相邻两面料的接缝不垂直、不水平,或虽接缝垂直但花纹不吻合,或不垂直、不水平等,这是因为在铺贴第一块面料时,没有认真进行吊垂直和对花、拼花。因此,在开始铺贴

第一块面料时必须认真检查,发现问题及时纠正。特别是在预制镶嵌软包工艺施工时,各块预制衬板的制作、安装更要注意对花和拼花。

③花纹图案不对称。有花纹图案的面料铺贴后,门窗两边或室内与柱子对称的两块面料的花纹图案不对称,这是因为面料下料宽窄不一或纹路方向不对,造成花纹图案不对称。预防办法是通过做样板间,尽量多采取试拼的措施,找出花纹图案不对称问题的原因进行解决。

④离缝或亏料。相邻面料间的接缝不严密,露底称为离缝。面料的上口与挂镜线、下口与上口或踢脚线上口接缝不严密,露底称为亏料。离缝主要原因是面料铺贴产生歪斜,出现离缝;上下口亏料主要是面料剪裁不方、下料过短或裁切不细、刀子不快等造成的。

⑤面层颜色、花形、深浅不一致。主要是因为使用的不是同一匹面料,同一场所面料铺贴的纹路方向不一致,解决办法为施工时认真进行挑选和核对。

⑥周边缝隙宽窄不一致。主要原因是制作、安装镶嵌衬板过程中,施工人员不仔细,硬边衬板的木条倒角不一致,衬板裁割时边缘不直、不方正等。解决办法是提高操作人员的责任心,加强检查和验收工作。

⑦压条、贴脸及镶边条宽窄不一、接槎不平、扒缝等。主要原因是选料不精,木条含水率过大或变形,制作不细,切割不认真,安装时钉子过稀等。解决办法是在施工时,坚决杜绝不是主料就不重视的错误观念,必须重视压条、贴脸及镶边条的材质以及制作、安装过程。

3.5 饰面板工程

饰面板墙面装饰是目前中高级建筑装饰中墙面装饰经常用到的饰面。其贴面材料分为3类:一是陶瓷制品,如瓷砖、面砖、陶瓷锦砖等;二是天然石材,如花岗石、大理石等;三是预制块材。由于材料的形状、质量、适用部位不同,因而它们之间的构造方法也就有一定的差异。轻而小的块面可以直接镶贴,大而厚重的块材则必须采用钩挂等方式,以保证它们与主体结构连接牢固。饰面板工程还包括装饰玻璃工程、木质装饰墙面工程以及金属饰面板工程。

3.5.1 饰面板(砖)工程施工准备

1)饰面材料

(1)饰面砖

饰面砖从使用部位分,主要有外墙砖、内墙砖和特殊部位的造型砖3种。从烧制的材料及其工艺分,主要有陶瓷锦砖(马赛克)、陶质地砖、红缸砖、石塑防滑地砖、瓷质地砖、抛光砖、釉面砖、玻化砖等,如图3.32所示。

图3.32 饰面砖墙面实例

（2）饰面板

饰面板材料主要指的是石材,石材又分为天然石材和人造石材两种。

天然石材可加工成板材、块材和面砖等饰面材料。它具有硬度高、结构致密和色泽雅致等优点,但是货源少、价格昂贵,常用于高级建筑装饰。常用的饰面石材有花岗石、大理石、青石板、石灰岩、凝灰岩、白云岩等。石材表面按设计要求,可以保持质感状态,也可以加工成尘粒状、虫蛀状及凹凸不平的花纹状。我国使用的花岗石板材和大理石板材,以加工成光平表面为多。

饰面的各种天然石板材、块材,均应根据墙面的高与宽,扣除门窗洞口和分格条,计算出装饰墙面的准确面积。在细部设计中,除了应解决饰面层与墙体的固定技术外,外墙面还应处理好窗台、过梁底面、门窗侧边、勒脚、柱子以及各种凹凸面的交接和拐角构造,室内墙面也应处理好窗台、梁底、门窗洞口、柱子、凹凸面、踢脚等构造。

人造石材是以聚酯树脂为黏结剂,配以天然大理石或方解石、白云石、硅砂、玻璃粉等无机物粉料,以及适量的阻燃剂、颜色等,经配料混合、振动压缩、挤压等方法成型固化制成。与天然石材相比,人造石具有色彩艳丽、光洁度高、颜色均匀一致、抗压耐磨、韧性好、结构致密、坚固耐用、比重轻、不吸水、耐侵蚀风化、色差小、不褪色、放射性低等优点。同时具有资源综合利用的优势,在环保节能方面具有不可低估的作用,也是名副其实的建材绿色环保产品,目前已成为现代建筑首选的饰面材料。

2）施工工具

饰面板（砖）装饰施工除一般抹灰常用的手工工具外,根据饰面的不同,还需要一些专用的手工工具,如镶贴饰面砖缝用的开刀、镶贴陶瓷锦砖用的木垫板、安装或镶贴饰面板敲击振实用的木锤和橡胶锤、用于饰面砖和饰面板手工切割剔槽用的錾子、磨光用的磨石、钻孔用的合金钻头等,如图 3.33 所示。

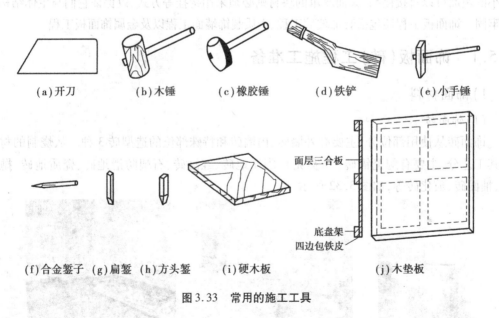

(a)开刀　　(b)木锤　　(c)橡胶锤　　(d)铁铲　　(e)小手锤

面层三合板

底盘架
四边包铁皮

(f)合金錾子　(g)扁錾　(h)方头錾　(i)硬木板　　　　(j)木垫板

图 3.33　常用的施工工具

3.5.2　内墙饰面砖工程施工工艺

1)作业条件

①内墙主体已充分变形稳定;墙面各种暗装线管、电开关盒、门窗框安装完毕,并经验收合格。

②安装好的窗台板及门窗框与墙体之间的缝隙,用1∶3水泥砂浆掺微膨胀剂堵灌密实;墙面清洁,无油污、浮浆、残灰等,凸出墙面部分要凿平,凹入处用1∶3水泥砂浆分层抹压找平;卫生间及洗浴间墙面防潮层已完成。

③饰面砖工程深化设计已完成,排砖方案已确定:按不同基层作出样板墙或样板件,确定饰面砖排列方式、缝宽、缝深、勾缝形式及颜色、防水及排水构造、基层处理方法等施工要点;找平层、结合层、黏结层、勾缝及擦缝材料、调色矿粉等的施工配合比也已确定。

2)工艺流程

工艺流程:基层处理→吊垂直、套方、找规矩、贴灰饼→打底灰,抹找平层→排砖→分格、弹线→浸砖→粘贴饰面砖→勾缝与擦缝→清理表面。

3)施工要点

(1)基层处理

对于混凝土基层,将凸出墙面的混凝土剔平,表面光滑的要凿毛,然后再用钢丝刷清理干净,或采用水泥细砂浆掺化学胶体(聚合物水泥浆)进行"毛化处理";对于砖墙基层,要将墙面残余砂浆清理干净;对于加气混凝土、混凝土空心砌块、轻质墙板等基层,要在清理修补涂刷聚合物水泥浆后铺钉金属网一层,以增加基层与找平层及黏结层之间的附着力。不同材质墙面的交界处或后塞的洞口处均要挂金属网防裂,搭接长度不少于200 mm。

特 别提示

　　基体表面处理时,需将墙洞眼封堵严实。光滑的混凝土墙表面,必须用钢尖或凿子凿毛处理,使表面粗糙。打点凿毛时注意两点:一是受凿面积≥70%(每平方米面积打点200个以上),绝不能象征性地打点;二是凿点后应清理凿点面,由于凿打中必然产生凿点局部松动,必须用钢丝刷清洗一遍,并用清水冲洗干净,防止产生隔离层。

(2)吊垂直、套方、找规矩、贴灰饼

室内在楼地面上沿内墙四周弹控制线,对房间进行套方、找规矩,然后从各转角处用线坠两面吊直后设点做灰饼,用靠尺和水平尺随时检查。

(3)打底灰,抹找平层

先将基层表面润湿,满刷一道结合层,然后分层分遍抹砂浆找平层,常温时可采用1∶3或1∶2.5水泥砂浆。抹灰厚度每层应控制在5~7 mm,用木抹子搓平,终凝后晾至六七成干,再抹第二遍,用木杠刮平,木抹子搓毛,终凝后浇水养护。找平层厚度应尽量控制在20 mm左右,表面平整度最大允许偏差为3 mm,立面垂直度最大允许偏差为3 mm。

（4）分格、弹线

找平层养护至六七成干时，可按照排砖深化设计图及施工样板在其上分段、分格弹出控制线并作好标记，如现场情况与排砖设计不符，则可酌情进行微调，如图 3.34 所示。弹线以后可以在弹好线的墙面上做标志块，以方便大面积面砖的粘贴。标志块可以在墙面转角处做起，如图 3.35 所示。

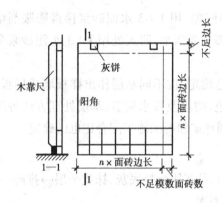

图 3.34　饰面砖分格线

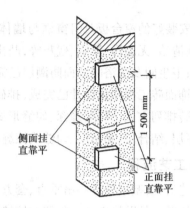

图 3.35　转角标志块

（5）浸砖

将已挑选好的饰面砖放入净水中浸泡 2 h 以上并清洗干净，取出后晾干表面水分方可使用。

（6）粘贴饰面砖

①内墙饰面砖整体由下向上粘贴，但不宜一次贴到顶，以免坍落。

②粘贴时饰面砖黏结层厚度可参考以下数据：1∶2 水泥砂浆 4~8 mm 厚；1∶1 水泥砂浆 3~4 mm 厚；其他化学黏合剂 2~3 mm 厚。黏结层厚度越薄，基层的平整度要求越高。

③先固定好靠尺板贴下第一皮砖，面砖背面涂好黏合材料后贴上，贴上后用灰铲柄轻轻敲打使之附线，轻敲表面固定，并用开刀调整竖缝，随时调整平整度和垂直度，用靠尺随时找平找方；在黏结层初凝前，可调整面砖的位置和接缝宽度，初凝后严禁振动或移动面砖。

④缝宽如符合模数则应采用标准成品缝卡控制；不符合模数时，可用自制米厘条控制，用砂浆粘在已贴好的砖上口。

⑤墙面突出的卡件、水管或线盒处应尽量采用整砖套割后套贴，缝口要尽量小，圆孔还可采用专用开孔器来处理，不得采用非整砖拼凑镶贴；如不方便套割，则尽量把缝放在不显眼的位置，如有条件还可加盖板。贴砖效果如图 3.36 所示。

图 3.36　贴砖

（7）勾缝及擦缝

黏结层终凝后可按照样板墙确定的勾缝及擦缝材料、缝深、勾缝形式及颜色进行勾缝和擦缝。内墙勾缝和擦缝材料一般是白水泥配彩色颜料。勾缝及擦缝材料的施工配合比及调色矿粉的比例要指定专人负责控制。水泥、砂子、矿粉等要使用准备好的专用材料，勾缝要视缝的形式使用专用工具;勾缝宜先勾水平缝再勾竖缝,纵横交叉处要过渡自然,不能有明显痕迹;砖缝要在一个水平面上,连续、平直,无裂纹、无空鼓,深浅一致,表面压光;有的黏合剂对勾缝时间有要求,应按厂家说明书操作。对于缝宽在 0.5 mm 以下的密缝采用擦缝,用毛刷蘸糊状嵌缝材料涂缝,然后用棉纱或布条擦均匀,不得有漏涂、漏擦的现象。

(8)清理表面

勾缝时随勾随用棉纱蘸水擦净砖面;勾缝后经 10 天以上可清洗残留的污垢,尽量采用中性洗剂;也可采用浓度为 20% 的稀盐酸,但要保护五金件,洗完后用清水冲净。擦缝时方法相同。

(1)铺贴前先设木托条,木托条表面要加工平整,全长顺直。木托条浸水后用素水泥浆粘贴在墙面第一排瓷砖粘贴的弹线位置上支撑釉面砖,如图 3.37 所示。

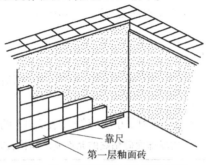

图 3.37　饰面砖施工方法示意图

(2)镶贴顺序一般是先大面后阴阳角及细部,对于腰线及拼花等重要局部有时应提前粘贴,以保证主要看面和线型的装饰效果。

(3)在有脸盆、镜箱、肥皂盒等的墙面,应按脸盆下水管部位分中,往两边排砖。肥皂盒可按预定尺寸和砖数排砖,如图 3.38 所示。

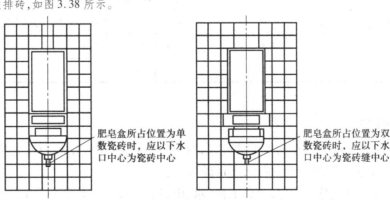

图 3.38　脸盆、镜箱、肥皂盒部位饰面砖排列示意图

4)质量验收标准

(1)主控项目

①内墙饰面砖的品种、规格、图案、颜色和性能应符合设计要求及国家现行标准的有关规定。

检验方法:观察;检查产品合格证书、进场验收记录、性能检验报告和复验报告。

②内墙饰面砖粘贴工程的找平、防水、黏结和勾缝材料及施工方法应符合设计要求及国家现行标准的有关规定。

检验方法:检查产品合格证书、复验报告和隐蔽工程验收记录。

③内墙饰面砖粘贴应牢固。

检验方法:手拍检查;检查施工记录。

④满粘法施工的内墙饰面砖应无裂缝,大面和阳角应无空鼓。

检验方法:观察;用小锤轻击检查。

(2)一般项目

①内墙饰面砖表面应平整、洁净、色泽一致,应无裂痕和缺损。

检验方法:观察。

②内墙面凸出物周围的饰面砖应整砖套割吻合,边缘应整齐。墙裙、贴脸凸出墙面的厚度应一致。

检验方法:观察;尺量检查。

③内墙饰面砖接缝应平直、光滑,填嵌应连续、密实;宽度和深度应符合设计要求。

检验方法:观察;尺量检查。

④内墙饰面砖粘贴的允许偏差和检验方法应符合表 3.13 的规定。

表 3.13　内墙饰面砖粘贴的允许偏差和检验方法

项　次	项　目	允许偏差/mm	检验方法
1	立面垂直度	2	用 2 m 垂直检测尺检查
2	表面平整度	3	用 2 m 靠尺和塞尺检查
3	阴阳角方正	3	用 200 mm 直角检测尺检查
4	接缝直线度	2	拉 5 m 线,不足 5 m 拉通线,用钢直尺检查
5	接缝高低差	1	用钢直尺和塞尺检查
6	接缝宽度	1	用钢直尺检查

4)成品保护

①要及时清擦干净残留在门框上的砂浆,特别是铝合金门窗、塑料门窗宜粘贴保护膜,防止污染、锈蚀,施工人员应加以保护,不得碰坏。

②认真贯彻合理的施工顺序,少数工种(水、电、通风、设备安装等)的活应做在前面,防止损坏面砖。

③油漆粉刷不得将油漆喷滴在已完的饰面砖上;如果面砖上部为外涂料墙面,宜先做外涂料,然后贴面砖,以免污染墙面。若需先做面砖时,完工后必须采取贴纸或塑料薄膜等措施,防止污染。

④各抹灰层在凝结前应防止风干、暴晒、水冲和振动,以保证各层有足够的强度。

⑤拆架子时注意不要碰撞墙面。

⑥装饰材料和饰件以及饰面的构件,在运输、保管和施工过程中,必须采取措施防止损坏。

5)应注意的质量问题

①饰面砖镶贴时应保持正温,内墙冬期施工要有采暖措施,以免砂浆受冻造成空鼓、脱落等通病。

②找平层、结合层、黏结层、勾缝及擦缝材料、调色矿粉等的施工配合比确定后,施工中要严格执行;找平层、结合层、黏结层各层施工要拉开时间间隔,养护要及时,且严禁在同一施工面上采用几种不同的配合比,以免产生不同的干缩,造成空鼓脱落;饰面砖黏结层要饱满,勾缝及擦缝必须严密,以免面层渗水、空鼓和脱落;勾缝及擦缝用水泥、砂子、矿粉严格按标准材料要求准备和调制,避免产生颜色不一致的问题。

③加强对基层打底工作的检查,根据结构几何尺寸的偏差,认真处理基层,以免出现表面偏差较大、墙面不平的情况。

④施工前认真选砖,剔除规格尺寸偏差超标的饰面砖;贴砖时应严格按照排砖图进行并根据结构的实际情况及时进行调整;分段分块弹线要细致,以免出现砖缝不匀、不直的通病。

⑤勾完、擦完缝后要及时擦净饰面砖表面,以免砂浆或其他污物渗入砖内,难以清除。

⑥其他质量控制要求参见标准材料要求、施工准备、操作工艺方面的相关条款。

3.5.3　外墙饰面砖工程施工工艺

1)作业条件

①脚手架(高层多用吊篮或吊架)应提前支搭和安设好。多层房屋最好选用双排脚手架或桥架,其横竖杆及拉杆等应离开墙面和门窗口角 150～200 mm。脚手架的步高和支搭要符合施工要求和安全操作规程。

②阳台栏杆、预留孔洞及排水管等应处理完毕,门窗框扇要固定好,并用 1∶3 水泥砂浆将缝隙塞严实,铝合金门窗框边缝所用嵌塞材料应符合设计要求,且应塞堵密实,并事先粘贴好保护膜。

③墙面基层清理干净,脚手眼、窗台、窗套等事先砌堵好。

④按面砖的尺寸、颜色进行选砖,并分类存放备用。

⑤大面积施工前应先放大样,并作出样板墙,确定施工工艺及操作要求,并向施工人员做好交底工作。样板墙完成后必须经质检部门鉴定合格,还要经过设计、甲方和施工单位共同认定,方可组织班组按照样板墙要求施工。

2)施工工艺

(1)工艺流程

工艺流程:基层处理→吊垂直、套方、找规矩、贴灰饼→抹底层砂浆→弹线分格→排砖→浸砖→镶贴面砖→面砖勾缝与擦缝。

(2)施工要点

①基层处理:首先将凸出墙面的混凝土剔平,对大型钢模板施工的混凝土墙面应凿毛,并用钢丝刷满刷一遍,再浇水湿润。如果基层混凝土表面很光滑时,也可采取"毛化处理"办

法,即先将表面尘土、污垢清扫干净,用10%火碱水将板面的油污刷掉,随之用净水将碱液冲净、晾干,然后用1:1水泥细砂浆内掺水重20%的107胶,喷或用笤帚将砂浆甩到墙上,其甩点要均匀,终凝后浇水养护,直至水泥砂浆疙瘩全部粘到混凝土光面上,并有较高的强度(用手掰不动)为止。

②吊垂直、套方、找规矩、贴灰饼:若建筑物为高层时,应在4个墙角和门窗洞口边用水平仪打垂直线找直;如果建筑物为多层时,可从顶层开始用特制的大线坠绷铁丝吊垂直,然后根据面砖的规格尺寸分层设点、做灰饼。横线则以楼层为水平基准线控制,竖向线则以四周墙角和柱子或墙垛为基准线控制,应全部是整砖。每层打底时,则以此灰饼作为基准点进行冲筋,使其底层灰做到横平竖直。同时要注意找好突出檐口、腰线、窗台、雨篷等饰面的流水坡度和滴水线(槽),如图3.39所示。

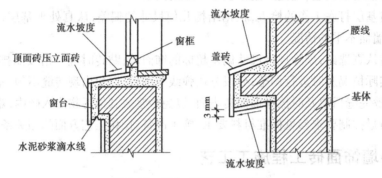

图3.39 窗台、腰线找平示意图

③抹底层砂浆:先刷一道掺水重10%的107胶水泥素浆,紧跟着分层分遍抹底层砂浆(常温时采用配合比为1:3水泥砂浆),第一遍厚度宜为5 mm,抹后用木抹子搓平,隔天浇水养护;待第一遍六七成干时,即可抹第二遍,厚度为8~12 mm,随即用木刮尺刮平、木抹子搓毛,隔天浇水养护;若需要抹第三遍时,其操作方法同第二遍,直至将底层砂浆抹平为止。

④弹线分格:待基层灰六七成干时,即可按图纸要求进行分段、分格弹线,同时也可进行面层贴标准点的工作,以控制面层出墙尺寸及垂直、平整。

⑤排砖:根据大样图及墙面尺寸进行横竖向排砖,以保证面砖缝隙均匀,符合设计图纸要求,注意墙面、柱子和墙垛要排整砖,以及在同一墙面上的横竖排列,均不得有一行以上的非整砖。非整砖行应排在次要部位,如窗间墙或阴角处等,但也要注意一致和对称。如遇有突出的卡件,应用整砖套割吻合,不得用非整砖随意拼凑镶贴。外墙面砖排列示意图如图3.40所示。

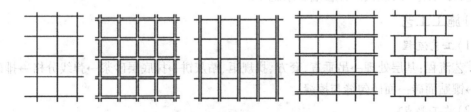

图3.40 外墙面砖排列示意图

　　排砖中应遵循的原则:凡阳角部位都应是整砖,而且阳角处正立面整砖应盖住侧立面整砖。对大面积墙面砖的镶贴,除了不规则的部位之外,其他都不裁砖。

　　⑥浸砖:釉面砖和外墙面砖镶贴前,要先将面砖清扫干净,放入净水中浸泡2 h以上,取出待表面晾干或擦干净后方可使用。

　　⑦镶贴面砖:镶贴应自上而下进行。高层建筑采取措施后,可分段进行。在每一分段或分块内的面砖,均为自下而上镶贴。从最下一层砖下皮的位置线先稳好靠尺,以此托住第一皮面砖。在面砖外皮上口拉水平通线,作为镶贴的标准。

　　在面砖背面宜采用1∶2水泥砂浆或水泥∶白灰膏∶砂=1∶0.2∶2的混合砂浆镶贴,砂浆厚度为6~10 mm,贴上后用灰铲柄轻轻敲打,使之附线,再用钢片开刀调整竖缝,并用小框通过标准点调整平面和垂直度。另一种做法是用1∶1水泥砂浆加水重20%的107胶,在砖背面抹3~4 mm厚粘贴即可。但此种做法其基层灰必须抹平整,而且砂子必须用窗纱筛后使用。另外,也可用胶来粘贴面砖,其厚度为2~3 mm,用此种做法其基层灰必须更平整。如要求釉面砖拉缝镶贴时,面砖之间的水平缝宽度用米厘条控制,米厘条用贴砖、砂浆与中层灰临时镶贴,米厘条贴在已镶贴好的面砖上口,为保证其平整,可临时加垫小木楔。

　　女儿墙压顶、窗台、腰线等部位平面也要镶贴面砖时,除保证流水坡度符合设计要求外,应采取顶面面砖压立面面砖的做法,预防向内渗水,引起空裂;同时还应采取立面中最低一排面砖必须压底平面面砖,并低出底平面面砖3~5 mm的做法,让其滴水线(槽)发挥作用,防止屋檐表面因浸水而出现空裂。

　　镶贴面砖时竖缝的宽度与垂直度应完全与排砖一致,在操作中要特别注意随时进行检查,除依靠墙面的控制线外,还应经常用线坠检查。如果竖缝是离缝(不是密封),在黏结时挤入竖缝处的灰浆要随手清理干净。

　　⑧面砖勾缝与擦缝:面砖铺贴勾缝时,用1∶1水泥砂浆勾缝,先勾水平缝再勾竖缝,勾好后要求凹进面砖外表面2~3 mm。若横竖缝为干挤缝,或小于3 mm者,应用白水泥配颜料进行擦缝处理。面砖缝勾完后,用布或棉丝蘸稀盐酸擦洗干净。

　　(1)基层为砖墙面时的操作方法

　　抹灰前,墙面必须清扫干净,浇水湿润。

　　大墙面和四角、门窗口边弹线找规矩,必须由顶层到底一次进行,弹出垂直线,并决定面砖出墙尺寸,分层设点、做灰饼。横线则以楼层为水平基线交圈控制,竖向线则以四周大角和通天垛、柱子为基准线控制。每层打底时则以此灰饼作为基准点进行冲筋,使基底层灰做到横平竖直。同时要注意找好突出檐口、腰线、窗台、雨篷等饰面的流水坡度。

抹底层砂浆:先湿润墙面,然后用1:3水泥砂浆刮一道约6 mm厚,紧跟着用同强度等级的灰与所冲的筋抹平,随即用木杠刮平,木抹搓毛,隔天浇水养护。

其他同基层为混凝土墙面做法。

(2)基层为加气混凝土墙面时的操作方法

基层为加气混凝土墙面时,可酌情选用下述两种方法中的一种:

①用水湿润加气混凝土表面,修补缺棱掉角处。修补前,先刷一道聚合物水泥浆,然后用水泥:白灰膏:砂子=1:3:9混合砂浆分层补平,隔天刷聚合物水泥浆并抹1:1:6混合砂浆打底,木抹子搓平,隔天浇水养护。

②用水湿润加气混凝土表面,在缺棱掉角处刷聚合物水泥浆一道,用1:3:9混合砂浆分层补平,待干燥后,钉金属网一层并绷紧。在金属网上分层抹1:1:6混合砂浆打底(最好采取机械喷射工艺),砂浆与金属网应结合牢固,最后用木抹子轻轻搓平,隔天浇水养护。

(3)注意事项

①夏季镶贴室外饰面板、饰面砖,应有防止暴晒的可靠措施。

②冬期施工:一般只在冬期初期施工,严寒阶段不得施工。

砂浆的使用温度不得低于5 ℃,砂浆硬化前,应采取防冻措施。

用冻结法砌筑的墙,应待其解冻后再抹灰。

镶贴砂浆硬化初期不得受冻。气温低于5 ℃时,室外镶贴砂浆内可掺入能降低冻结温度的外加剂,其掺量应由试验确定。

为了防止灰层早期受冻,并保证操作质量,其砂浆内的白灰膏和107胶不能使用,可采用同体积粉煤灰代替或改用水泥砂浆抹灰。

3)外墙饰面砖粘贴质量验收标准

(1)主控项目

①外墙饰面砖的品种、规格、图案、颜色和性能应符合设计要求及国家现行标准的有关规定。

检验方法:观察;检查产品合格证书、进场验收记录、性能检验报告和复验报告。

②外墙饰面砖粘贴工程的找平、防水、黏结、填缝材料及施工方法应符合设计要求和现行行业标准《外墙饰面砖工程施工及验收规程》(JGJ 126—2015)的规定。

检验方法:检查产品合格证书、复验报告和隐蔽工程验收记录。

③外墙饰面砖粘贴工程的伸缩缝设置应符合设计要求。

检验方法:观察;尺量检查。

④外墙面砖粘贴应牢固。

检验方法:检查外墙面砖黏结强度、检验报告和施工记录。

⑤外墙饰面砖工程应无空鼓、裂缝。

检验方法:观察;用小锤轻击检查。

(2)一般项目

①外墙饰面砖表面应平整、洁净、色泽一致,应无裂痕和缺损。

检验方法:观察。

②饰面砖外墙阴阳角构造应符合设计要求。

检验方法:观察。

③墙面凸出物周围的外墙饰面砖应整砖套割吻合,边缘应整齐。墙裙、贴脸凸出墙面的厚度应一致。

检验方法:观察;尺量检查。

④外墙饰面砖接缝应平直、光滑,填嵌应连续、密实;宽度和深度应符合设计要求。

检验方法:观察;尺量检查。

⑤有排水要求的部位应做滴水线(槽)。滴水线(槽)应顺直,流水坡向应正确,坡度应符合设计要求。

检验方法:观察;用水平尺检查。

⑥外墙饰面砖粘贴的允许偏差和检验方法应符合表3.14的规定。

表 3.14 外墙饰面砖粘贴的允许偏差和检验方法

项 次	项 目	允许偏差/mm	检验方法
1	立面垂直度	3	用2 m垂直检测尺检查
2	表面平整度	4	用2 m靠尺和塞尺检查
3	阴阳角方正	3	用200 mm直角检测尺检查
4	接缝直线度	3	拉5 m线,不足5 m拉通线,用钢直尺检查
5	接缝高低差	1	用钢直尺和塞尺检查
6	接缝宽度	1	用钢直尺检查

3.5.4 饰面板(石材)工程

1)作业条件

①有完善的设计施工图、设计说明及其他设计文件。

②有审批可以实施的施工方案和本项工程的施工技术交底记录。

③有完善可行的施工试排图,并经业主、监理签字认可。

④已编制可靠的外加工计划、材料进场时间已确定。

⑤有经审批同意实施的脚手架搭拆方案。

2)施工工艺

(1)石材饰面板挂贴灌浆法施工工艺

①工艺流程:基层处理→钢筋网架制作、安装、校正→基层找平→石材选择、拼缝、加工,作好挂丝准备→逐步挂丝,固定石材→分层灌水泥砂浆→清理墙面(饰面板)→检查验收。

②施工要点:

a.基层处理:认真负责地进行墙面的检查、清理工作,检查墙面平整度、垂直度,对不符合要求的应及时进行修复至合格为止。其目的是防止钢筋网架固定不牢和面板安装不垂直方正而影响面板的质量,防止石材饰面板安装后形成空鼓、脱落。

b. 钢筋网架制作、安装、校正:按设计排版图的要求进行尺寸分格,安装钢筋网格,一般情况应采用 $\phi8$ 钢筋网安装,所形成的内网尺寸应控制在 400 mm×400 mm 的范围内,用金属膨胀螺栓进行固定。要求钢筋网的质量应平整、垂直,以利于石材面板的挂丝安装。

c. 基层找平:用砂浆进行基层找平,同饰面砖饰面找平层。

d. 石材选择、拼缝、加工,作好挂丝准备:按石材板面大小,冲两根柱筋以便安装石材面板,同时找平面板石材,以利于挂贴。根据排版图逐一将石材面板安装到位,在此过程中主要应处理好石材的拼缝、颜色的搭配、色差等问题,使其质量达到协调一致的要求,其几何尺寸应控制在质量验收控制范围内,挂牢铜丝,使其牢固定位。饰面板钻孔如图 3.41 所示。

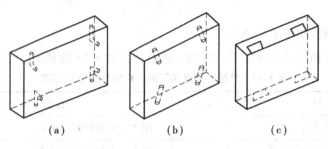

(a)　　　　　　　(b)　　　　　　　(c)

图 3.41　饰面板各种钻孔

e. 分层灌水泥砂浆:经固定校正的石材面板,将边口封堵,达到不漏浆的要求后分层灌水泥砂浆,水泥砂浆按 1:2 的比例调制,灌浆高度第一次为 150 mm,最后留 50~100 mm 的空隙作上一排灌浆的接缝,以此类推至最后一排石材,最后一次灌浆时需顶层灌满。每排一般进行 3 次灌浆,灌浆时应注意板面不应滑动,如有滑动应及时调整到位,固定后再进行灌浆,以保证灌浆的质量和面板的安装质量。图 3.42 为饰面板材安装固定。

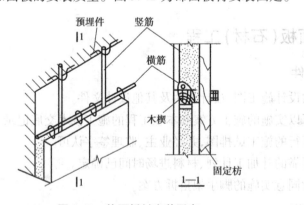

图 3.42　饰面板材安装固定

f. 清理墙面:以上工作完成后应及时清理石材面板,以保证面板的颜色一致,防止墙面污染,注意成品的保护工作。

(2)石材饰面板干挂法施工工艺

①工艺流程:测量定位→绘制排版图→分墨放线→钢骨架制作安装→检查检测→面板筛选,拼缝合缝→编号加工,逐排挂牢面板→安装、固定、打胶→板面清理→检查验收。

②施工要点：

a.测量定位：对墙面、柱面要进行现场检查测量,按测量的尺寸和装饰面积,合理划分石材面板的大小。

b.绘制排版图：绘出试排版图,尽量统一规格,避免因规格太多而发生错乱,影响装饰效果。

c.分墨放线：按绘制的试排版图进行镀锌钢架的放线工作,保证按统一的水平线进行放线,使四周的接口一致。

d.钢骨架制作安装：按试排版图进行合理的钢骨架制作,在镀锌钢架的安装中,其钢骨架固定必须牢固、焊接牢固,焊缝饱满,并有足够的承载能力,焊点应作防锈处理。

e.检查检测：对制作安装好的钢骨架进行检查,并在现场进行拉拔检测和承载力验算,经检测合格后方可进行下一步工作。

f.面板筛选,拼缝合缝：加工进场的半成品板材要认真验收,对有缺陷的材料不得使用。认真检查加工尺寸,控制长、宽、高的偏差,按试排版图对面板进行拼缝、合缝处理,对偏差较大的应及时进行加工处理,按处理好的面板进行排版编号。

g.编号加工,逐排挂牢面板,安装、固定、打胶：按编排好的顺序,进行安装挂件的加工钻孔或切口。板材上下相应位置按挂件位置进行割口开槽或钻眼(图3.43),按水平、垂直的要求安装专用挂件,再进行石材安装。待安装调整完毕后,对挂件进行固定,再在切口处填云石胶或环氧胶泥固定石材。

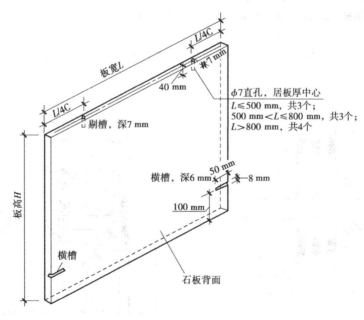

图3.43 石板上钻孔剔槽示意图

h.板面清理,检查验收：挂好一排的板材应及时进行检查,保证垂直度、平整度符合规范、标准要求,再作下一排的安装固定工作,以此类推至最后一排石材安装完毕,及时清理挂好的石材面板达到合格成品的要求,保护成品待验收。

石材干挂构造图如图3.44所示。

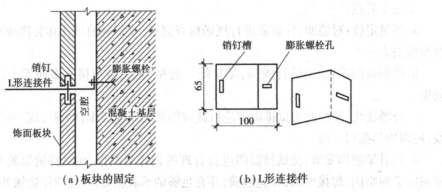

（a）板块的固定　　　　　　（b）L形连接件

图 3.44　板材固定（单位：mm）

大理石胶粘贴施工法

大理石胶粘贴法是目前石材饰面装修简捷、经济、可靠的一种新型装修施工工艺，它摆脱了传统粘贴施工方法中受板块面积和安装高度限制的缺点。饰面板与墙面距离仅 5 mm 左右，从而缩小了建筑装饰所占的空间，增加了使用面积；施工简便、速度较快，综合造价比其他施工工艺低。

大理石胶粘贴施工法的施工工艺流程：基层处理→弹线、找规矩→选板预拼→打磨→调涂胶→铺贴→检查、校正→清理嵌缝→打蜡上光。

以上工作完成后应及时清理石材面板，以保证面板的颜色一致，防止墙面污染，注意成品的保护工作。

当装修高度不大于 9 m，但饰面板与墙面净距离大于 5 mm（小于 20 mm）时，须采用加厚粘贴法施工，如图 3.45 所示。

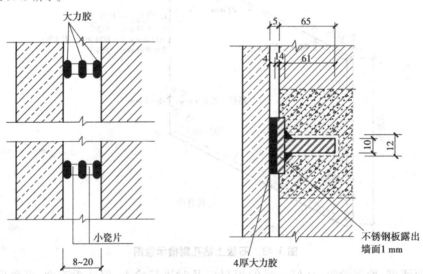

图 3.45　大理石胶加厚处理示意图（单位：mm）　图 3.46　粘贴锚固法示意图（单位：mm）

当贴面高度超过 9 m 时，应采用粘贴锚固法，即在墙上设计位置钻孔、剔槽，埋入直径为 10 mm 的钢筋，将钢筋与外面的不锈钢板焊接，在钢板上满涂大理石胶，将饰面板与之粘牢，如图 3.46 所示。

在有些特殊情况下也会采用钩挂法固定,如图 3.47、图 3.48 所示。

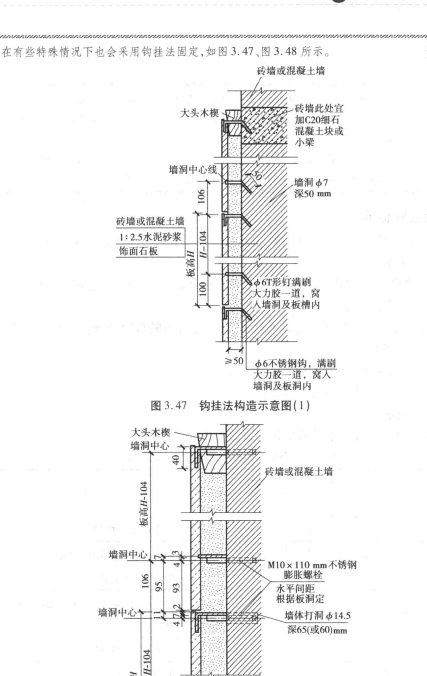

图 3.47　钩挂法构造示意图(1)

图 3.48　钩挂法构造示意图(2)

特别提示

在墙柱面基层上抹水泥砂浆找平层时,对不同的基层还应进行相应处理,常见的情况有:

①当机体为混凝土时,为防止混凝土表面与抹灰层结合不牢,发生空鼓,要满刮一层混凝土界面处理剂,随刷随抹底灰。

②当为加气混凝土表面时,应在基体清洁后,先刷加气混凝土界面处理剂,再铺钢丝直径为 0.7 mm、孔径为 32 mm×32 mm 镀锌机织钢丝网一道,然后抹底层砂浆。

3)质量验收标准

①石板表面应平整、洁净、色泽一致,应无裂痕和缺损。石板表面应无泛碱等污染。

检验方法:观察。

②石板填缝应密实、平直,宽度和深度应符合设计要求,填缝材料色泽应一致。

检验方法:观察;尺量检查。

③采用湿作业法施工的石板安装工程,石板应进行防碱封闭处理。石板与基体之间的灌注材料应饱满、密实。

检验方法:用小锤轻击检查;检查施工记录。

④石板上的孔洞应套割吻合,边缘应整齐。

检验方法:观察。

⑤石板安装的允许偏差和检验方法应符合表3.15的规定。

表 3.15　石板安装的允许偏差和检验方法

项　次	项　目	允许偏差/mm			检验方法
		光　面	剁斧石	蘑菇石	
1	立面垂直度	2	3	3	用 2 m 垂直检测尺检查
2	表面垂直度	2	3	—	用 2 m 靠尺和塞尺检查
3	阴阳角方正	2	4	4	用 200 mm 直角检测尺检查
4	接缝直线度	2	4	4	拉 5 m 线,不足 5 m 拉通线,用钢直尺检查
5	墙裙、勒角上口直线度	2	3	3	
6	接缝高低差	1	3	—	用钢直尺和塞尺检查
7	接缝宽度	1	2	2	用钢直尺检查

3.5.5　木质饰面板工程

1)工艺流程

工艺流程:基层清理→分墨放线→木龙骨拼接与安装→基层板安装→饰面板安装→饰面板清理。

2) 施工要点

①基层清理、分墨放线:对墙面、柱面进行检查清理,按照设计要求对墙面、柱面进行找方,弹出木龙骨的分墨线,对造型的地方作好标记。

②木龙骨架拼装与安装:按照设计要求进行分墨弹线,将拼装木龙骨架安装于墙面,拉线进行调平,按基层清理的找方角尺调平到位后进行固定。木龙骨架应作好防潮、防火处理,在木龙骨架的网络间应留置通风孔道,避免发生霉变,影响装饰质量。

③基层板安装:骨架应有足够的承载能力,检查合格作好隐蔽记录,经认可后进行基层封闭,基层用人造板材与骨架连接牢固、可靠,安装的垂直度、平整度应达到设计要求和规范、标准的规定。

④饰面板安装:饰面板在粘贴时应按相似的颜色、花纹在同一壁墙进行试拼,经试拼合格后按设计分格进行下料,下料时应略大于基层,用推刨修整至合格,再刷胶粘贴,在转角处应采取45°斜面切割对接。图3.49为木质饰面板安装示意图。基层和面层均应涂刷均匀,待胶干时(不粘手为宜)进行粘贴,粘贴时应从一方到另一方压实,避免起泡。

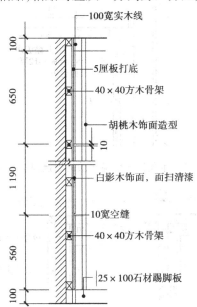

100宽实木线
5厘板打底
40×40方木骨架
胡桃木饰面造型
白影木饰面,面扫清漆
10宽空缝
40×40方木骨架
25×100石材踢脚板

图 3.49　木质饰面板安装示意图(单位:mm)

⑤饰面板清理:饰面板贴好后及时对缝隙过剩的胶进行清理,并将饰面板清理干净。铝塑板的保护膜应在工程完成后,在清洁施工现场时撕掉,以减少或避免铝塑板损伤。

在木质饰面板安装的过程中应注意安装细部的构造做法,主要有板缝、吊顶衔接处、踢脚板衔接处及阴阳角处理等,如图3.50—图3.53所示。

3) 木质饰面板质量验收标准

(1)主控项目

①木板品种、规格、颜色和性能应符合设计要求及国家现行标准的有关规定。木龙骨、木饰面板的燃烧性能等级应符合设计要求。

检验方法:观察;检查产品合格正式、进场验收记录、性能检验报告和复验报告。

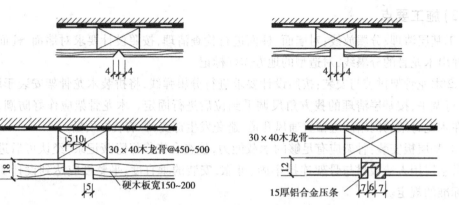

图 3.50 木质饰面板板缝处理(单位:mm)

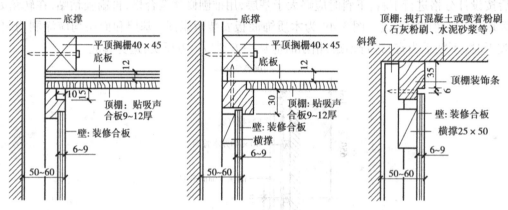

图 3.51 木质饰面板与吊顶的连接(单位:mm)

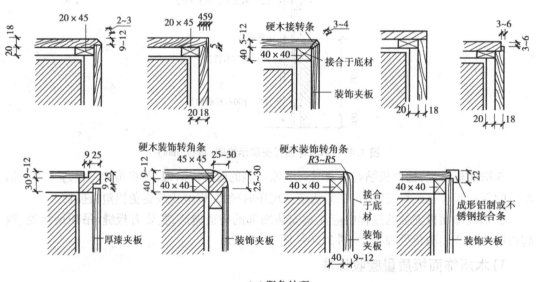

(a)阳角处理

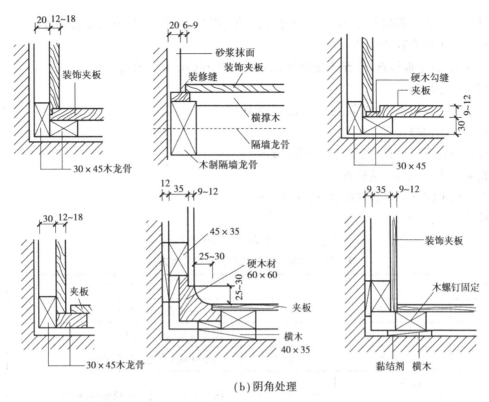

（b）阴角处理

图 3.52　饰面板阳角、阴角的处理（单位：mm）

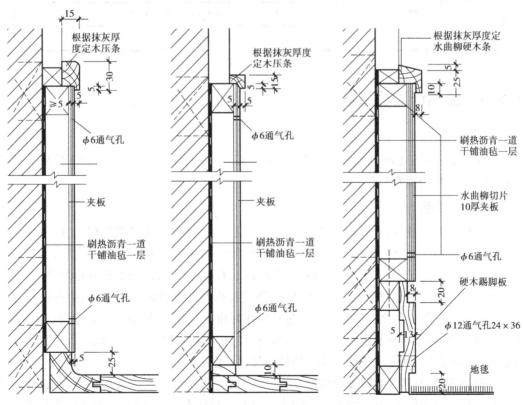

图 3.53　木质饰面板与踢脚板的连接（单位：mm）

②木板安装工程的龙骨、连接件的材质、数量、规格、位置、连接方法和防腐处理应符合设计要求。木板安装应牢固。

检验方法:手扳检查;检查进场验收记录、隐蔽工程验收记录和施工记录。

(2)一般项目

①木板表面应平整、洁净、色泽一致,应无缺损。

检验方法:观察。

②木板接缝应平直,宽度应符合设计要求。

检验方法:观察;尺量检查。

③木板上的孔洞应套割吻合,边缘应整齐。

检验方法:观察。

④木板安装的允许偏差和检验方法应符合表3.16的规定。

表3.16 木板安装的允许偏差和检验方法

项 次	项 目	允许偏差/mm	检验方法
1	立面垂直度	2	用2 m垂直检测尺检查
2	表面垂直度	1	用2 m靠尺和塞尺检查
3	阴阳角方正	2	用200 mm直角检测尺检查
4	接缝直线度	2	拉5 m线,不足5 m拉通线,用钢直尺检查
5	墙裙、勒脚上口直线度	2	
6	接缝高低差	1	用钢直尺和塞尺检查
7	接缝宽度	1	用钢直尺检查

3.5.6 金属饰面板工程

1)工艺流程

工艺流程:基层处理与放线→固定骨架连接件→骨架安装→金属面板安装→收口处理→清洁卫生→检查验收。

2)施工要点

①基层处理与放线:对所作的金属饰面的基层进行清理,按测量的结构尺寸,具体考虑放线、排板的要求。为使安装统一、美观,尽量使用统一规格大小的饰面板,按排版要求统一放线。对外墙面施工,应有脚手架搭拆的审批方案,有施工排版图,编制作业计划书。

②固定骨架连接件:按照施工图纸要求,将连接件与结构预埋件焊接,也可在结构基体上固定金属膨胀螺栓与之连接。在施工过程中作好质量检查记录、隐蔽签证记录,预埋件焊接长度和高度、焊条规格品种、螺栓规格、钻孔孔径、抗拔抽查检验记录等均应作好记载。对高层建筑,应考虑采用不锈钢埋件和不锈钢连接件(包括螺栓)。

③骨架安装:骨架安装前要求在结构基线上作出竖直控制线、标高水平控制线、骨架表面平整度控制点等标志,宜用精度较高的水平仪对一些标志进行标记,以保证所有标志能在

同一竖直的平面上。

必须对所有骨架及其连接件作好防锈处理,并按规定对变形缝、沉降缝、变截面及阴阳角等处的构造进行处理。骨架间连接采用螺栓等固定时,螺帽必须拧紧,重要部位宜用双螺帽,调好后用点焊焊牢。采用电焊连接时,焊缝应饱满,保证焊缝长度和宽度,不得伤及骨架材料,安装好后应统一作好防锈处理。

④金属面板安装。对铝合金型材板、扣板安装一般有两种:一种是用抽心铝铆钉、自攻螺钉或木螺栓将其与骨架固定;另一种是用槽型龙骨,相互卡紧在龙骨的槽内。

对铝合金蜂窝板的安装步骤如下:

a.采用专用连接件将蜂窝板与骨架连接成整体。

b.在铝合金蜂窝板的制作过程中,将其固定的连接件与铝合金蜂窝板封边框二者合一,与蜂窝板一起制成,整体安装时将两块板之间留出缝宽 20 mm,用一块 45 mm×45 mm×45 mm 铝合金板压住连接件封边,并用自攻钉固定,螺距 300 mm 左右,然后用一条挤压成型的橡胶带进行密封处理。对铝合金吊板的固定只需板面上下卷边,上面预钻两个小孔,并在骨架上相应位置焊上同数量的钢销钉,穿入预钻孔中即可。板间缝塞聚氯乙烯泡沫,再在其外侧注满硅酮密封胶,如图 3.54、图 3.55 所示。

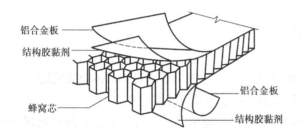
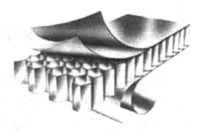

图 3.54　蜂窝铝板结构示意图

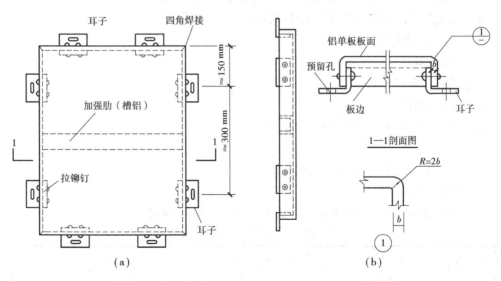

图 3.55　铝板安装示意图

不锈钢薄板的安装,一般用结构胶进行固定,并作好阴阳角的处理,对圆柱等的安装用卡入槽口固定方式打胶。

⑤收口处理:金属面板施工收口处理应按图施工,并防止因施工质量出现渗水现象。

a.转角处理:转角处金属面板应先压成带钩形或内弧形带钩状再安装,安装时转角预留8~15 mm 的缝,作嵌缝打密封胶处理,防止雨水的浸入。

金属面板安装到阳角处时,两边各预留 100~200 mm,在阳角处专门压制成能够接口的角形或其他形状的角,再与两边的金属面板连接、密封。

b.压顶水平盖板构造处理:墙上部属于水平部位的压顶处理,基本方法是采用铝合金水平盖板封面,排水应向屋内方向,一般是在结构基层焊上钢骨架,然后在盖板侧面用螺栓将盖板固定在骨架上,盖板在长度方向接头处应另加接头用环氧胶黏剂黏合,不得留有缝隙,不得使水渗入结构基体中。

c.边缘部位的收口处理用1.5 mm 厚的成型铝板将墙端部与骨架部位封顶。

d.墙下边收口处理:用一条特制的披水铝板将板的下端封住,同时将板与墙之间的间隙盖住。当板在长度方向需接长时,应留缝打胶。

e.变形缝处理:目前多采用特制的氯丁橡胶带,将其卡在特制的槽内,也可使用压板用螺丝顶紧。

3)金属饰面板安装质量验收标准

(1)主控项目

①金属板的品种、规格、颜色和性能应符合设计要求及国家现行标准的有关规定。

检验方法:观察;检查产品合格证书、进场验收记录和性能检验报告。

②金属板安装工程的龙骨、连接件的材质、数量、规格、位置、连接方法和防腐处理应符合设计要求。金属板安装应牢固。

检验方法:手扳检查;检查进场验收记录、隐蔽工程验收记录和施工记录。

③外墙金属板的防雷装置应与主体结构防雷装置可靠接通。

检验方法:检查隐蔽工程验收记录。

(2)一般项目

①金属板表面应平整、洁净、色泽一致。

检验方法:观察。

②金属板接缝应平直,宽度应符合设计要求。

检验方法:观察;尺量检查。

③金属板上的孔洞套割吻合,边缘应整齐。

检验方法:观察。

④金属板安装的允许偏差和检验方法应符合表 3.17 的规定。

表 3.17　金属板安装的允许偏差和检验方法

项　次	项　目	允许偏差/mm	检验方法
1	立面垂直度	2	用 2 m 垂直检测尺检查
2	表面垂直度	3	用 2 m 靠尺和塞尺检查

续表

项　次	项　目	允许偏差/mm	检验方法
3	阴阳角方正	3	用 200 mm 直角检测尺检查
4	接缝直线度	2	拉 5 m 线,不足 5 m 拉通线,用钢直尺检查
5	墙裙、勒脚上口直线度	2	
6	接缝高低差	1	用钢直尺和塞尺检查
7	接缝宽度	1	用钢直尺检查

本章小结

　　本章对墙面装饰工程施工技术作了全面的讲述,主要内容包括墙面装饰施工的种类及作用、抹灰工程、涂饰类工程、裱糊与软包工程、饰面工程等。

　　外墙贴面部分可侧重掌握面砖的构造和施工,内墙装饰工程应着重掌握一般抹灰的施工工艺。内墙涂料工程主要掌握涂料和油漆施工。饰面类工程主要掌握饰面砖和饰面板(石材)施工工艺。并能掌握各种墙面装饰工程的质量验收标准。

复习思考题

　　1.饰面板钢筋网片法的施工工艺?

　　2.饰面板钢筋钩挂贴法的施工工艺?

　　3.涂饰工程在施工中需要哪些环境条件?

　　4.涂饰工程施工对基层处理一般有哪些要求? 如何对基层进行清理、修补和复查?

　　5.简述裱糊和软包工程施工工艺及操作要点。

　　6.简述溶剂型涂料工程的施工工艺。

　　7.不同材质的基层,裱糊类施工时有哪些注意事项?

　　8.外墙饰面砖粘贴工程中,不同基层表面的处理方法有哪些?

第4章

轻质隔墙工程施工技术

本章导读

● 基本要求

(1)知识目标:了解不同轻质隔墙的基础知识,熟悉轻质隔墙的施工工艺流程,掌握完整施工过程和施工质量验收标准。

(2)能力目标:通过对施工工艺的深刻理解,使学生具有正确的隔墙知识,能利用所学知识正确选择材料和组织施工,并且会在施工中解决实际问题。

● 重点

(1)木龙骨、轻钢龙骨隔墙与隔墙的施工工艺。

(2)木龙骨、轻钢龙骨隔墙与隔墙工程的质量验收。

(3)石膏板隔墙的施工及质量验收。

(4)玻璃隔墙与隔墙的施工及质量验收。

● 难点

掌握隔墙施工的理论知识,结合实训任务,完成完整的施工过程并写出操作、安全注意事项。

4.1 轻质隔墙工程施工技术概述

现代建筑,其框架式结构越来越需要室内设计的专业人员进行重新分区,而装饰施工工程中,隔墙工程不仅起到这样的作用,还能更好地为室内空间服务。

隔墙主要作用为分隔空间,要求其自重轻、厚度薄、刚度大,还要有隔音、耐火、耐温、耐腐蚀以及通风、采光、便于拆卸等要求。

隔墙按使用状况可分为永久性隔墙(适用于公共建筑的隔墙需要)、可拆装隔墙和可折叠隔墙3种形式。按构造方式可分为块材式隔墙(砖、砌块、玻璃砖等)、主筋式隔墙(龙骨式隔墙)和板材式隔墙(加气混凝土条板砖、石膏板),这些都属于永久性隔墙。

随着施工技术及材料技术的发展,出现了如推拉式隔墙和多功能活动半隔墙等新型隔墙形式。多功能活动半隔墙是由许多个低隔墙板拼装起来的一种新型办公设施,主要适用于大型开放式办公空间等。

隔墙和隔断的作用在于分隔空间,它们均不承受外来荷载,而且本身的自重要由其他构件来支承。隔墙和隔断的区别在于前者真正分隔空间到顶界面;后者不倒顶界面,是隔而不断,隔断往往使用在分隔要求不高的空间里。

隔墙与隔断作用基本相似,所以对它们有一些共同的要求:自重轻;厚度薄,少占空间;用于厨房、厕所等特殊房间时应有防火、防潮或其他功能;便于拆除而又不损坏其他构配件。

常用的隔墙(包括隔断)根据其材料和构造方法的不同,可分为骨架式隔墙、块材隔墙和板材隔墙等几类。

4.2　龙骨隔墙工程

龙骨隔墙是施工程度较高的一种干作业墙体,具有施工速度快、成本低、劳动强度小、装饰美观及防火、隔音性能好等特点,是目前应用较为广泛的一种隔墙。它的施工方法不同于使用传统材料的施工方法,是以材料使用率高、施工效率高、施工质量高为特点。

4.2.1　轻钢龙骨隔墙

1)施工准备

(1)材料

①轻钢龙骨:轻钢龙骨纸面石膏板隔墙常用的轻钢龙骨主要以 C 型系列为主,主要以C50居多,对要求较高的空间,可采用 C70 或 C100 等主龙骨系列,如图 4.1 所示。

②纸面石膏板:以建筑石膏为主要原料,掺入适量添加剂与纤维做板芯,以特制的板纸为护面,经加工制成的板材。纸面石膏板具有质量小、隔音、隔热、加工性能强、施工方法简便的特点。

③紧固材料:主要通过射钉、膨胀螺钉、自攻螺钉、螺钉等进行连接加固,如图 4.2 所示。

④嵌缝腻子:以石膏粉为基料,掺入一定比例的添加剂配制而成,具有较高抗剥强度,并有一定是抗压及抗折强度,无毒、不燃、和易性好,在潮湿条件下不发霉腐败,适用于纸面石膏板无接缝处理的嵌缝。

⑤接缝带。

a.穿孔纸带:具有质薄、横向抗张强度高、湿变形小、挺度适中、透气性能好等特性。图4.3 为穿孔纸带。

b.玻璃纤维接缝带:具有横向抗张强度高、化学稳定性好、吸湿性小、尺寸稳定、不燃烧等特性。图 4.4 为玻璃纤维接缝带。

图4.1　轻钢龙骨

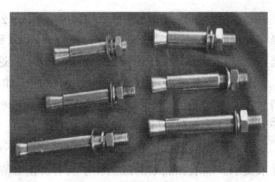

图4.2　紧固件-膨胀螺栓

图4.3　穿孔纸带

图4.4　玻璃纤维接缝带

（2）工具

隔墙施工中用到的主要工具有气钉枪、电钻、墨斗、气泵、木锯等。

（3）作业条件

①主体结构施工完成，且通过验收。

②屋面防水、室内地面施工完成且通过验收。顶棚、墙面抹灰基础装修完成。

③隔墙有墙垫（踢脚座）时，应先将墙垫施工完毕，达到强度后方可进行轻钢骨架的安装。

④隔墙施工前，应先安排外装修。

⑤提出备用计划，查实、验收进场的全部隔墙材料，使其配套齐全。

2）轻钢龙骨纸面石膏板隔墙施工

（1）工艺流程

工艺流程：墙位放线→墙垫施工→安装沿地、沿顶龙骨→安装竖向龙骨→固定各种洞口及门→安装一侧石膏板→暖卫水电等钻孔下管、穿线→安装隔音棉→安装另一侧石膏板→接缝处理→连接固定设备、电气→墙面装饰→踢脚线施工。隔墙施工构造如图4.5所示。

（2）安装要点

①墙位放线：根据设计图纸确定的墙位，在地面放出墙位线并将其引至顶棚和侧墙。

②墙垫施工：当设计采用水泥、石材踢脚板时，墙的下端应作墙垫，如采用木踢脚板时，墙的下端可直接与地面连接，两种踢脚板均可采用凹入式或凸出式处理。墙垫制作前，先对

墙垫与楼、地面接触部位进行清理。然后涂刷水泥浆结合层一道,随即做混凝土墙垫,墙垫上表面平整,两侧应垂直。

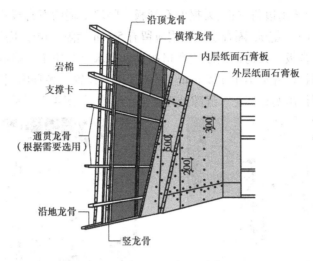

图 4.5　隔墙施工构造图(单位:mm)

③安装沿地、沿顶龙骨:先将边框龙骨(沿地、沿顶和沿墙柱龙骨)与主体结构固定。固定前,在沿地、沿顶龙骨与地、顶面接触处,先要铺填一层橡胶条或沥青泡沫塑料条。边框龙骨与主体结构的固定,可采用射钉,射钉按中距为 0.6~1 m 的间距布置,水平方向不大于 0.8 m,垂直方向不大于 1 m。射钉射入基体的最佳深度:混凝土基体为 22~23 mm,砖砌体为 30~50 mm,射钉位置应避开已敷设的暗管部位。对已确定的龙骨间距在沿地、沿顶龙骨上分档画线,竖向龙骨应由墙的一端开始排列,当隔墙上设有门窗时,应从门、窗口向一侧或两侧排列。当最后一根龙骨距离墙(柱)边的尺寸大于规定的龙骨间距时,必须增设一根龙骨。龙骨的上下端除有规定外,一般应与沿地、沿顶龙骨用铆钉或自攻螺丝固定。

④安装竖向龙骨:根据所确定的龙骨间距就位。当采用暗接缝时,则龙骨间距应增加 3 mm,如采用明接缝时,则龙骨间距按明接缝宽度确定。竖向龙骨应按要求长度预先进行切割,并应从上端切割,上下方向及冲孔位置不能颠倒,并保证冲孔高度在同一水平上。龙骨连接时用专用连接件连接。

在通常情况下,龙骨一般均不宜接长。安装门口立柱时,要根据设计确定的门口立柱形式进行组合,在安装立柱的同时应将门口与立柱一并就位固定。当隔墙高度超过石膏板的长度时,应设水平龙骨,一般采用以下连接方式:

a.采用沿地、沿顶龙骨与竖向龙骨连接。

b.采用卡托和角托与竖向龙骨连接。通贯横撑龙骨必须与竖向龙骨的冲孔保持在同一水平上,并卡紧固定。当隔墙中设置配电箱、消火栓及各种附墙设备、吊挂件时,均应按设计要求在安装骨架时预先将连接件与骨架件连接牢固,如图 4.6 所示。

⑤石膏板安装:石膏板应竖向排列,隔墙两侧的石膏板应错缝排列,隔音墙的底板与面板也应错缝排列。石膏板的安装顺序应从板的中间向两边固定。石膏板与龙骨固定,应采用十字头自攻螺丝固定。普通螺丝用于 12 mm 厚石膏板,用于两层 12 mm 厚的石膏板时,螺钉长度为 35 mm 长,螺钉距石膏板边缘(即在纸面所包的板边)至少 10 mm,在切割的边端

至少 15 mm,螺丝应埋入板内,但不得损坏纸面。钉距在板的四周为 250 mm,在板的中部为 300 mm。为避免门口上角的石膏板在接缝处出现开裂,其实侧面板应采用刀把形板。隔墙的阳角和门窗口边应选用边角方正、无损的石膏板。隔墙下端的石膏板不应直接与地面接触,应留有 10 ~ 15 mm 的缝隙,隔音墙的四周应留有 5 mm 缝隙。位于卫生间等潮湿房间的隔墙,应采用防水石膏板。其构造做法应严格按设计要求进行施工。隔墙下端应做墙垫并在石膏板下端嵌密封膏,缝宽不小于 5 mm。隔墙骨架上设置的各种附属设备的连接件,在石膏板安装后,应再作出明显标记。缝隙处理常用接缝带,如图 4.7 所示。

图 4.6　龙骨安装

图 4.7　石膏板安装

(3)石膏板隔墙安装接缝处理

凡墙面损坏暴露石膏部分,应先将浮灰扫净,用 10% 浓度的 107 胶水溶液涂刷一遍,干燥后进行修补及嵌缝。如有局部破坏,应进行修复。

石膏板墙面接缝处理主要有无缝处理和控制缝处理两种。无缝处理是采用石膏腻子和接缝纸带抹平。当隔墙长度约 12 m 时,应设置控制缝,控制缝处理应按有关操作规程进行。

无缝处理操作步骤如下:

①刮嵌缝腻子:将缝内浮土清除干净,用小刮刀把腻子嵌入板缝与板面填实刮平。

②粘贴接缝美纹纸:待缝内腻子终凝,用稠度较稀的底层腻子在接缝处薄薄刮一层,宽约 60 mm、厚约 1 mm,随即用贴纸器粘贴接缝纸,用刮刀由上而下一个方向用力刮平压实,赶出腻子与纸带间的气泡。

③中层腻子:紧接着在纸带上刮一层宽约 80 mm、厚约 1 mm 的腻子,将接缝纸带埋入腻子层中。

④找平腻子:待腻子凝固后,再用刮刀将腻子填满楔形槽与板面齐平,如图 4.8 所示。

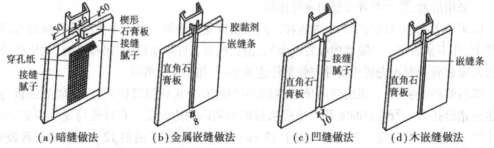

(a)暗缝做法　　(b)金属嵌缝做法　　(c)凹缝做法　　(d)木嵌缝做法

图 4.8　隔墙接缝处理

3）轻钢龙骨纸面石膏板隔墙工程成品保护

①轻钢龙骨隔墙施工中,工种间应保证已装项目不受损坏,墙内电管及设备不得碰动错位及损伤。

②轻钢骨架及纸面石膏板入场,存放使用过程中应妥善保管,保证不变形、不受潮、不污染、无损坏。

③施工部位已安装的门窗、地面、墙面、窗台等应注意保护、防止损坏。

④已安装完的墙体不得碰撞,应保持墙面不受损坏和污染。

4）轻钢龙骨纸面石膏板隔墙工程应注意的质量问题

①墙体收缩变形及板面裂缝:原因是竖向龙骨紧顶上下龙骨,没留伸缩量,超过 2 m 长的墙体未做控制变形缝造成的墙面变形。隔墙周边应留 3 mm 的空隙,这样可以减少因温度和湿度影响产生的变形和裂缝。

②轻钢骨架连接不牢固:原因是局部结点不符合构造要求。安装时局部节点应严格按图纸规定处理。钉固间距、位置、连接方法应符合设计要求。

③墙体罩面板不平:大多数是龙骨安装横向错位和石膏板厚度不一致造成的。

④明凹缝不均:纸面石膏板拉缝尺寸掌握不好,施工时注意板块分档尺寸,保证板间拉缝一致。

4.2.2 木龙骨隔墙工程

在实际工程中,除处理轻钢龙骨隔墙以外,木龙骨隔墙也是运用相当广泛的隔墙。木龙骨隔墙主要是采用木龙骨和木质罩面板、石膏板及其他一些板材组装而成的。由于安装方便、成本低、使用价值高等优点,被广泛使用于各种装修工程中,如图 4.9 所示。

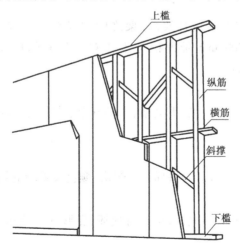

图 4.9 木龙骨隔墙构造图

1)木龙骨隔墙施工准备

（1）材料

①木龙骨隔墙工程常用的罩面板有纸面石膏板、胶合板、纤维板,以及石膏增强空心条板等。

②隔墙木骨架有单层和双层木骨架两种形式,如图4.10所示。

图4.10 木龙骨

单层木骨架以单层方木为骨架,其厚度一般不小于100 mm;其上槛、下槛、立柱及横撑的断面可取50 mm×70 mm,50 mm×100 mm,45 mm×90 mm,立筋间距由面板规格来定,一般为400～600 mm;横筋间距为1.2～1.5 m。为加强骨架的整体性,可增设横筋或把横撑改为斜撑。

双层木骨架用两层方木组成骨架,骨架之间用横杆进行连接,其厚度一般为120～150 mm。常用250 mm×300 mm 带凹槽方木作双层骨架的框体,每片规格为300 mm×300 mm 或400 mm×400 mm。

（2）工具

主要施工机具:小电锯、小台刨、手电钻、电动气泵、冲击钻、线刨、锯、斧、锤、螺丝刀、摇钻、直钉枪等。

（3）作业条件

①木龙骨板材隔墙工程所用的材料品种、规格、颜色及隔墙的构造、固定方法,均应符合设计要求。

②隔墙的龙骨和罩面板必须完好,不得有损坏、变形弯折、翘曲、边角缺损等现象,并要注意被碰撞和受潮。

③电气配件的安装,应嵌装牢固,表面应与罩面板的底面齐平。

④门窗框与隔墙相接处应符合设计要求。

⑤隔墙的下端如用木踢脚板覆盖,隔墙的罩面板下端应离地面20～30 mm;如用大理石、水磨石踢脚时,罩面板下端应与踢脚板上口齐平,接缝要严密。

2）木龙骨隔墙施工

（1）工艺流程

工艺流程：弹线→安装大龙骨→安装小龙骨→安装罩面板→验收。

（2）施工要点

①弹线：在基体上弹出水平线和竖向垂直线，以控制隔墙龙骨安装的位置、格栅的平直度和固定点。

②安装大龙骨：沿弹线位置固定沿顶和沿地龙骨，安装后的龙骨应保持平直。固定点间距应不大于 1 m，龙骨的端部必须固定牢固。边框龙骨与基体之间应按设计要求安装密封条。门窗或特殊节点处应使用附加龙骨，其安装应符合设计要求，如图 4.11 和图 4.12 所示。

图 4.11　木龙骨拼接

图 4.12　木龙骨安装

③安装罩面板：

A.石膏板安装。安装石膏板前，应对预埋隔墙中的管道和附于墙内的设备采取局部加强措施。石膏板宜竖向铺设，长边接缝宜落在竖向龙骨上。双面石膏罩面板安装，应与龙骨一侧的内外两层石膏板错缝排列且接缝不应落在同一根龙骨上，需要隔音、保温、防火的应根据设计要求在龙骨一侧安装好石膏罩面板后，进行隔音、保温、防火等材料的填充；一般采用玻璃丝棉或 30～100 mm 岩棉板进行隔音、防火处理；采用 50～100 mm 苯板进行保温处理，再封闭另一侧的板。

石膏板应采用自攻螺钉固定。周边螺钉的间距不应大于 200 mm，中间部分螺钉的间距不应大于 300 mm，螺钉与板边缘的距离应为 10～16 mm；安装石膏板时，应从板的中部开始向板的四边固定。钉头略埋入板内，但不得损坏纸面，钉眼应用石膏腻子抹平，钉头应作防锈处理。

石膏板应按框格尺寸裁割准确；就位时应与框格靠紧，但不得强压；隔墙端部的石膏板与周围的墙或柱应留有 3 mm 的缝隙。施铺罩面板时，应先在槽口处加注嵌缝膏，然后铺板并挤压嵌缝膏使面板与邻近表层接触紧密。在丁字形或十字形相接处贴上接缝带，如为阴角应用腻子嵌满，贴上接缝带；如为阳角应作护角。石膏板的接缝，可参照钢骨架板材隔墙的接缝处理。

石膏板安装效果如图 4.13 所示。

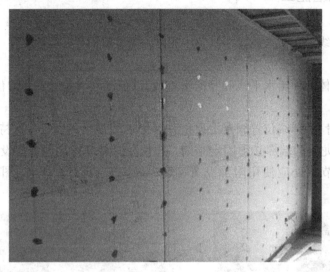

图 4.13　石膏板隔墙效果

B. 胶合板和纤维板、人造板安装。安装胶合板、人造木板的基体表面处理,人造木板安装需用油毡、釉质防潮时,应铺设平整、搭接严密,不得有皱褶、裂缝和透孔等。

胶合板、人造木板采用直钉固定,如用钉子固定,钉距为 80 ~ 150 mm,钉帽应打扁并钉入板面 0.5 ~ 1.0 mm;钉眼用油性腻子抹平。胶合板、人造木板如涂刷清油等涂料时,相邻板面的木纹和颜色应近似。需要隔音、保温、防火的应根据设计要求在龙骨安装好后,进行隔音、保温、防火等材料的填充,一般采用玻璃丝棉或 30 ~ 100 mm 岩棉板进行隔音、防火处理;采用 50 ~ 100 mm 保温板进行保温处理,再封闭罩面板。

墙面用胶合板、纤维板装饰时,阳角处易作护角;硬质纤维板应用水浸透,自然阴干后安装。胶合板、人造木板用木条固定时,钉距不应大于 200 mm,钉帽应砸扁,并钉入木压条 0.5 ~ 1.0 mm,钉眼用油性腻子抹平。墙面安装胶合板时,阳角处应作护角,以防板边角损坏,并可增加装饰。

C. 塑料板安装。塑料板安装方法,一般有黏结和钉接两种。

a. 黏结:聚氯乙烯塑料装饰板用胶黏剂黏结。胶黏剂为聚氯乙烯胶黏剂(601 胶)或聚醋酸乙烯胶。操作方法:用刮板或毛刷同时在墙面和塑料板背面涂料,不得有漏刷。涂胶后见胶液流动性显著消失,用手接触胶层感到黏性较大时,即可粘接。

b. 钉接:安装塑料贴面板应预先钻孔,再用木螺钉垫圈紧固,也可用金属压条固定。木螺钉的钉距一般为 400 ~ 500 mm,排列应一致整齐。加金属压条时,应拉横竖通线拉直,将塑料贴面复合板临时固定,然后加盖金属压条,用垫圈找平固定。

④铝合金装饰条板安装:铝合金装饰条板安装可用螺钉直接固定在结构层上,也可用锚固件悬挂或嵌卡的方法,将板固定在墙筋上。当用铝合金条板装饰墙面时,对板进行保温处理,再封闭罩面板。

别提示

　　雨季施工时,作业房间的门窗洞口应封闭,所有木制品均要封一道底油。冬期施工时,作业房间应封闭,且环境温度应保持在 5 ℃ 以上。

3) 成品保护

①隔墙木骨架及罩面板安装时,应注意保护顶棚内装好的各种管线、木骨架的吊杆。

②施工部位已安装的门窗,已施工完的地面、墙面、窗台等应注意保护,防止损坏。

③条木骨架材料,特别是罩面板材料,在进场、存放、使用过程中应妥善管理,使其不变形、不受潮、不损坏、不污染。

4) 应注意的质量问题

①弹线必须准确,经复验后方可进行下道工序。固定沿顶和沿地龙骨,各自交接后的龙骨,应保持平整垂直,安装牢固。靠墙立筋应与墙体连接牢固紧密。边框应与隔墙立筋连接牢固,确保整体刚度。按设计做好防火、防腐工作。

②沿顶和沿地龙骨与主体结构连接牢固,保证隔墙的整体性。

③罩面板应经严格选材,表面应平整光洁。安装罩面板前应严格检查龙骨的垂直度和平整度。

特别提示

　　①木骨架固定通常是在沿墙、沿地、沿顶面处,对隔墙来说,主要是靠地面和断头的建筑墙面固定。如端头无法固定,常用铁件来加固端头,加固部位主要在地面与竖木之间。对于木隔墙的门框竖向木方,均用铁件加固。

　　②在施工墙,一般检验墙体的平整度与垂直度。基本要求墙面平整度误差为 10 mm 以内(对于质量要求高的工程,必要时进行重新抹灰浆修正),遇到误差大于 10 mm 的,需要加木垫来调整。

4.2.3　骨架隔墙施工质量验收标准

1) 主控项目

①骨架隔墙所用龙骨、配件、墙面板、填充材料及嵌缝材料的品种、规格、性能和木材的含水率应符合设计要求。有隔音、隔热、阻燃、防潮等特殊要求的工程,材料应有相应性能等级的检测报告。

检验方法:观察;检查产品合格证书、进场验收记录、性能检测报告和复验报告。

②骨架隔墙地梁所用材料、尺寸及位置等应符合设计要求。骨架隔墙的沿地、沿顶级边框龙骨应与基体结构连接牢固。

检验方法:手扳检查;尺量检查;检查隐蔽工程验收记录。

③骨架隔墙中龙骨间距和构造连接方法应符合设计要求。骨架内设备管线的安装、门

窗洞口等部位加强龙骨应安装牢固、位置正确,填充材料的品种、厚度及设置应符合设计要求。

检验方法:检查隐蔽工程验收记录。

④木龙骨及木墙面板的防火和防腐处理必须符合设计要求。

检验方法:检查隐蔽工程验收记录。

⑤骨架隔墙的墙面板应安装牢固,无脱层、翘曲、折裂及缺损。

检验方法:观察;手扳检查。

⑥墙面板所用接缝材料的接缝方法应符合设计要求。

检验方法:观察。

2)一般项目

①骨架隔墙表面应平整光滑、色泽一致、洁净、无裂缝,接缝应均匀、顺直。

检验方法:观察;手摸检查。

②骨架隔墙上的孔洞、槽、盒应位置正确、套割吻合、边缘整齐。

检验方法:观察。

③骨架隔墙内的填充材料应干燥,填充应密实、均匀、无下坠。

检验方法:轻敲检查;检查隐蔽工程验收记录。

④骨架隔墙安装的允许偏差和检验方法应符合表4.1的规定。

表4.1 骨架隔墙安装的允许偏差和检验方法

项 次	项 目	允许偏差/mm		检验方法
		纸面石膏板	人造木板、水泥纤维板	
1	立面垂直度	3	4	用2 m垂直检测尺检查
2	表面平整度	3	3	用2 m靠尺和塞尺检查
3	阴阳角方正	3	3	用200 mm直角检测尺检查
4	接缝直线度	—	3	拉5 m线,不足5 m拉通线,用钢直尺检查
5	压条直线度	—	3	
6	接缝高低差	1	1	用钢直尺和塞尺检查

4.3 玻璃隔墙工程

玻璃隔墙是现代新兴的一种隔墙,具有很强的装饰性,隔音效果稍差,但透光效果好,在家庭中一般结合移动纱帘使用。玻璃隔墙的优点之一是占用的截面积很小。其主要优点是可视性,把玻璃用于外墙就形成了玻璃幕墙,如图4.14—图4.17所示。

图 4.14 普通玻璃隔墙

图 4.15 磨砂玻璃隔墙

图 4.16 玻璃砖隔墙（一）

图 4.17 玻璃砖隔墙（二）

4.3.1 玻璃隔墙施工准备

1）材料

玻璃砖、玻璃板的品种、规格、性能、图案和颜色应符合设计要求。玻璃板隔墙应使用安全玻璃。所有材料必须有产品合格证、性能检测报告且应满足设计要求，经业主、监理认可后作好进场验收记录。使用的结构胶应有合格的相溶性试验报告。

（1）平板玻璃

平板玻璃按厚度可分为薄玻璃、厚玻璃、特厚玻璃，按表面状态可分为普通平板玻璃、压花玻璃、浮法玻璃等。平板玻璃还可通过着色、表面处理、复合等工艺制成具有不同色彩和各种特殊性能的制品，如吸热玻璃、热反射玻璃、选择吸收玻璃、中空玻璃、钢化玻璃、夹层玻璃、夹丝网玻璃、颜色玻璃等（见新型建筑玻璃、安全玻璃），如图 4.18 所示。

（2）磨砂玻璃

磨砂玻璃又称为毛玻璃、暗玻璃（图 4.19）。它是用普通平板玻璃经机械喷砂、手工研磨或氢氟酸溶蚀等方法将表面处理成均匀表面制成。由于表面粗糙，使光线产生漫反射，透光而不透视，它可以使室内光线柔和而不刺目。常用于需要隐蔽的浴室、卫生间、办公室的门窗及隔墙。使用时应将磨砂面向窗外。用毛玻璃片是为了保证毛玻璃与集气瓶接触更为紧密。因为集气瓶的瓶口也是磨砂的，用毛玻璃时也应用了磨砂的这一面。这样收集的气体就不容易外漏了。

图4.18 平板玻璃

图4.19 磨砂玻璃

（3）压花玻璃

压花玻璃又称花纹玻璃或滚花玻璃，采用压延方法制成的一种平板玻璃。其理化性能基本与普通透明平板玻璃相同，仅在光学上具有透光不透明的特点（图4.20）。

（4）彩绘玻璃

彩绘玻璃是经过现代数码科技输出在胶片或PP纸上的彩色图案和平板玻璃经过工业粘胶黏合而成的，相映生辉，在达到美观的同时起到强化防爆等功能，并广泛用于居家移门（推拉门）等，具有透明、半透、不透明的效果，图案可即时定制，尺寸、色彩、图案可随意搭配。优点是操作简单，价格便宜。缺点是容易掉色，保持时间不长久（图4.21）。

（5）玻璃砖

玻璃砖是用透明或颜色玻璃制成的块状、空心的玻璃制品或块状表面施釉的制品。其品种主要有玻璃空心砖、玻璃饰面砖及玻璃锦砖（马赛克）等（图4.22）。

图4.20 压花玻璃

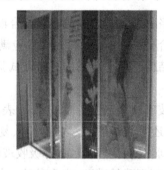

图4.21 彩绘玻璃

图4.22 玻璃砖

2）工具

施工工具：电焊机、冲击钻、手枪钻、切割机、玻璃吸盘、直尺、水平尺、注胶枪。

3）施工条件

①有完善的设计施工图及图纸说明，根据现场实际情况绘制玻璃板（砖）组装图，经严格校核提出计划加工玻璃。

②该项工程应在室内顶、地、墙装饰基本完成后进行。

③有完善的施工方案,且已对操作人员进行施工技术交底,强调操作程序、方法、质量要求和安全作业的规定。

④玻璃砖和玻璃板安装前期的准备工作已经完成。

4.3.2　玻璃板隔墙施工

1)无竖框玻璃隔墙施工工艺

(1)施工工艺流程

工艺流程:弹线→安装固定玻璃的型钢边框→安装玻璃→嵌缝打胶→边框装饰→清洁及成品保护。

(2)施工要点

①弹线:弹线时注意对已作好的预埋铁件的位置是否正确(如果没有预埋铁件,则应画出金属膨胀螺栓的位置)。落地无框玻璃隔墙应留出地面饰面厚度(如果有踢脚线,则应考虑踢脚线3个面饰面层厚度)及顶部限位标高(吊顶标高)。先弹地面位置线,再弹墙、柱上的位置线。

②安装固定玻璃的型钢边框:如果没有预埋铁件,或预埋铁件位置已不符合要求的,则应首先设置金属膨胀螺栓,将其焊牢。然后将型钢(角钢或薄壁槽钢)按已弹好的位置线安放好,在检查无误后随即与预埋铁件或金属膨胀螺栓焊牢。型钢材料在安装前应刷好防腐涂料,焊好后在焊接处应再补刷防锈漆。当较大面积的玻璃隔墙采用吊挂式安装时,应先在建筑结构或板下作出吊挂玻璃的支撑架并安好吊挂玻璃的夹具及上框。

③安装玻璃:

A.玻璃就位。边框安装好后,先将其槽口清理干净,槽口内不得有垃圾或积水,并垫好防震橡胶垫块。用2~3个玻璃吸器把厚玻璃吸牢,由2~3人手握吸盘同时抬起玻璃,先将玻璃竖着插入上框槽口内,然后轻轻垂直下落,放入下框槽口内。如果是吊挂式安装,在将玻璃送入上框时,还应将玻璃放入夹具中。

B.调整玻璃位置。先将靠墙(或柱)的玻璃推到墙(柱)边,使其插入贴墙的边框槽口内,然后安装中间部位的玻璃。两块玻璃之间接缝时应留2~3 mm的缝隙或留出与玻璃稳定器(玻璃肋)厚度相同的缝,此缝是为打胶而准备的,因此,玻璃下料时应计算留缝宽度尺寸。如果采用吊挂式安装,则应用吊挂玻璃的夹具逐块将玻璃夹牢。

④嵌缝打胶:玻璃全部就位,校正平整度、垂直度,同时用聚苯乙烯泡沫嵌条嵌入槽口内使玻璃与金属槽接合平伏、紧密,然后打硅酮结构胶。注胶时,一只手托住注胶枪,另一只手握紧,将结构胶均匀注入缝隙中,注满之后随即用塑料片在厚玻璃的两面刮平玻璃胶,并清洁溢到玻璃表面的胶迹。

⑤边框装饰:一般无框玻璃墙的边框嵌入墙、柱面和地面的饰面层中,此时只要精细加工墙、柱面或地面的饰面层,则应用9 mm胶合板作衬板,用不锈钢等金属饰面材料做所需的形状,并用胶粘贴在衬板上,就能得到表面整齐、光洁的边框。

⑥清洁及成品保护:无竖框玻璃隔墙安装好后,用棉纱和清洁剂清洁玻璃表面的胶迹和污痕,然后用粘贴不干胶条等办法作出醒目的标志,以防止碰撞玻璃的意外发生。

2)有框落地玻璃隔墙施工工艺

(1)施工工艺流程

工艺流程:弹线定位→铝合金型材画线、下料、组装→固定框架→安装玻璃→清洁。

(2)施工要点

①弹线定位:先弹出地面位置线,再用垂直线法弹出墙面位置、高度线和沿顶位置线,并标出竖框间隔位置和固定点位置。弹线的同时应检查墙角的方正、墙面的垂直度、地面的平整度及标高,以确保安装玻璃隔墙的质量。

②铝合金型材画线、下料、组装:铝合金型材画线。画线时先复核现场实际尺寸,如实际尺寸与施工图所标尺寸误差小于 5 mm,可仍按施工图尺寸画线下料;如果实际尺寸与施工图所标尺寸误差大于 5 mm,则应按实际尺寸画线下料(如果有较大出入应找设计人员洽商);如果有水平横档,则应以竖框的一个端头为准,画出横档位置线,包括连接部位的宽度,以保证连接安装位置准确和横档在同一水平线上。

铝合金型材下料应使用专用工具,保证切口光滑、整齐。

③固定框架:组装铝合金玻璃隔墙的框架有两种方式,一是隔墙面积较小时,先在平坦的地面预制成形,再整体安装固定;二是隔墙面积较大时,则直接将隔墙的沿地、沿顶型材,靠墙及中间位置的竖向型材按画线位置固定在墙、地、顶上。用后一种方法,通常是从隔墙框架的一端开始,先将靠墙的竖向型材与铝角件固定,再将横向型材通过铝角件固定。铝角件安装方法是:先在铝角件上打出 ϕ3 mm 或 ϕ4 mm 的两个孔,孔中心距铝角件端头 10 mm,然后用一小截型材(截面形状及尺寸与竖向型材相同)放在竖向型材画线位置,然后将已钻孔的铝角件放入这一小截型材内,把握住小截型材,位置不得丝毫移动,再用手电钻按角铝件上的孔位在竖向型材上打出相同的孔,并用 M4 或 M5 自攻螺钉将铝角件固定在竖向型材上。

铝合金框架与墙、地面固定可通过铁脚件来完成。首先安放好线的位置,在墙、地面上设置金属胀锚螺栓,同时在竖向、横向型材的相应位置固定铁脚件,然后将截好铁脚件的框架固定在墙上或地上。

④安装玻璃:在型材框架上安装玻璃,裁割玻璃时应注意按型材框洞尺寸缩 3~5 mm 裁玻璃,这样裁得的玻璃才能顺利镶入框架上。然后用与框架型材同色的铝合金槽条在玻璃两侧位置夹住玻璃并用自攻螺丝钉固定在框架上。

框架玻璃隔墙构造如图 4.23 和图 4.24 所示。

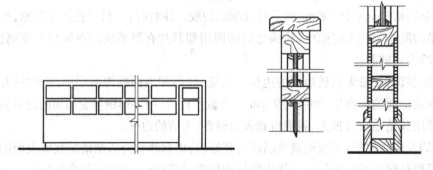

图 4.23 木框架玻璃隔墙

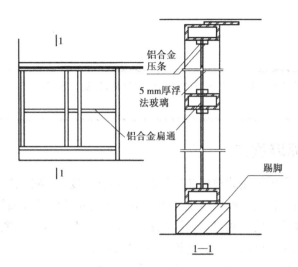

图 4.24　铝合金框架玻璃隔墙

3) 防弹玻璃施工工艺

（1）施工工艺流程

工艺流程:测量放线→上下部位固定钢件的安装,包括涂防锈漆(或玻璃吊件的安装)→下部侧面收口→涂玻璃胶→清洗玻璃。

（2）施工要点

①测量放线:根据设计图纸尺寸测量放线,测出基层面的标高,玻璃中心轴线及上下部位,侧边收口不锈钢槽的位置线。

②预埋铁件下部、侧边不锈钢玻璃槽安装:根据设计图纸的尺寸,安装下部、侧边不锈钢槽及支架,调平直,然后固定。安装槽内垫底胶带,所有非不锈钢件涂刷防锈漆。

③玻璃块安装定位:首先玻璃槽及玻璃块清洁干净,然后用玻璃安装机或托运吸盘将玻璃块旋转在安装槽内,调平、竖直后用塑料块塞紧固定。同一玻璃墙全部安装调平、竖直才开始注胶。

④注胶:首先清洁干净上下部位、侧边不锈钢玻璃槽及玻璃缝注胶处;然后将注胶两侧的玻璃、不锈钢板面用白色胶带纸粘好,留出注胶缝位置;再用有机溶剂清洗注胶处玻璃及不锈钢板面,根据设计、国家规定要求注胶,同一缝一次性注完刮平,不停歇。

特别提示

①注胶缝必须干燥时才能注胶,切忌潮湿。

②上、下部位,不锈钢槽所注的胶为结构性硅胶,玻璃块间夹缝所注的胶为透明玻璃胶。

⑤清洁卫生:将安装好的玻璃块用专用的玻璃清洁剂清洗干净。

⑥异形玻璃块安装:所有玻璃块及弧形热弯玻璃都在厂家加工好。先清洁干净玻璃底槽,然后垫上胶带片,再把钢化玻璃块放置在玻璃槽内,调直、调平、固定。

防弹玻璃施工时的注意事项:防弹玻璃如还未过稳定期,性能不稳定,怕碰撞、划伤。所以在施工和材料运输中一定要严加小心。

4.3.3 玻璃砖隔墙施工

目前,装饰装修工程中采用的玻璃砖砌筑隔墙,具有强度高、外观整洁、方便清洗、防火、光洁明亮、透光不透明等特点。玻璃砖主要用于室内隔墙或其他局部墙体,它不仅能分割空间,而且还可作为一种采光的墙壁,具有较强的装饰效果。尤其透光与散光现象所形成的视觉效果,使装饰部位别具风格而被广泛使用,如图4.25所示。

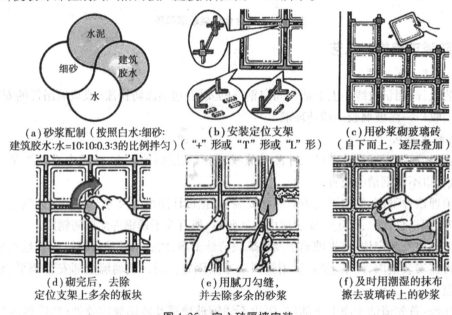

(a)砂浆配制(按照白水:细砂: (b)安装定位支架 (c)用砂浆砌玻璃砖
建筑胶水:水=10:10:0.3:3的比例拌匀)("+"形或"T"形或"L"形) (自下面上,逐层叠加)

(d)砌完后,去除 (e)用腻刀勾缝, (f)及时用潮湿的抹布
定位支架上多余的板块 并去除多余的砂浆 擦去玻璃砖上的砂浆

图4.25 空心砖隔墙安装

1)材料

玻璃砖也称玻璃半透花砖,是目前较新颖的装饰材料。其形状是扁体空心的玻璃半透明体,其表面或内部有花纹现出。玻璃砖以砌筑局部墙面为主,其特色是可以提供自然采光,且能隔热、隔音和装饰作用好,其透光与散光现象所造成的视觉效果,非常富于装饰性。玻璃砖有实心砖和空心砖之分,目前应用最广泛的是空心玻璃砖。

空心玻璃砖是采用箱式模具压制而成的两块凹形玻璃熔结或胶结成整体的具有一个或两个空腔的玻璃制品。空腔中充以干燥空气或其他绝热材料,经退火后涂饰侧面而成。

空心玻璃砖规格通常为115 mm×115 mm×95 mm,140 mm×140 mm×95 mm,145 mm×140 mm×95 mm,190 mm×190 mm×95 mm,240 mm×240 mm×95 mm等,并有白、茶、蓝、绿、灰等色彩及各种精美条纹图案。

2）施工准备

根据需砌筑玻璃砖的面积和形状,来计算玻璃砖的数量和排列次序。玻璃砖本身的尺寸通常有两种:250 mm×50 mm 和 200 mm×80 mm(边长×厚度),为了防止玻璃砖墙的松动,在砌玻璃墙时使用白水泥砌铺,两玻璃间砌缝的宽度为 5 ~ 10 mm。

如玻璃砖隔墙砌筑在墙基上,应先根据玻璃砖的排列作出墙基。墙基通常厚度为 40 mm 或 70 mm,即略小于玻璃砖厚度,高度根据设计与施工要求进行砌筑,如图 4.26 所示。如果玻璃砖隔墙需要安装在木质或金属框架中,则应先将框架做出来,再将玻璃砖砌筑在框架内,如图 4.27 所示。

图 4.26　带墙基的玻璃砖隔墙　　　　　图 4.27　带框架的玻璃砖隔墙

3）施工流程

玻璃隔墙的安装施工程序:测量放线→材料订购→上下部位钢件安装→安装玻璃→注胶→清洗,如图 4.28 所示。

①测量放线:根据设计图纸尺寸测量放线,测出基层面的标高,玻璃墙中心轴线及上下部位,收口不锈钢槽的位置线。

②预埋铁件下部、侧边、上部玻璃槽安装:根据设计图纸的尺寸安装槽底钢部件,用膨胀螺栓固定,然后安装上部、侧边钢玻璃槽。调平直,最后固定。安装槽内垫底胶带,所有非不锈钢件涂刷防锈漆。

③安装玻璃块:钢化平板玻璃全部在专业厂家定做,运至工地。首先将玻璃槽及玻璃块清洁干净,用玻璃安装机或托运吸盘将玻璃块安放在安装槽内,调平、竖直后用塑料块塞紧固定,同一玻璃墙全部安装调平,竖直才开始注胶。

④注胶:首先清洁干净上下部位、侧边不锈钢玻璃槽及玻璃缝注胶处,然后将注胶两侧的玻璃、不锈钢板面用白色胶带粘好,留出注胶缝位置,国家规定要求注胶,同一缝一次性注完刮平,不停歇。

⑤清洗:将安装好的玻璃块用专用的玻璃清洁剂清洗干净。

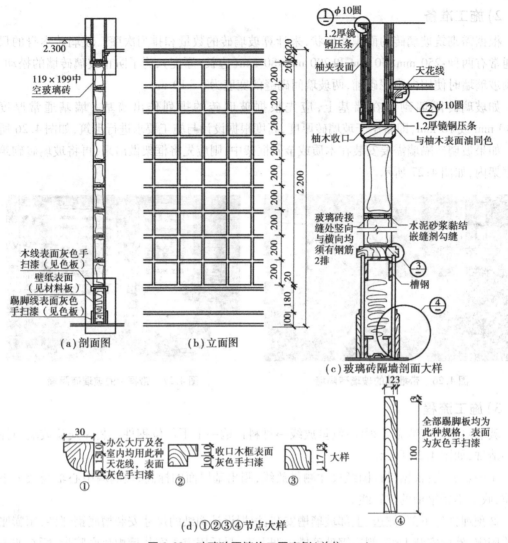

（a）剖面图　　（b）立面图

（c）玻璃砖隔墙剖面大样

（d）①②③④节点大样

图 4.28　玻璃砖隔墙施工图实例（单位：mm）

4.3.4　玻璃隔墙和玻璃砖隔墙的成品保护

施工现场应完工清场，地面清洁时必须洒水，不得扬尘污染环境。玻璃上应有防撞标识，玻璃隔墙旁应设临时防撞措施，严防利器划伤玻璃表面。当焊接、切割、喷砂等作业可能损伤玻璃时，应采取措施予以保护，严禁焊接等火花溅到玻璃上。严禁用酸性洗涤剂或含研磨粉的去污粉清洗热反射玻璃的镀膜面层。

4.3.5　玻璃隔墙和玻璃砖隔墙施工质量验收标准

1）主控项目

①玻璃隔墙工程所用材料的品种、规格、性能、图案和颜色应符合设计要求。玻璃板隔墙应使用安全玻璃。

检验方法：观察；检查产品合格证书、进场验收记录和性能检测报告。

②玻璃板安装及玻璃砖砌筑方法应符合设计要求。

检验方法:观察。

③有框玻璃板隔墙的受力杆件应计提结构连接牢固,玻璃板安装橡胶垫位置应正确。玻璃板安装应牢固,受力应均匀。

检验方法:观察;手抓检查;检查施工记录。

④无框玻璃板隔墙的受力爪件应与基体结构连接牢固,爪件的数量、位置应正确,爪件与玻璃板的连接应牢固。

检验方法:观察;手推检查;检查施工记录。

⑤玻璃门与玻璃墙板的连接、地弹簧的安装位置应符合设计要求。

检验方法:观察;开启检查;检查施工记录。

⑥玻璃砖隔墙砌筑中埋设的拉结筋应与基体结构连接牢固,数量、位置应正确。

检验方法:手扳检查;尺量检查;检查隐蔽工程验收记录。

2)一般项目

①玻璃隔墙表面应色泽一致、平整洁净、清晰美观。

检验方法:观察。

②玻璃隔墙接缝应横平竖直,玻璃应无裂痕、缺损和划痕。

检验方法:观察。

③玻璃板隔墙嵌缝及玻璃砖隔墙勾缝应密实平整、均匀顺直、深浅一致。

检验方法:观察。

④玻璃隔墙安装的允许偏差和检验方法应符合表4.2的规定。

表4.2　玻璃隔墙安装的允许偏差和检验方法

项 次	项 目	允许偏差/mm		检验方法
		玻璃板	玻璃砖	
1	立面垂直度	2	3	用2 m垂直检测尺检查
2	表面平整度	—	3	用2 m靠尺和塞尺检查
3	阴阳角方正	2	—	用200 mm直角检测尺检查
4	接缝直线度	2	—	拉5 m线,不足5 m拉通线,用钢直尺检查
5	接缝高低差	2	3	用钢直尺和塞尺检查
6	接缝宽度	1	—	用钢直尺检查

4.4　板材隔墙工程

板材隔墙是指轻质的条板用黏结剂拼合在一起形成的隔墙,即指不需要设置隔墙龙骨,由隔墙板材自承重,将预制或现制的隔墙板材直接固定在建筑主体结构上的隔墙工程(板材隔墙是指单块轻质板材的高度相当于房间净高,不依赖骨架,可直接装配而成)。

由于板材隔墙是用轻质材料制成的大型板材,施工中直接拼装而不依赖骨架,因此具有自重轻、墙身薄、安装方便、节能环保、施工速度快等特点。

4.4.1 板材隔墙施工准备

1)材料

各项原材料使用必须符合国家现行标准的规定,严禁使用国家明令淘汰的材料。材料的产品合格证书、性能检测报告、进场验收记录和复验报告已符合要求。当使用胶黏剂、防水剂等外加剂时,必须符合设计或国家规范及产品说明书的要求。

(1)板材

板材有标准板、门框板、窗框板、门上板、窗上板、窗下板及异形板。标准板用于一般隔墙,其他板按工程设计确定的规格进行加工。

罩面板应表面平整、边缘整齐,不应有污垢、裂纹、缺角、翘曲、起皮、色差、图案不完整的缺陷,胶合板、木质纤维板不应脱胶、变色和腐朽。

(2)胶黏剂

①水泥类胶黏剂。用于增强水泥空心条板与基体结构之间固定、板缝处理、粘贴板缝和墙面转角玻纤布条。

②建筑胶黏剂,以醋酸乙烯为单体的高聚物作主胶料,与其他原材料配制而成,是无色透明胶液。本胶液与建筑石膏粉调制成胶黏剂,适用于石膏条板黏结,石膏条板与砖墙、混凝土墙黏结,石膏与石膏黏结,压剪强度不低于 2.5 MPa,也可用类似的专用石膏胶黏剂,但应经试验确认可靠后,才能使用。

(3)建筑石膏粉

建筑石膏粉应符合三级以上标准。

(4)玻纤布条

玻纤布条可采用聚酯纤维无纺布、玻璃网格布、中碱玻璃纤维布($\geqslant 50$ g/m^2),并符合有关现行国家标准的规定。

(5)石膏腻子

抗压强度$\geqslant 2.0$ MPa,抗折强度$\geqslant 1.0$ MPa,黏结强度$\geqslant 0.2$ MPa,终凝时间 3 h。

(6)罩面板的安装

罩面板的安装宜使用镀锌的螺丝、钉子。接触砖石、混凝土的木龙骨和预埋的木砖应作防腐处理。所有木砖都应作防火处理。

2)施工工具与机具

①机具:射钉枪、冲击钻、曲线锯、圆孔锯、砂轮磨光机、电动螺钉旋具、搅拌器。

②工具:螺钉旋具、锤子、斧子、锯子、刨子、水平尺、吊线坠、墨斗、钢直尺、塞尺。

3)作业条件

①主体结构、垫层和屋面防水层已施工完毕,并验收合格。

②安装板材所需的预埋件已按设计要求埋设。

③板材质量经检验符合质量要求,并符合设计要求。

④标高水平基准控制线已设置或标志。

⑤施工机具已备齐,水、电已接通。

⑥环境气温不低于5 ℃。

4.4.2　板材隔墙施工工艺

1)施工工艺流程

工艺流程:弹线→板材安装→设备安装→电气安装→板面处理。

2)施工要点

①弹线:按施工图要求在楼板(梁)底部和楼地面上弹出板材隔墙位置边线。

②板材安装。

a.沿隔墙位置边线设置墙板定位临时木方,上方木可直接固定在上部结构底面,下方木固定于楼地面上,上下方木之间每隔1.5 m左右立支撑方木,并用木楔将下方木与支撑方木之间楔紧。临时方木支撑后,检查竖向方木的垂直度和相邻方木的平面度,合格后即可安装墙板。

b.安装顺序:有洞口时,从门洞口处向两侧依次进行;无门洞时,从一端向另一端顺序安装。

c.将板的顶面和侧面用钢丝刷清除干净。

d.在板的顶面和侧面涂抹一层胶黏剂(建筑胶水泥砂浆),厚约3 mm。然后将板立于预定位置,用撬棍将板撬起,使板顶与上部结构底面粘紧;板的一侧与主体结构或已安装好的另一块墙板粘紧,并在板下用木楔楔紧。板与板拼接时要以挤出砂浆为宜,缝宽不得大于5 mm。挤出的砂浆应及时清理干净。

e.在板下填塞1∶2水泥砂浆或细石混凝土。待砂浆或细石混凝土凝固具有一定强度后,应将木楔撤除,再用1∶2水泥砂浆或细石混凝土堵严木楔孔。

③设备安装:按施工图要求在条板上定位钻单面孔,用配套胶黏剂预埋吊挂配件,达到黏结强度后固定设备。

④电气安装:用条板缝、板孔内敷软管穿线和竖向开单面槽敷管穿线(管径≤25 mm,不得横向开槽),并用膨胀水泥砂浆填实抹平。开关插座用配套胶黏剂固定。

⑤板面处理:在板缝、墙面阴阳转角和门窗框边缝处用配套胶黏剂粘贴玻纤布条(板缝用50~60 mm布条,阴阳转角用200 mm宽布条),然后用石膏腻子分两遍刮平,总厚度控制3 mm,外饰面做法应符合工程设计要求。图4.29为板材隔墙施工。

图4.29　板材隔墙施工

4.4.3　成品保护

①搬运板材时,应轻拉轻放,不得损害板材边角。

②板材产品不得露天堆存,不得雨淋、受潮、人踩、物压。

③板材隔墙施工时,不得损坏其他成品。

④物料不得从窗口内搬进搬出,以防损坏窗框。

⑤板材通过楼梯、走道和门口,不得损坏踏步棱角、走道墙面和门框。

⑥使用胶黏剂时,不得沾污地面和墙面。

4.4.4　应注意的质量

①板材隔墙使用的板材应符合防火要求。

②墙位放线应清晰、位置应准确、隔墙上下基层应平整、牢固。

③板材隔墙安装拼接应符合设计和产品构造要求。

④安装板材隔墙时,宜使用简易支架。

⑤安装板材隔墙所用的金属件应进行防腐处理。木楔应作防腐、防潮处理。

⑥在板材隔墙上开槽,打孔应用云石机切割或用电钻钻孔,不得直接剔凿和用力敲击。

⑦板材隔墙的踢脚线部位应作防潮处理。

4.4.5　板材隔墙质量标准

1)主控项目

①隔墙板材的品种、规格、性能、颜色应符合设计要求。有隔音、隔热、阻燃、防潮等特殊要求的工程,板材应有相应性能等级的检测报告。

检验方法:观察;检查产品合格证书、进场验收记录和性能检验报告。

②安装隔墙板材所需预埋件、连接件的位置、数量及连接方法应符合设计要求。

检验方法:观察;尺量检查;检查隐蔽工程验收记录。

③隔墙板材安装必须牢固。

检验方法:观察;手扳检查。

④隔墙板材所用接缝材料的品种及接缝方法应符合设计要求。

检验方法:观察;检查产品合格证书和施工记录。

⑤隔墙板材安装应位置正确,板材不应有裂缝或缺损。

检验方法:观察;尺量检查。

2)一般项目

①板材隔墙表面应光洁、平顺、色泽一致,接缝应均匀、顺直。

检验方法:观察;手摸检查。

②隔墙上的孔洞、槽、盒应位置正确、套割方正、边缘整齐。

检验方法:观察。

③板材隔墙安装的允许偏差和检验方法应符合表4.3的规定。

表 4.3　板材隔墙安装的允许偏差和检验方法

项次	项目	允许偏差/mm				检验方法
		复合轻质墙板		石膏空心板	增强水泥板、混凝土轻质板	
		金属夹芯板	其他复合板			
1	立面垂直度	2	3	3	3	用 2 m 垂直检测尺检查
2	表面平整度	2	3	3	3	用 2 m 靠尺和塞尺检查
3	阴阳角方正	3	3	3	4	用 200 mm 直角检测尺检查
4	接缝高低差	1	2	2	3	用钢直尺和塞尺检查

4.5　活动隔墙工程

　　活动隔墙是一种根据需要随时可以把大空间分割成小空间或把小空间连成大空间、具有一般墙体功能的活动墙,能起一厅多用一房多用的作用,具有易安装、可重复利用、可工业化生产、防火、环保等特点。

　　活动式隔墙也称移动式隔墙,其特点是使用时灵活多变,可随时打开和关闭,使相邻的空间形成一个大空间或几个小空间。根据使用和装配方法的不同,主要有拼装式活动隔断、折叠式隔墙、帷幕式隔墙等。

　　①拼装式活动隔墙是用可装拆的壁板或隔扇拼装而成的,不设滑轮和导轨。为了装卸方便,隔墙上下设长槛,如图 4.30 所示。

图 4.30　拼装式活动隔墙

　　②折叠式隔墙是将拼装式隔墙独立扇用滑轮挂置在轨道上,可沿轨道推拉移动折叠的隔墙。下部不宜装导轨和滑轮,以免垃圾堵塞导轨。隔墙板的下部可用弹簧卡顶住地板,以免晃动,如图 4.31 所示。

图4.31　折叠式隔墙

4.5.1　活动隔墙施工准备

1)材料准备

①拼装式活动隔墙:隔墙板材(根据设计确定,一般有木拼板、纤维板等)、导轨槽、活动卡、密封条等。

②直滑式活动隔墙:隔墙板材(根据设计确定,一般有木拼板、纤维板、金属板、塑料板及夹心材料等)、轨道、滑轮、铰链、密封刷、密封条、螺钉等。

③折叠式活动隔墙:隔墙板材(根据设计确定,一般有木隔扇、金属隔扇、棉、麻织品或橡胶、塑料等制品)、铰链、滑轮、轨道(或导向槽)等。

2)技术准备

①认真熟悉图纸,对生产厂家所提供的隔墙板材的施工技术要求和注意事项应仔细阅读。

②编制施工方案并经审查批准。按批准的施工方案进行技术交底。

③隔墙工程施工前应做样板间(墙),并经有关各方确认。

3)主要机具

电锯、木工手锯、电刨、手电钻、电动冲击钻、射钉枪、量尺、角尺、水平尺、线坠、墨斗、钢丝刷、小灰槽、2 m靠尺、开刀、扳手、专用撬棍、螺钉旋具、剪钳、橡皮锤、扁铲等。

4)作业条件

①主体结构已验收完毕。

②室内与活动隔墙相接的建筑墙面的侧边已经整修平整,垂直度应符合要求。弹出+500 mm标高线。

③设计无轨道的活动隔墙,室内抹灰工程、楼地面应施工完毕。

4.5.2　活动隔墙施工工艺

1)拼装式活动隔墙

(1)施工工艺流程

工艺流程:定位弹线→隔墙板两侧壁龛施工→轨道安装→隔墙扇制作→隔墙扇安装及连接→密封条安装。

（2）施工要点

①定位弹线：按设计确定的隔墙位置，在楼地面弹线，将线引至顶棚和侧墙。

②隔墙板两侧壁龛施工：隔墙的一端要设一个槽形的补充构件，形状如图 4.32 所示。它与槽形上槛的大小和形状完全相同，以便于安装和拆卸隔扇，并在安装后掩盖住端部隔扇与墙面之间的缝隙。

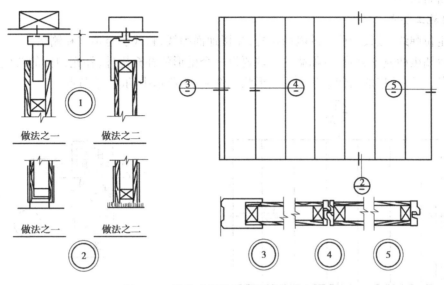

图 4.32　拼装式隔墙的立面图与节点图

③轨道安装：为装卸方便，隔墙的上部有一个通长的上槛，上槛的形式有两种：一种是槽形，一种是 T 形。用螺钉或钢丝固定在平顶上。如果隔墙扇上部采用滑轮或者隔墙扇较高时，则楼地面上要设置轨道，下部轨道断面通常是 T 形的，下轨道安装方法：用线坠从上轨道两端各吊一垂线，将垂线下端的垂点弹一直线，便是下轨道的位置线，然后将槽形的下轨道埋于地面，下轨道的上沿口与地面水平，下轨道通常是一个限位槽。

④隔墙扇制作。

a. 拼装式活动隔墙的隔扇多用木框架，两侧贴有木质纤维板或胶合板，有的还贴上一层塑料贴面或覆以人造革。隔音要求较高的隔墙，可在两层面板之间设置隔音层，并将隔扇的两个垂直边做成企口缝，以便使相邻隔扇能紧密地咬合在一起，达到隔音的目的。

b. 隔墙扇的下部照常做踢脚。

c. 隔墙扇两侧做成企口缝、盖缝、平缝等，并预留镶嵌密封条的凹槽。

d. 隔墙扇上端采用槽形时，隔扇上部的顶棚可以做成平齐的；采用 T 形时，隔扇的上部应设较深的凹槽，以使隔扇能够卡到 T 形上槛的腹板上。在隔墙扇下侧的中间点安装一个导向杆。

⑤隔墙扇安放及连接：分别将隔墙扇两端嵌入上下导轨槽内，利用活动卡子连接固定，同时拼装成隔墙，不用时可拆除重叠放入壁龛内，以免占用使用面积。隔墙扇的顶面与顶棚之间应保持 50 mm 左右的空隙，以便于安装和拆卸。

⑥密封条安装：当楼地面上铺有地毯时，隔扇可以直接坐落在地毯上，否则，应在隔扇的底下另加隔音密封条，靠隔墙扇的自重将密封条紧紧压在楼地面上。隔扇两侧面凹槽内，镶

嵌密封条或粘贴密封条。

2）直滑式活动隔墙操作工艺

（1）工艺流程

工艺流程：定位弹线→隔墙板两侧壁龛施工→轨道安装→隔墙扇制作→隔墙扇安装及连接→密封条安装。

（2）施工要点

①定位弹线：按设计确定的隔墙位置，在楼地面弹线，将线引至顶棚和侧墙。

②隔墙板两侧壁龛施工：隔墙的一端要设一个槽形的补充构件，补充构件的两侧各有一个密封条，与隔墙扇的两侧紧紧相连。形状如图4.33所示中的③、④节点。

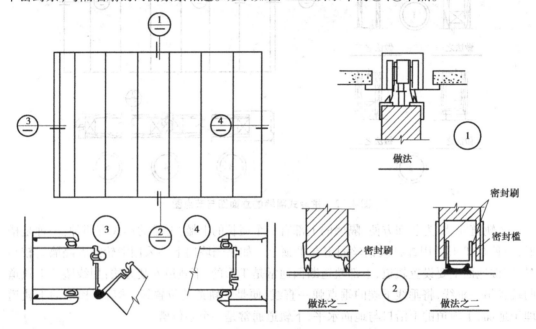

图4.33　直滑式隔墙的立面图与节点图

③轨道安装：轨道和滑轮的形式多种多样，轨道的断面多数为槽形。滑轮多为四轮小车组。小车组可用螺栓或连接板固定在隔扇上。隔扇与轨道之间用橡胶密封刷密封，密封刷镶嵌或胶粘在隔扇上，也可固定在轨道上。

④隔墙扇制作：图4.34为直滑式隔墙隔扇的构造，其主体是一个木框架，两侧各贴一层人造板，两层板的中间夹着隔音层，板的外面覆盖着聚乙烯饰面。隔扇的两个垂直边，用螺钉固定铝镶边。镶边的凹槽内嵌有隔音用的泡沫聚乙烯密封条。直滑式隔墙的隔扇尺寸比较大。宽度约为1 000 mm，厚度为50~80 mm，高度为2 500~3 500 mm。

⑤隔墙扇安装、连接及密封条安装：图4.33为直滑式隔墙的立面图与节点图，后边的半扇隔扇与边缘构件用铰链连接着，中间各扇隔扇则是单独的。当隔扇关闭时，最前面的隔扇自然地嵌入槽形补充构件内，隔扇与楼地面之间的缝隙采用不同的方法来遮掩：一种是在隔扇的下面设置两行橡胶做的密封刷；另一种是将隔扇的下部做成凹槽形，在凹槽所形成的空间内，分层设置密封槛。密封槛的上面也有两行密封刷，分别与隔扇凹槽的两个侧面相接触。密封槛的下面另设密封垫，靠密封槛的自重与楼地面紧紧地相接触。在隔扇之间安装

密封条,密封条的安装可采用镶嵌或胶粘贴。

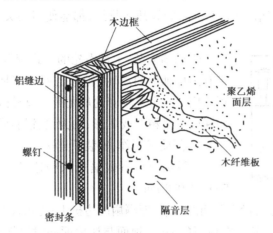

图 4.34　直滑式隔墙隔扇的构造

3)折叠式活动隔墙操作工艺

折叠式活动隔墙按其使用的材料分,可分为硬质和软质两类。硬质折叠式隔墙由木隔扇或金属隔扇构成,隔扇利用铰链连接在一起。软质折叠式隔墙用棉、麻织品或橡胶、塑料等制品制作。

(1)单面硬质折叠式隔墙

①工艺流程:定位弹线→隔墙板两侧壁龛施工→轨道安装→隔墙扇制作、安装及连接→密封条安装。

②施工要点。

A.定位弹线:按设计确定的隔墙位置,在楼地面弹线,将线引至顶棚和侧墙。

B.隔墙板两侧壁龛施工:

a.隔扇的两个垂直边常做成凹凸相咬的企口缝,并在槽内镶嵌橡胶或高分子材料的密封条。最前面一个隔扇与洞口侧面接触处,可设密封管或缓冲板(图 4.35)。

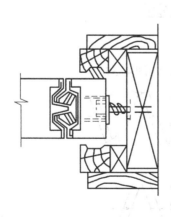

图 4.35　隔墙与洞口之间的密封

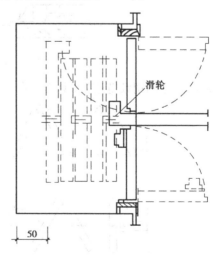

图 4.36　隐藏隔墙的空心墙

b.室内装修要求较高时,可在隔扇折叠起来的地方做一段空心墙,将隔扇隐蔽在空心墙内。空心墙外面设一双扇小门,不论隔墙展开或收拢,都能使门洞关起来,洞口保持整齐美观(图4.36)。

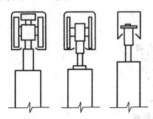

图4.37　滑轮的不同类型

C.轨道安装:上部滑轮的形式较多。隔扇较重时,可采用带有滚珠轴承的滑轮,轮缘是钢的或是尼龙的;隔扇较轻时,可采用带有金属轴套的尼龙滑轮或滑钮(图4.37)。上部轨道的断面可呈箱形或T形,均为钢、铝制成。

D.隔墙扇制作、安装及连接:

a.隔扇与直滑式隔扇的构造基本相同,仅宽度较小,为500~1 000 mm。

b.隔扇的上部滑轮可设在顶面的一端,即隔扇的边梃上;也可设在顶面的中央。

c.当隔扇较窄时,滑轮设在顶面的一端,顶面与楼地面同时设轨道,隔墙底边要相应地设滑轮或导向杆,以免隔扇受水平推力的作用而倾斜。隔扇的数目不限,但要成偶数,以便首尾两个隔扇都能依靠滑轮与上下轨道连起来。

d.滑轮设在隔扇顶面正中央,由于支撑点与隔扇的重心位于同一条直线上,楼地面上就不必再设轨道。隔扇可以每隔一扇设一个滑轮,隔扇的数目必须为奇数(不含末尾处的半扇)。

采用手动开关的,可取五扇或七扇,扇数过多时,需采用机械开关。

e.作为上部支承点的滑轮小车组,与固定隔扇垂直轴要保持自由转动的关系,以便隔扇能够随时改变自身的角度。垂直轴内可酌情设置减震器,以保证隔扇能在不大平整的轨道上平稳地移动。

f.地面设置轨道(导向槽),在隔扇的底边相应地设置中间带凸缘的滑轮或导向杆(图4.38)。

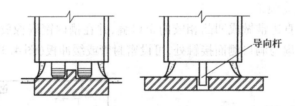

图4.38　隔墙的下部装置

g.隔扇之间用铰链连接,少数隔墙也可两扇一组地连接起来(图4.39)。

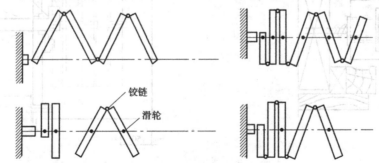

图4.39　滑轮和铰链的位置示意图

E.密封条安装:隔扇的底面与楼地面之间的缝隙(约 25 mm)用橡胶或高分子材料密封条遮盖。当楼地面上不设轨道时,可在隔扇的底面设一个富有弹性的密封垫,并相应地采取专门装置,使隔墙于封闭状态时能够稍稍下落,从而将密封垫紧紧地压在楼地面上。隔扇之间安装密封条,密封条的安装采用镶嵌或胶黏结。

(2)双面硬质折叠式隔墙

①工艺流程:定位弹线→隔墙板两侧壁龛施工→轨道安装→隔墙扇制作、安装及连接→密封条安装。

②施工要点:

A.定位弹线:按设计确定的隔墙位置,在楼地面弹线,将线引至顶棚和侧墙。

B.隔墙板两侧壁龛施工:同单面硬质折叠式隔墙。

C.轨道安装:

a.有框架双面硬质折叠式隔墙的控制导向装置有两种:一是在楼顶面或装饰顶棚上安装一个支承点的滑轮和轨道,或设一个只起导向作用而不起支承作用的轨道;另一种是在隔墙下部安装一个支承点的滑轮,相应的轨道设在楼地面上,顶棚上另设一个只起导向作用的轨道。

当采用第二种装置时,楼地面上宜用金属槽形轨道,其上表面与楼地面相平。顶面上的轨道可用一个通长的方木条,而在隔墙框架立柱的上端相应地开缺口,隔墙启闭时,立柱能始终沿轨道滑动。

b.无框架双面硬质折叠式隔墙在顶棚上安装箱形截面的轨道。隔墙的下部一般可不设滑轮和轨道。

D.隔墙扇制作、安装及连接:

a.在有框架双面硬质隔墙的中间设置若干个立柱,在立柱之间设置数排金属伸缩架(图4.40)。伸缩架的数量依隔墙的高度而定,一般 1~3 排。

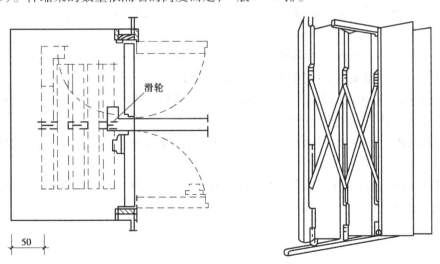

滑轮

50

图 4.40　有框架的双面硬质隔墙

框架两侧的隔板一般由木板或人造板制成。当采用人造板时,表面宜粘贴塑料饰面层。隔板的宽度一般不超过300 mm。相邻隔板多靠密实的织物(帆布带、橡胶带等)沿整个高度方向连接在一起,同时将织物或橡胶带等固定在框架的立柱上(图4.41)。

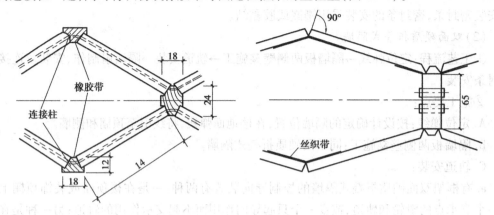

图4.41 隔板与隔板的连接(单位:mm)

隔墙的下部宜用成对的滑轮,并在两个滑轮的中间设一个扁平的导向杆。导向杆插在槽形轨道的开口内。

b.无框架双面硬质折叠式隔墙,其隔板用硬木或带有贴面的人造板制成,尺寸最小宽度可到100 mm,常用截面为140 mm×12 mm。隔板的两侧设凹槽,凹槽中镶嵌同高的纯乙烯条带,纯乙烯条带分别与两侧的隔板固定在一起。

隔墙的上下各设一道金属伸缩架,与隔板用螺钉连接。上部伸缩架上安装作为支承点的小滑轮,无框架双面硬质隔墙的高度不宜超过3 m,宽度不宜超过4.5 m或2×4.5 m(在一个洞口内装两个4.5 m宽的隔墙,分别向洞口的两侧开启)。

(3)软质折叠式隔墙

①工艺流程:定位弹线→隔墙板两侧壁龛施工→轨道安装→隔墙扇制作、安装。

②施工要点。

A.定位弹线:按设计确定的隔墙位置,在楼地面弹线,将线引至顶棚和侧墙。

B.隔墙板两侧壁龛施工:同单面硬质折叠式隔墙。

C.轨道安装:在楼地面上设一个较小的轨道,在顶棚上设一个只起导向作用的方木,也可只在顶棚上设轨道,楼地面不加任何设施。

D.隔扇制作、安装:软质折叠式隔墙大多为双面,面层为帆布或人造革,面层的里面加设内衬。

软质隔墙的内部宜设框架,采用木立柱或金属杆。木立柱或金属杆之间设置伸缩架,面层固定到立柱或立杆上(图4.42)。

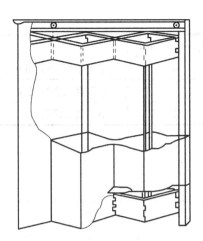

图4.42　软质双面隔墙内的立柱(杆)与伸缩架

4.5.3　活动隔墙工程质量验收标准

1)主控项目

①活动隔墙所用墙板、轨道、配件等材料的品种、规格、性能和人造木板甲醛释放量、燃烧性能应符合设计要求。

检验方法:观察;检查产品合格证书、进场验收记录、性能检验报告和复验报告。

②活动隔墙轨道应与基体结构连接牢固,并应位置正确。

检验方法:尺量检查;手扳检查。

③活动隔墙用于组装、推拉和制动的构配件应安装牢固、位置正确,推拉应安全、平稳、灵活。

检验方法:尺量检查;手扳检查;推拉检查。

④活动隔断的组合方式、安装方法应符合设计要求。

检验方法:观察。

2)一般项目

①活动隔墙表面应色泽一致、平整光滑、洁净、线条应顺直、清晰。

检验方法:观察;手摸检查。

②活动隔墙上的孔洞、槽、盒应位置正确、套割吻合、边缘整齐。

检查方法:观察;尺量检查。

③活动隔墙推拉应无噪声。

检验方法:推拉检查。

④活动隔墙安装的允许偏差和检验方法应符合表4.4的规定。

表4.4　活动隔墙安装的允许偏差和检验方法

项　次	项　目	允许偏差/mm	检验方法
1	立面垂直度	3	用2 m垂直检测尺检查
2	表面平整度	2	用2 m靠尺和塞尺检查

续表

项 次	项 目	允许偏差/mm	检验方法
3	接缝直线度	3	拉 5 m 线,不足 5 m 拉通线,用钢直尺检查
4	接缝高低差	2	用钢直尺和塞尺检查
5	接缝宽度	2	用钢直尺检查

知 识链接

隔 断

中国传统建筑装饰中经常用隔断来分格空间,常见的传统隔断类型有隔扇、罩、博古架等。

1)隔扇

隔扇又称碧纱橱,一般用硬木精工制作,隔芯可以裱糊纱、纸,裙板可雕刻成各种图案或以玉石、贝壳灯作装饰,具有较强的装饰性。

2)罩

罩是一种附着于梁、柱的空间分割物,经常用细木制作。两侧落地称落地罩,两侧不落地称飞罩,如图4.43所示。用罩分隔空间,能够增加空间的层次,构成一种有分有合、似分似合的空间环境。

(a)落地罩 　　　　　　　　　　　　　(b)飞罩

图4.43 罩

3)博古架

博古架是一种陈放各种古玩和器皿的架子,其分格形式和精巧的做工又具有装饰价值,如图4.44所示。

图4.44 博古架

本章小结

本章主要对隔墙和隔断的施工进行了详细讲解。在本章中,重点是对隔墙的讲解。隔墙主要包括轻钢龙骨隔墙、木龙骨隔墙、玻璃隔墙及其他形式的隔墙。本章主要讲解隔墙的构造和施工工艺,并能对已经作好的隔墙做质量检验和成品保护。

轻钢龙骨纸面石膏板隔墙,是机械化施工程度较高的一种干作业墙体,具有施工速度快、成本低、劳动强度小、装饰美观及防火、隔音性能好等特点,是目前应用较广的一种隔墙。

龙骨隔墙也是运用相当广泛的隔墙,木龙骨隔墙主要采用木龙骨和木质罩面板、石膏板及其他一些板材组装的一种形式。特点在于具有安装方便、成本低、使用价值高等优点,广泛使用于各种装修工程中。

玻璃隔墙是现代新兴的一种隔墙,主要是以玻璃作为挡板形成隔墙,一般用于办公间的区域划分。

现代装饰工程中,隔墙式经常采用的手法,其既能有效分割空间,又有很好的装饰效果。隔墙主要有活动式隔墙和固定式隔墙两种。

复习思考题

1.隔墙和隔断装饰构造的要求有哪些?

2.隔墙有哪几种?简述其施工过程。

3.轻钢龙骨隔墙主要由哪些构件组成?轻钢龙骨隔墙的安装构造节点如何?

4.隔墙有哪些形式?各适用于什么空间?

5.玻璃砖隔墙有哪些特点?砌筑时有何要求?

第5章

幕墙工程施工技术

本章导读

• 基本要求

（1）知识目标：了解幕墙工程的基本知识，熟悉幕墙的施工工艺，掌握幕墙的施工技术和质量验收标准。

（2）能力目标：通过对施工工艺的深刻理解，使学生学会正确选择材料和组织施工的方法，使学生具有解决施工现场常见工程质量问题的能力，具有工程质量验收标准的能力。

• 重点

（1）有框玻璃幕墙、点支式玻璃幕墙、全玻璃幕墙工程的施工工艺。

（2）石材幕墙工程的施工工艺。

（3）金属幕墙工程的施工工艺。

（4）各类幕墙工程施工及质量验收标准。

• 难点

对本章知识的全面掌握，并能结合理论知识，在相关的综合实训中，能独立完成完整的施工设计和写出施工质量验收报告，总结施工经验。

建筑幕墙是由金属构架与面板组成的，在建筑物整体结构中不承担主体结构荷载，但是对建筑有围护作用，所以应满足自身强度、防水、防风沙、防火、保温、隔热、隔音等要求。

幕墙金属构架连接方法多采用柔性连接。通过螺栓角钢等连接件，把幕悬挂于主体结构外侧。面板为玻璃的称玻璃幕墙；面板为金属板的称金属幕墙；面板为石材的称石材幕墙；面板为玻璃、金属、石材等不同板材组成的幕墙称组合幕墙。

5.1　幕墙施工技术概述

5.1.1　建筑幕墙的概念和特点

建筑幕墙是由金属构架与板材组成的,不承担主体结构荷载与作用的建筑外围护结构。

建筑幕墙是建筑物外围护结构的一种。它不同于一般的外墙,具有以下 3 个特点:

①建筑幕墙是完整的结构体系,直接承受施加在其上的荷载作用,并传递到主体结构上。有框幕墙多数情况下由面板、横梁(次梁)和立柱构成;点支幕墙由面板和支承钢结构组成。

②建筑幕墙应包封主体结构,不使主体结构外露。

③建筑幕墙通常与主体结构采用可动连接,竖向幕墙通常悬挂在主体结构上。当主体结构位移时,幕墙相对于主体结构可以活动。

由于具有上述特点,幕墙首先是结构,具有承载能力;然后是外装,具有美观的建筑功能。

幕墙的支承骨架(横梁、立柱、支承钢结构等)通常由铝型材和钢材组成,有些情况下也用玻璃。面板可以是玻璃、铝板、钢板或石板、混凝土板,但透光部分必定是玻璃板。采光顶有时也会采用聚酸酯板。通常按面板材料将幕墙划分为玻璃幕墙、铝合金板幕墙、石材幕墙等,很多工程中可多种幕墙混合使用。

与传统的墙体材料相比,建筑幕墙具有以下特点:

①主要材料是现在工业产物,玻璃具有光反射能力,铝板和金属板富于现代感,可以产行强烈的建筑艺术效果。

②墙体自重较小,玻璃和金属板幕墙通常为 $0.3 \sim 0.5 \ kN/m^2$,石板幕墙约为 $1 \ kN/m^2$。玻璃和金属板幕墙只相当于砖墙的 $1/12 \sim 1/10$、混凝土预制板墙面的 $1/8 \sim 1/7$,从而降低了主体结构和基础的造价。

③材料种类较少,多为工业产品,质量较稳定,而且工厂化加工,现场安装工作量少,无湿作业,工期较短。

④维护和更换幕墙构件都很方便。

⑤幕墙包封了主体结构,减少了主体结构受温度变化的影响,有效地解决了大面积建筑和高层建筑的温度应力问题。能较好地适应旧建筑立面更新的需要,所以常常用加装幕墙来作为旧建筑改建的手段。

目前,建筑幕墙得到了广泛的采用,建筑幕墙在我国发展迅速,已成为一个大规模的产业,除幕墙材料的生产商的供应商外,直接从事幕墙制造安装的厂商已超过千家,年生产幕墙近 800 万 m^2,年产值近百亿元,我国已是世界上幕墙年产量最高的国家。

5.1.2　幕墙分类

幕墙早在 100 多年前就已在建筑上开始应用,但由于材料和加工工艺等方面的原因,发展十分缓慢。最近三四十年来,随着科学技术和工业生产的不断发展,幕墙获得飞速的发展,在建筑上应用广泛。

　　幕墙工程按帷幕饰面材料区分,有玻璃幕墙、金属幕墙和石材幕墙等。其中玻璃幕墙按其结构形式及立面外观情况,可分为金属框架式玻璃幕墙、玻璃肋胶接式全玻璃幕墙、点式连接玻璃幕墙;又可细分为明框式玻璃幕墙、隐框式或半隐框式玻璃幕墙、后置式玻璃肋胶接全玻璃结构幕墙、骑缝式或平齐式玻璃肋胶接全玻璃幕墙结构幕墙、接驳式点连接全玻璃幕墙、张力索杆结构点支式玻璃幕墙。其中金属框架式玻璃幕墙工程按其构件加工和组装方式,又分为元件式(镶嵌槽式、断热型、隐窗型、隐框)幕墙和单元式玻璃幕墙等,见表5.1。

表5.1　幕墙的分类

分类根据	分类名称	说　明
根据墙体金属框架构件露明程度分类	明框幕墙	墙体金属框架构件显露在外表面的墙体
	半隐框幕墙	墙体金属框架竖向或横向构件显露在外表面的幕墙
	隐框幕墙	墙体金属框架构件全部均不显露在外表面的幕墙
根据墙体表面(墙面)所用材料分类	全玻幕墙(玻璃幕墙)	凡墙体表面材料是以玻璃板材和玻璃肋制作的幕墙称为全玻幕墙或玻璃幕墙。玻璃幕墙又有下列各种: ①明框玻璃幕墙; ②半隐框玻璃幕墙(横隐竖明式及横明竖隐式); ③隐框玻璃幕墙; ④大型无框玻璃幕墙,有"吊挂式"全玻璃幕墙及"坐地式"全玻璃幕墙两种
	金属板幕墙	凡墙体表面材料是以金属板材制作的幕墙,称为金属板幕墙。金属板幕墙又有下列几种: ①铝板幕墙; ②不锈钢板幕墙; ③铝锌钢板幕墙; ④搪瓷复合板幕墙; ⑤其他金属板幕墙
	石材幕墙	凡墙体表面材料是以石材板制作的幕墙,称为石材幕墙。石材幕墙又有下列几种: ①背栓式石材幕墙; ②干挂法石材幕墙
根据型号分类	有100,110,120,150,180系列。幕墙主龙骨国家标准为2.5 mm厚	

5.1.3　幕墙设计

1)幕墙设计的一般原则

(1)安全性

幕墙的安全性无论在什么情况下都是最重要的。设计指标应当满足建筑的用途、性能和一定的使用寿命,并遵守国家和行业相应的标准与规范。作为外维护结构的幕墙应选择适当的材料、结构和足够的强度,抵御风荷载、雪荷载、自重,一部分地震作用及特殊情况下外力造成的冲击荷载。并应采用有效措施保证幕墙的可靠性和耐久性。

(2)浮动连接

幕墙主要的连接设计除与主体结构的连接外均应采用浮动连接,并留下足够的间隙,以便吸收沉降、热应力及一部分地震作用。并采用合理的密封材料或构造,对所留间隙进行密封,必须保证水密性和适当的气密性。

(3)经济性

在建筑装饰工程中,经济适用也是一个不可忽视的原则。在保证安全和一定的使用性能的前提下,应尽量节约材料成本。

(4)等性能设计

幕墙主要的使用性能包括气密性、水密性、保温性、隔音性、光学性。进行幕墙设计时应采用等性能设计。等性能设计有两层含义:一是根据幕墙不同部位的使用功能和用途,采用与其相适应的性能设计;二是在使用功能和用途相同的条件下,不同部位的性能应相同。比如说,在通风百叶处不需要使用断热型材;铝板和石材幕墙应属于装饰冷墙体系,宜采用开放式结构,不宜采用密封胶将缝隙堵死,使其密不透风;幕墙开启部分宜与固定部分性能相同等。

(5)可加工性、可安装性

幕墙从结构设计阶段就应考虑加工性和安装性。加工性和安装性好,有利于组织生产和现场施工管理,可缩短工期,节约人力、设备运行及管理成本。

(6)可维护性

幕墙设计必须考虑安装以后的维修和保养问题。幕墙面板和幕墙主杆件必须采用可拆卸结构,以便在面板破损及其他情况下进行更换。实际上,幕墙设计成可拆卸结构并不困难,而且非常必要。例如,热通道幕墙,必须留下足够的空间进人或内侧全部为可开启结构,以便清洁和保养。

2)设计依据

(1)建筑设计图纸

建筑图和结构图包括建筑设计说明、建筑平面图、立面图、剖面图、墙身大样图以及其他可以确定建筑结构的图纸。

(2)建筑幕墙工程施工(或设计)合同(或协议)

合同就是业主的意思表示,对原建筑设计的效果是否可以改动以达到更好的效果,要求达到什么样的一种使用功能或效果,这一点需要设计师与业主进行沟通、交换意见。

(3)标准与规范

各种建筑国家标准与行业规范,各种材料的标准规范以及各种材料的机械性能。

(4)当地的气候条件

全国各地的地理位置不同,其当地的基本风压就不一样,在进行幕墙设计时就应根据当地的基本风压进行设计。有 30 年一遇、50 年一遇、100 年一遇的基本风压,根据建筑物的重要程度而定。

(5)地质情况

我国是多地震国家,设防烈度6度以上地区占国土面积的70%以上,绝大多数的大中城市都要求考虑抗震设防,因此,设计时应考虑当地的抗震设防裂度要求。

5.2 玻璃幕墙工程

5.2.1 玻璃幕墙的概述

玻璃幕墙一般由固定玻璃的骨架、连接件、嵌缝密封材料、填衬材料和幕墙玻璃等组成。其结构体系有露骨架(明框)结构体系、不露骨架(隐框)结构体系和无骨架结构体系。骨架可采用型钢骨架、铝合金骨架、不锈钢骨架等。图5.1为玻璃幕墙构造示意图。

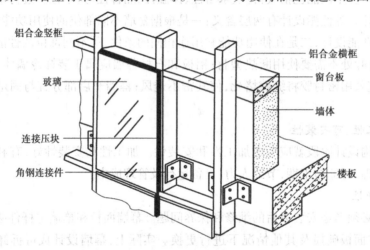

图 5.1 玻璃幕墙构造示意图

玻璃幕墙按其构造和组合形式的不同,可分为有框玻璃幕墙、支点式(挂架式)玻璃幕墙和无框玻璃幕墙(结构玻璃)。

从施工方法上,玻璃幕墙又分为在现场安装组合的元件式(分件式)玻璃幕墙和先在工厂组装再在现场安装的单元式(板块式)玻璃幕墙。

1)元件式玻璃幕墙

元件式玻璃幕墙是将在工厂制作的单件材料和其他材料运至施工现场,直接在建筑结构上逐渐进行安装。这种幕墙通过竖向骨架(竖梃)与结构相连,也可在水平方向设置横筋,以增加横向刚度和便于安装。由于其分块尺寸可以不受建筑层高和柱网尺寸的限制;因此,在布置上比较灵活。目前,此种幕墙采用较多。施工中可做成明框玻璃幕墙或有框玻璃幕墙。

2)单元式玻璃幕墙

单元式玻璃幕墙是将铝合金骨架、玻璃、垫块、保温材料、减震和防水材料以及装饰面料等事先在工厂组合成带有附加铁件的幕墙单元(幕墙板或分格窗),运输到施工现场,在现场吊装装配,直接与建筑结构(梁板或柱子)相连。当这种幕墙单元与梁板连接时,其高度应是层高或数倍层高;与柱子连接时,其宽度应为柱距。

5.2.2　玻璃幕墙施工准备

1)材料

(1)玻璃

用于玻璃幕墙的单块玻璃一般不小于 6 mm 厚。所用玻璃的品种主要有热反射浮法镀膜玻璃(镜面玻璃)、中空玻璃、钢化玻璃、夹层玻璃、夹丝玻璃和吸热玻璃等。所有的幕墙玻璃应进行边缘处理。这是因为玻璃在裁割时,玻璃的被切割部位会产生很多大小不等的锯齿边缘,从而引起边缘应力分布不均匀。在运输、安装过程中以及安装完成后,由于受各种力的影响,容易产生应力集中,导致玻璃破碎;另一方面,半有框幕墙的两个玻璃边缘和全有框幕墙的 4 个玻璃边缘都是显露在外表面;如不进行倒棱、倒角处理,还会直接影响幕墙的美观整齐。因此,玻璃裁割后必须倒棱、倒角,钢化和半钢化玻璃必须在钢化和半钢化处理前进行倒棱、倒角处理。在全玻璃幕墙中所有玻璃的边缘都要求磨平,外露的边缘还应磨光和倒棱角。图 5.2 为玻璃幕墙常用玻璃。

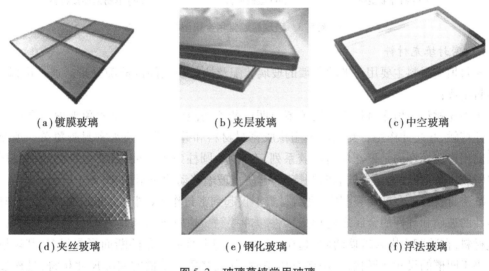

| (a)镀膜玻璃 | (b)夹层玻璃 | (c)中空玻璃 |

| (d)夹丝玻璃 | (e)钢化玻璃 | (f)浮法玻璃 |

图 5.2　玻璃幕墙常用玻璃

对玻璃的基本技术要求:

玻璃幕墙所用的单层玻璃厚度,一般为 6,8,10,12,15,19 mm;夹层玻璃的厚度,一般为 (6+6) mm、(8+8) mm(中间夹聚氯乙烯醇缩丁醛胶片,干法合成);中空玻璃厚度为 $(6+d+5)$ mm、$(6+d+6)$ mm、$(8+d+8)$ mm 等(d 为空气厚度,可取 6,9,12 mm)。幕墙宜采用钢化玻璃、半钢化玻璃、夹层玻璃。有保温隔热性能要求的幕墙宜选用中空玻璃。

(2)铝合金型材骨架结构

铝合金框架大多数是经特殊挤压成型的幕墙型材,框材的规格按受力大小和设计要求而定。铝合金型材为主要受力构件时,其截面宽度为 40 ~ 70 mm,截面高度为 100 ~ 210 mm,壁厚为 3 ~ 5 mm;型材为次要受力构件时,其截面宽度为 40 ~ 60 mm,截面高度

为 40~150 mm,壁厚为 1~3 mm;金属型材如图 5.2 所示。金属型材应满足以下质量要求:

①用于玻璃幕墙的骨架,除了应具有足够的强度和刚度外,还应具有较高的耐久性,以保证幕墙的安全和使用寿命。如铝合金骨架的立梃、横梁等要求表面氧化膜的厚度不应低于 AA15 级。

②为了减少能耗,目前提倡应用断桥铝合金骨架。如果在玻璃幕墙中采用钢骨架,除不锈钢外其他应进行表面热渗镀锌。黏结有框玻璃的硅酮密封胶(工程中简称"结构胶")十分重要,结构胶应有与接触材料的相容性试验报告,并有保险年限的质量证书。

③点式连接玻璃幕墙的连接件和连系杆件等,应采用高强金属材料或不锈钢精加工制作,有的还要承受很大预应力,技术要求比较高。

图 5.3 为玻璃幕墙常用金属型材。

（a）铝合金型材 　　　　　（b）型钢型材 　　　　　（c）不锈钢连接材料

图 5.3　玻璃幕墙常用金属型材

（3）密封填充材料

密封填充材料主要用于玻璃幕墙的玻璃装配及块与块之间的缝隙处理。通常由以下 3 种材料组成:

①填充材料。填充材料主要用于填充凹槽两侧间隙内的底部,以避免玻璃与金属之间的硬性接触,起缓冲作用。其上部多用橡胶密封材料和硅酮系列防水密封胶覆盖。填充材料目前用得比较多的是聚乙烯泡沫胶系列,有片状、圆柱条等多种规格,也有的用橡胶压条或将橡胶压条剪断,然后在玻璃两侧挤紧,起防止玻璃移动的作用,如图 5.4 所示。

②密封材料。在玻璃装配中,密封材料不仅起到密封作用,同时也起到缓冲、黏结作用,使脆性的玻璃和硬性的金属之间形成柔性缓冲接触。橡胶密封条是目前应用较多的密封、固定材料,在装配中嵌入玻璃两侧,起到一定密封作用;橡胶压条的断面形式很多,其规格主要取决于凹槽的尺寸和形状;选用橡胶压条时,其规格要与凹槽的实际尺寸相符,过松过紧都是不妥的。

③防水材料。防水密封材料有橡胶密封条开裂,甚至脱落,会使幕墙产生漏水、透气等问题,严重时会使玻璃有脱落危险,给幕墙带来安全隐患。

建筑密封胶应具有耐水、耐溶和耐老化性,有低温弹性、低透气率等特点。目前,国外正在向以耐候硅酮密封胶代替建筑密封胶和橡胶密封胶条方向发展。耐候硅酮密封胶应采用中性胶,如图 5.5 所示。

玻璃幕墙采用的硅酮结构密封胶,应符合国家标准《建筑用硅酮结构密封胶》(GB 16776—2005)的要求,并在规定的环境条件下施工。硅酮结构密封胶常用的有醋酸型硅酮结构密封胶和中性硅酮结构密封胶,选用时可按基层的材质适当选择。醋酸型硅酮结构密封胶对金属有一定的腐蚀性,对未作任何处理的金属面,应慎重使用;另外,其对中空玻璃本身的胶黏剂有影响。所以，密封中空玻璃不宜使用。硅酮系列结构密封胶是目前密封、防水、填缝、黏结材料中的高档材料。其性能优良、耐久性能好，一般可耐-60~120 ℃的温度，抗断裂强度可达 1.6 MPa。

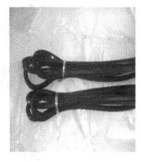

图 5.4　填充材料(密封条)　　　　　　　　图 5.5　密封胶

在吊挂式全玻璃幕墙施工中，面玻璃和肋玻璃之间硅酮结构密封胶胶缝的宽度和厚度要通过强度验算；在玻璃与金属边框、夹扣之间，宜采用中性硅酮结构密封胶。硅酮结构密封胶在玻璃装配中，常与橡胶密封条配套使用，下层用橡胶条，上部用硅酮结构密封胶密封。

(4)紧固件与连接件

紧固件主要有金属胀铆螺栓、不锈钢螺栓、铝拉铆钉、自攻螺钉和射钉等。连接件多采用角钢、角铝、槽钢及钢极加工件等。要求除了不锈钢材料外，其他铁件均应作镀锌防腐处理。

2)施工工具

玻璃幕墙的施工工具主要有手动真空吸盘、电动吸盘、牛皮带、电动吊篮、嵌缝枪、撬板、竹签、滚轮、热压胶带、电炉等。

3)施工条件

①应在主体结构施工完毕后方能开始玻璃幕墙施工。

②当其他装饰分项工程会对幕墙造成污染或损伤时，应将其安排在幕墙施工之前；或者对玻璃幕筋的框架料、玻璃及收口节点等采取可靠的保护措施。

③不应在风雨天气条件下进行幕墙施工，不应在低于 5 ℃ 气温下进行玻璃安装。不应在雨天、风沙天气、夏季正对直射阳光，以及基材表面未经彻底清洁处理等条件下进行注胶作业。

④应在主体施工时注意控制和检查固定幕墙的各层楼面的标高。

5.2.3　有框玻璃幕墙的施工

有框玻璃幕墙属于非承重建筑外围护墙体的一种。它与其他种类的幕墙有着共同之处，但又有一定的差别。它具有一般框架结构幕墙的垂直和水平承力构件，又有由饰面板等与其他材料装配而成的类似嵌板结构幕墙的嵌板外围护构件。把外围护构件悬挂于垂直和水平承力构件的外侧，并加以固定和密封，就形成了平整、连续的有框幕墙。它不仅具有框格式和嵌板式幕墙的特点，又由于它的主承力框格隐于外表面内侧，所以定名为有框幕墙。有框幕墙本身所具有的特点，使它在施工及管理方面与一般幕墙有许多不同之处。图5.6、

图5.7为有框玻璃幕墙。

图5.6 有框玻璃幕墙示意图

图5.7 有框玻璃幕墙细部构造

1)工艺流程

工艺流程:测量放线→幕墙立柱外平面定位→幕墙立柱轴线定位→幕墙立柱标高定位→预埋件检查→立柱安装→横梁安装→幕墙玻璃板块的加工制作和安装→缝隙处理→幕墙封口的安装→竣工交付。图5.8为有框玻璃幕墙施工图示例。

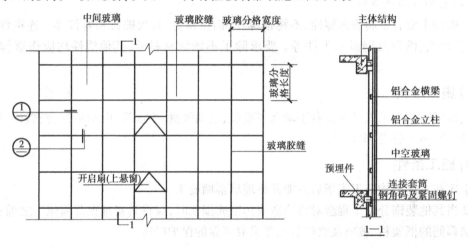

图5.8 有框玻璃幕墙施工图示例

2)施工要点

(1)测量放线

测量放线是根据建筑工程单位提供的中心线及标高点进行。幕墙设计一般是以建筑物的轴线为依据,玻璃幕墙的布置应与轴线取得一定的关系。所以必须对已完工的土建结构进行测量。建筑物外轮廓测量,根据土建标高基准线复测每一层预埋件标高中心线,据此线检查预埋件标高偏差,并作好记录;找出幕墙立柱与建筑轴线的关系,根据土建轴线测量立柱轴线,据此检查预埋件左右偏差,并作好记录。整理以上测量结果,确定幕墙立柱分隔的调整处理方案。

(2)幕墙立柱外平面定位

根据设计图纸和建筑工程结构误差确定幕墙立柱外平面轴线距建筑物外平面轴线的距

离,在墙面顶部合适位置用钢丝线定出幕墙立柱外平面轴线。

（3）幕墙立柱轴线定位

幕墙前后位置确定后,结合建筑物外轮廓测量结果,用钢丝线定出每条立柱的左右位置。误差在每个分格间分摊小于 2 mm。

（4）幕墙立柱标高定位

确定每层立柱顶标高与楼层标高的关系,沿楼板外沿弹出墨线定出立柱顶标高线。

（5）预埋件检查

预埋件的安装是在建筑物主体结构砌筑时安装在建筑物主体结构上,要求预埋件位置准确、埋设牢固。标高偏差不大于 9 mm,左右位移不大于 20 mm。

预埋件偏差过大的修补办法:连接件端部在钢板外无法焊接时,切断角码,增加焊缝长度;连接件侧边无法焊接时,切去连接件边缘,留出焊缝;当预埋板两个方向偏差很大时,补钢板;预埋板凹入或倾斜过大时,补加垫板。

（6）立柱安装

立柱先与连接件连接,连接件再与主体预埋件连接,并进行调整和及时固定。无预埋件时可采用后置钢锚板加膨胀螺栓的方法连接,但要经过试验确定其承载力。目前采用化学浆锚螺栓代替普通膨胀螺栓效果较好。图5.9 为立柱安装示意图。

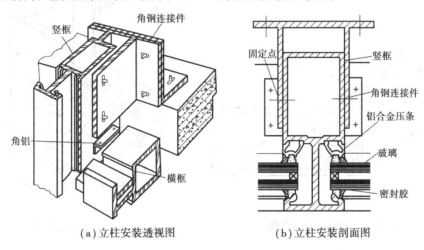

（a）立柱安装透视图　　（b）立柱安装剖面图

图5.9　立柱安装示意图

立柱安装误差不得积累,且开启窗处为正公差。立柱与连接件（支座）接触面之间必须加防腐隔离柔性垫片。上下立柱之间应留有不小于 15 mm 的缝隙。闭口型材可采用长度不小于 250 mm 的芯柱连接,芯柱与立柱应紧密配合。立柱先进行预装,按偏差要求初步定位后,应进行自检;对不合格的应进行调校修正。自检合格后,需报质检人员进行抽检,抽检合格后才能将连接（支座）正式焊接牢固。焊缝位置及要求按设计图纸的规定,焊缝高度不小于 7 mm,焊接质量应符合现行国家标准《钢结构工程施工质量验收规范》（GB 50205—2001）。焊接完毕后应进行二次复核。相邻两根立位安装标高偏差不应大于 3 mm;同层立柱的最大标高偏差不应大于 5 mm;相邻两根立柱固定点的距离偏差不应大于 2 mm。立柱安装牢固后,必须取掉上下两立柱之间用于定位伸缩缝的标准块,并在伸缩缝处打上密封胶。图 5.10 为立柱与连接件的安装。

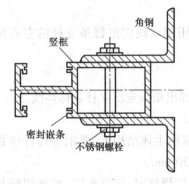

图 5.10 立柱与连接件的安装

（7）横梁安装

横梁安装必须在土建作业完成及立柱安装后进行，自上而下进行安装；同层自下而上安装；当安装完一层高度时，应进行检查、调整、校正、固定，使其符合质量要求。同一根横梁两端或相邻两根横梁的水平标高偏差不应大于 1 mm。同层标高偏差：当一幅幕墙宽度不大于 35 m 时，不应大于 5 mm；当一幅幕墙宽度大于 35 m 时，不应大于 7 mm。应按设计要求安装横梁，横梁与立柱接缝处应打上与立柱、横梁颜色相近的密封胶。横梁两端与立柱连接处应加弹性橡胶垫，弹性橡胶垫应有 20% ~35% 的压缩性，以适应和消除横向温度变形的要求。幕墙横梁及其与立柱连接构造如图 5.11 和图 5.12 所示。

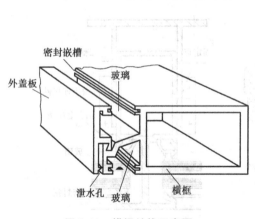

图 5.11 横梁结构示意图

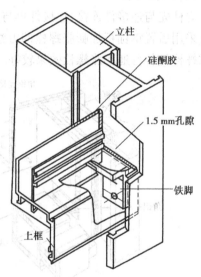

图 5.12 横梁与竖框的连接

（8）幕墙玻璃板块的加工制作和安装

钢化玻璃和夹丝玻璃都不允许在现场切割，而应按设计尺寸在工厂进行；玻璃切割、钻孔、磨边等加工工序应在钢化前进行。玻璃切割后，边缘不应有明显的缺陷，经切割后的玻璃应进行边缘处理（倒棱、倒角、磨边），以防止应力集中而发生破裂。中空玻璃、圆弧玻璃等特殊玻璃应由专业的厂家进行加工。玻璃加工应在专用的工作台上进行，工作台表面平整，并有玻璃保护装置；加工后的玻璃要合理堆放，并作好标记，注明所用工程名称、尺寸、数量等。

结构硅酮胶注胶应严格按规定要求进行，确保胶缝的黏结强度。结构硅酮胶应在清洁干净的车间内、在温度（23±2）℃、相对湿度为 45% ~55% 的条件下打胶。打胶前必须对玻璃及支撑物表面进行清洁处理，为防止二次污染，每一次擦抹要求更换一块干净布。为控制双组分胶的混合情况，混胶过程中应留出蝴蝶试样和胶杯拉断试样，并作好当班记录，注胶后的板材应在温度为 18~28 ℃,相对湿度为 65%~75% 的静置场静置养护,以保证结构胶的固化效果,双组分结构胶静置 3 天,单组分结构胶静置 7 天后才能运输。这时切开试验样品切开试验样品切口胶体表面平整、颜色发暗,说明已完全固化。完全固化后,板材运至现场仓库内继续放置 14~21 天,用剥离试验检验其黏结力,确认达到黏结强度后方可安装施工。

单元式幕墙安装宜由下往上进行。元件式幕墙框料宜由上往下进行安装。玻璃安装前应将表面尘土和污染物擦拭干净;热反射玻璃安装应将镀膜面朝向室内,非镀膜面朝向室外。幕墙玻璃镶嵌时,对于插入槽口的配合尺寸应按现行《玻璃幕墙工程技术规范》(JGJ 102—2003)中的有关规定进行校核。玻璃与构件不得直接接触,玻璃四周与构件槽口应保持一定间隙,玻璃的下边缘必须按设计要求加装一定数量的硬橡胶垫块,垫块厚度应不小于 5 mm,长度不小于 100 mm,并用胶条或密封胶密封玻璃与槽口两侧之间的间隙。玻璃安装后应先自检,自检合格后报质检人员进行抽检,抽检量应为总数的 5% 以上,且不小于 5 件,如图 5.13、图 5.14 所示。

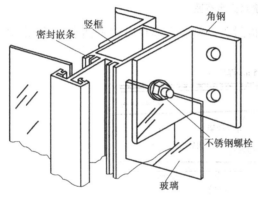

图 5.13 幕墙立柱玻璃安装示意图

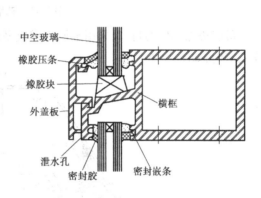

图 5.14 幕墙横梁玻璃安装示意图

(9)缝隙处理

玻璃或玻璃组件安装完毕后,必须及时打注耐候密封胶,以保持玻璃幕墙的气密性和水密性。单元式幕墙的间隙用 V 形、W 形或其他形状的胶条密封,嵌填密实,不得遗漏。

幕墙玻璃缝隙常用耐候硅酮密封胶嵌缝予以密封。耐候硅酮密封胶施工时,应对每一管胶的规格、品种、批号及有效期进行检查,符合要求后方可施工。严禁使用过期的耐候硅酮密封胶;硅酮结构密封胶不宜作为耐候硅酮密封胶使用。施工前应对施工区域进行清洁,保证缝内无水、油渍、铁锈、水泥砂浆、灰尘等杂物。为保护玻璃和铝框不被污染,在可能导致污染的部位贴纸基胶带,填完胶、刮平后即将基纸胶带除去。耐候硅酮密封胶的施工厚度应大于 3.5 mm,施工宽度不应小于施工厚度的 2 倍;注胶后应将胶缝表面刮平,去掉多余的密封胶。耐候硅酮密封胶在缝内应形成相对两面粘接,而不能三面粘接。较深的密封槽口部应采用聚乙烯发泡材料填塞。

(10)幕墙封口的安装

建筑物女儿墙上的幕墙上封口,其安装应符合设计要求。首先制作钢龙骨,以女儿墙厚度的最大值确定钢龙骨的外轮廓。安装钢龙骨应从转角处或两端开始。钢龙骨制作完毕后应进行尺寸复核,无误后对其进行二次防腐处理。二次防腐处理后及时通知监理进行隐蔽工程验收,并做好隐蔽工程验收记录。安装压顶铝板的顺序与钢龙骨的安装顺序相同;铝板分格与幕墙分格相一致。封口铝板打胶前先把胶缝处的保护膜撕开,清洁胶缝后打胶;封口铝板其他位置的保护膜,待工程验收前方可撕去,如图5.15所示。

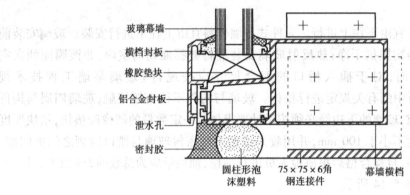

图5.15 幕墙封口示意图

幕墙边缘部位的封口,采用金属板或成型板封盖。幕墙下端封口设置挡水板,防止雨水渗入室内,如图5.16所示。

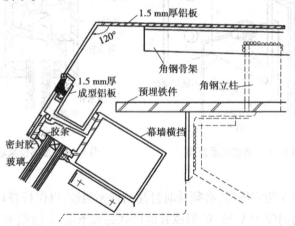

图5.16 女儿墙幕墙封口示意图

5.2.4 无框玻璃幕墙的施工

无框玻璃幕墙是一种没有框架,由饰面玻璃支撑的一种幕墙形式,因为没有框架只有玻璃,所以也称为全玻璃幕墙。全玻璃幕墙是一种采用玻璃肋或点式钢爪作为支撑体系的一种全透明、全视野的玻璃幕墙。高度不超过4.5 m的全玻璃幕墙,可采用下部直接支撑的方式来进行安装;超过4.5 m的全玻璃幕墙,宜用上部悬挂方式安装。采用下部支撑方式的玻璃幕墙,在立面上通常采用玻璃肋作为支撑结构。采用上部悬挂方式的玻璃幕墙,通常是以间隔一定距离设置的吊钩或以特殊的型材从上部将玻璃悬吊起来,吊钩或特殊型材固定在槽钢主框架上,再将槽钢悬吊于梁或板底下;同时,在上下部各加设支撑框架和支撑横挡,以增强玻璃墙的刚度,如图5.17所示。全玻璃幕墙大多采用吊挂式,本节以吊挂式全玻璃幕墙为例进行讲解。

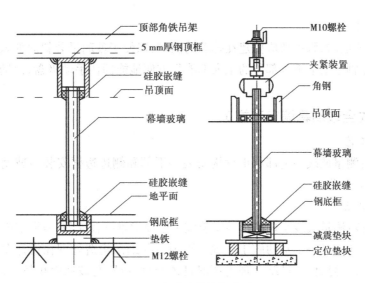

图 5.17　全玻璃幕墙构造图

1)施工准备

(1)技术准备

①技术资料收集。现场土建设计资料收集和土建结构尺寸测量。由于土建施工时可能会有一些变动,实际尺寸不一定都与设计图纸符合。全玻璃幕墙对土建结构相关的尺寸要求较高。所以在设计前必须到现场量测,取得第一手数据资料。然后才能根据业主要求绘制切实可行的幕墙分隔图。对于有大门出入口的部位,还必须与制作自动旋转门、全玻门的单位配合,使玻璃幕墙在门上和门边都有可靠的收口,同时也需满足自动旋转门的安装和维修要求。

②设计和施工方案确定。在对玻璃幕墙进行设计分隔时,除要考虑外形的均匀美观外,还应注意尽量减少玻璃的规格型号。由于各类建筑的室外设计都不尽相同,对有室外大雨棚、行车坡道等项目,更应注意协调好总体施工顺序和进度,防止由于其他室外设施的建设,影响吊车行走和玻璃幕墙的安装。在正式施工前,还应对施工范围的场地进行整平填实,做好场地的清理,保证机械运行。

(2)材料及机具准备

①主要材料质量检查。玻璃的尺寸规格是否正确,特别要注意检查玻璃在储存、运输过程中有无受到损伤,发现有裂纹、崩边的玻璃决不能安装,并应立即通知工厂尽快重新加工补充。

金属结构构件的材质是否符合设计要求,构件是否平直,加工尺寸、精度、孔洞位置是否满足设计要求。要刷好第一道防锈漆,所有构件编号要标注明显。预埋件的位置与设计位置偏差不应大于 20 mm。

②主要施工机具检查。玻璃吊装和运输机具及设备的检查,特别是要对吊车的操作系统和电动吸盘的性能以及各种电动和手动工具的性能进行检查。

③搭脚手架。由于施工程序中的不同需要,施工中搭建的脚手架需满足不同的要求。

放线和制作承重钢结构支架时,应搭建在幕墙面玻璃的两侧,方便工人在不同位置进行焊接和安装等作业。

安装玻璃幕墙时,脚手架应搭建在幕墙的内侧,以便于玻璃吊装斜向伸入时不碰触脚手架,并使站立在脚手架上下各部位的工人都能很方便地能握住手动吸盘,协助吊车使玻璃准确就位。

2) 吊挂式全玻璃幕墙安装施工

(1)施工工艺

施工工艺:测量放线→上部承重钢构安装→下部和侧边边框安装→玻璃安装→注密封胶→表面清洁和验收。

(2)施工要点

①测量放线:测量放线是玻璃幕墙安装施工中技术难度较大的一项工作,除了要充分掌握设计要求外,还需具备丰富的施工经验。因为有些细部构造处理在设计图纸中并未十分明确交代,而是留给操作人员结合现场情况具体处理,特别是玻璃面积较大,层数较多的高层建筑玻璃幕墙,其放线难度更大一些。

幕墙定位轴线的测量放线必须与主体结构的主轴线平行或垂直,以免幕墙施工和室内外装饰施工发生矛盾,造成阴阳角不方正和装饰面不平行等缺陷。要使用高精度的激光水准仪、经纬仪,配合用标准钢卷尺、重锤、水平尺等复核。对高度大于 7 m 的幕墙,还应反复两次测量核对,以确保幕墙的垂直精度。要求上下中心线偏差小于 1~2 mm。测量放线应在风力不大于 4 级的情况下进行,对实际放线与设计图之间的误差应进行调整、分配和消化,不能使其积累。通常利用适当调节缝隙的宽度和边框的定位来解决。如果发现尺寸误差较大,应及时调整,以便采取重新制做一块玻璃或其他方法合理解决。

全玻璃幕墙是直接将玻璃与主体结构固定,那么应首先将玻璃的位置弹到地面上,然后再根据外缘尺寸确定锚固点。

②上部承重钢构安装:注意检查预埋件或锚固钢板的牢固,选用的锚栓质量要可靠,锚栓位置不宜靠近钢筋混凝土构件的边缘,钻孔孔径和深度要符合锚栓厂家的技术规定,孔内灰渣要清吹干净。

每个构件的安装位置和高度都应严格按照放线定位和设计图纸要求进行。最主要的是承重钢横梁的中心线必须与幕墙中心线相一致,并且椭圆螺孔中心要与设计的吊杆螺栓位置一致。

内金属扣夹安装必须通顺平直。要用分段拉通线校核,对焊接造成的偏位要进行调直。外金属扣夹要按编号对号入座试拼装,同样要求平直。内外金属扣夹的间距应均匀一致,尺寸符合设计要求。

所有钢结构焊接完毕后,应进行隐蔽工程质量验收,请监理工程师验收签字,验收合格后再涂刷防锈漆。

③下部和侧边边框安装:要严格按照放线定位和设计标高施工,所有钢结构表面和焊缝刷防锈漆。将下部边框内的灰土清理干净。在每块玻璃的下部都要放置不少于两块氯丁橡胶垫块,垫块宽度同槽口宽度,长度不应小于 100 mm。

④玻璃安装：

a.玻璃吊装。大型玻璃的安装是一项十分细致、精确的整体组织施工。施工前要检查每个工位的人员到位,各种机具工具是否齐全正常,安全措施是否可靠。高空作业的工具和零件要有工具包和可靠放置,防止物件坠落伤人或击破玻璃。待一切检查完毕后方可吊装玻璃。然后,再一次检查玻璃的质量,尤其要注意玻璃有无裂纹和崩边,吊夹铜片位置是否正确。用干布将玻璃的表面浮灰抹净,用记号笔标注玻璃的中心位置。

安装电动吸盘机。电动吸盘机必须定位,左右对称,且略偏玻璃中心上方,使起吊后的玻璃不会左右偏斜,也不会发生转动。然后将玻璃试起吊,将玻璃吊起2~3 cm,以检查各个吸盘是否都牢固吸附玻璃。检查完毕后,在玻璃适当位置安装手动吸盘、拉缆绳索和侧边保护胶套。玻璃上的手动吸盘可使在玻璃就位时,在不同高度工作的工人都能用手协助玻璃就位。拉缆绳索是为了起吊、旋转、就位玻璃时,工人能控制玻璃的摆动,防止玻璃受风力和吊车转动发生失控。

在要安装玻璃处上下边框的内侧粘贴低发泡间隔方胶条,胶条的宽度与设计的胶缝宽度相同。粘贴胶条时要留出足够的注胶厚度。

b.玻璃定位。安装好玻璃吊夹具,吊杆螺栓应放置在标注在钢横梁上的定位位置处。反复调节杆螺栓,使玻璃提升和正确就位。第一块玻璃就位后要检查玻璃侧边的垂直度,以后就位的玻璃只需检查与已就位好的玻璃上下缝隙是否相等且符合设计要求。安装上部外金属夹扣后,填塞上下边框外部槽口内的泡沫塑料圆条,安装好的玻璃临时固定。

⑤注密封胶:注密封胶之前将所有注胶部位的玻璃和金属表面都要用丙酮或专用清洁剂擦拭干净,不能用湿布和清水擦洗,注胶部位表面必须干燥。然后沿胶缝位置粘贴胶带纸带,防止硅胶污染玻璃。要安排受过训练的专业注胶工进行施工,注胶时应内外双方同时进行,注胶要匀速、匀厚,不夹气泡。注胶后用专用工具刮胶,使胶缝呈微凹曲面。

注胶工作不能在风雨天进行,防止雨水浸入胶缝。另外,注胶也不宜在低于5 ℃的低温条件下进行,温度太低胶液会发生流淌、延缓固化时间,甚至会影响拉伸强度。必须严格遵照产品说明书的要求施工。

耐候硅酮嵌缝胶的施工厚度应介于35~45 mm 之间,太薄的胶缝对保证密封质量和防止雨水不利。胶缝的宽度通过设计计算确定,最小宽度为6 mm,常用宽度为8 mm,对受风荷载较大或地震设防要求较高时,可采用10 mm 或12 mm。结构硅酮密封胶必须在产品有效期内使用,施工验收报告要有产品证明文件和记录。

⑥表面清洁和验收：

a.将玻璃内外表面清洗干净。

b.再一次检查胶缝并进行必要的修补。

c.整理施工记录和验收文件,积累经验和资料。

5.2.5 点支式连接玻璃幕墙安装方法

点支式连接玻璃幕墙是指在幕墙玻璃四角打孔,用幕墙专用钢爪将玻璃连接起来并将荷载传给相应构件,最后传给主体结构的幕墙做法。它追求建筑物内外空间的更多融合,人们可透过玻璃清晰地看到支承玻璃的整个构架体系,使得这些构架体系从单纯的支承作用转向具有形式美、结构美的元素,具有强烈的装饰效果。点支式连接玻璃幕墙被广泛应用于各种大型公共建筑中共享空间的外装饰。

1)点支式连接玻璃幕墙的形式

点支式连接玻璃幕墙由装饰面玻璃,点支撑装置和支撑结构组成。按外立面装饰效果分为平头点支式玻璃幕墙和凸头点支式玻璃幕墙。按支承结构分为玻璃肋点支式玻璃幕墙、钢结构点支式玻璃幕墙、钢拉杆点支式玻璃幕墙和钢拉索点支式玻璃幕墙。图 5.18 为点支式玻璃幕墙。

图 5.18　点支式玻璃幕墙

2)点支式连接玻璃幕墙的构造要点

点支式连接玻璃幕墙改变了以往玻璃幕墙均用厚重的横竖龙骨来支承、悬挂或黏结玻璃的做法,改为在玻璃板面打孔后穿接加有柔性垫圈的螺栓,固定在 X 形或 H 形支承件(驳接爪)上,支承件再与玻璃肋或钢桁架、索桁架连接形成整体、传递荷载的构造做法。图 5.19 为 X 形连接件连接在空腹钢桁架上的安装示意图,从图中可以看出连接玻璃的紧固螺栓已超出玻璃外表面,形成浮头式连接;如图 5.20 所示紧固螺栓与玻璃外表面平齐,形成沉头式连接。以上两种连接均有外露连接件,尽管垫有柔性垫圈和嵌填密封胶,但已形成"冷桥",且易形成渗漏通道。为了克服以上点支式连接的缺陷,可采用背栓式点支式连接玻璃幕墙做法,由于背栓式螺栓不穿越玻璃,背栓扩孔深在玻璃厚度的一半处,此时玻璃外表面无任何紧固件外露,在幕墙外侧看到的是完整无缺的玻璃板面,反射光影连续、平展,艺术效果较前述为佳。同时背栓式螺栓未外露,故消除了钢螺栓的"冷桥"现象。背栓式螺栓扩大头套有耐候塑料垫圈,与玻璃不直接接触,且塑料垫圈可按设计师或业主的要求做成需要的颜色。由于垫圈的存在,能缓冲背栓与玻璃之间的接触应力。背栓式点支式连接玻璃板厚度为 10 mm 时,背栓孔深为 6 mm;厚度为 12 mm 时,背栓孔深为 7 mm。

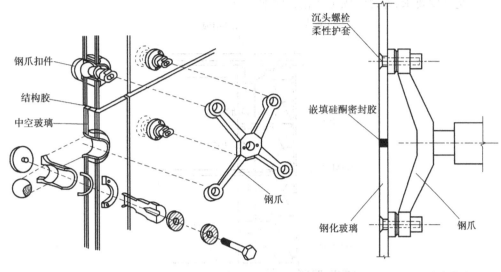

图 5.19　点支式玻璃幕墙安装示意图　　　图 5.20　沉头式玻璃幕墙

点支式连接玻璃上的开孔应在玻璃未钢化前用专用工具打好,再进行钢化处理。

背栓式点支式连接安装时,将背栓插入玻璃孔中,收紧螺母,扩大头的垫片挤入扩孔,完成背栓螺栓与玻璃的连接。在桁架上固定好钢爪,将背栓螺钉装入钢爪的安装孔中(孔内有可自由转动的半球状构造,形成回转铰),调整钢爪位置,拧紧螺母,将背栓固定在钢爪上,完成玻璃安装。钢爪装在钢桁架上时,形成钢桁架点支式连接玻璃幕墙;装在索桁架上时,形成拉索式点支式连接玻璃幕墙。

3)点支式连接玻璃幕墙的施工

(1)工艺流程

工艺流程:测量定位→支承结构制作安装→玻璃安装→立面墙趾安装→竣工验收。

(2)施工要点

①测量定位:按设计轴线及标高,分别测设屋面、楼板或支承钢梁、水平基础梁、各楼层钢索水平撑杆的轴线及标高,形成三维立体控制网,从而满足幕墙、支承结构、索桁架、钢爪定位等要求。

②支承结构制作安装:在主体结构上安装悬挑梁或在主梁上安装张拉附梁。在梁上设计位置安装悬挂钢索的锚墩,根据钢索的空间位置计算出各种角度后与钢梁(其他梁)焊接成整体。此时应注意主梁在幕墙自重、钢索预应力等作用下产生的挠度。

a.地锚安装。在地锚的预埋件上用螺栓固定 20 mm 厚不锈钢底板,然后将筋板焊于底板上形成倒 T 形连接件。

b.钢索体系安装,如图 5.21 所示。

根据钢索的设计长度及在设计预拉力作用下钢索延伸长度下料;在地面按图组装单榀索桁架,并初步固定连系杆;制作索杆架的上索头和下索头;将索桁架上索头固定在锚墩上;用千斤顶在地面张拉钢索并将下索头与地锚筋板采用开口销固定;依次安装幕墙立面全部索桁架;穿水平索,按设计位置调正连系杆的水平位置并固定;安装钢爪,使十字钢爪臂与水平成45°H形钢爪,主爪臂与水平成90°;测量检验钢爪中心的整体平面度、垂直度、水平度调整到满足精度要求,并最终固定调正整体索桁架。

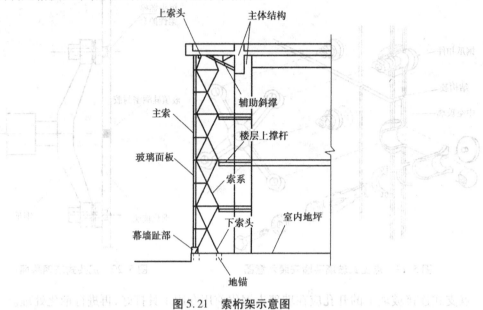

图5.21　索桁架示意图

③玻璃安装:按设计位置、尺寸将玻璃编号,自上而下安装玻璃。玻璃拼缝宽度顺直及高低差符合要求。用连接件与钢爪固定连接,最后清理拼缝并注胶。

④立面墙趾安装:玻璃幕墙的墙趾构造是将不锈钢U形地槽用铆钉固定在地梁预埋件上,地槽内按一定间距设有经过防腐处理的垫块。当玻璃幕墙就位并调整其位置至符合要求后,再在地槽两侧嵌入泡沫棒并注满硅酮密封胶,最后在墙趾表面安装相应的装饰面板。

5.2.6　玻璃幕墙质量标准

1)主控项目

①玻璃幕墙工程所使用的各种材料、构件和组件的质量应符合设计要求和国家现行产品标准以及工程技术规范的规定。

②玻璃幕墙的造型和立面分格应符合设计要求。

③玻璃幕墙使用的玻璃应符合下列规定:

a.幕墙应使用安全玻璃,玻璃的品种、规格、颜色、光学性能及安装方向应符合设计要求。

b.幕墙玻璃的厚度不应小于6.0 mm。幕墙的中空玻璃应采用双道密封。明框玻璃的中空玻璃应采用聚硫密封胶及丁基密封胶;隐框和半隐框玻璃幕墙的中空玻璃应采用硅酮结构密封胶及丁基密封胶。

c.幕墙的夹层玻璃应采用聚乙烯醇缩丁醛(PVB)胶片干法加工合成的夹层玻璃。

d.钢化玻璃表面不得有损伤;8.0 mm以下的钢化玻璃应进行引爆处理。

e.所有幕墙玻璃均应进行边缘处理。

④玻璃幕墙与主体结构连接的各种预埋件、连接件、紧固件必须安装牢固,其数量、规格、位置、连接方法及防腐处理应符合设计要求。

⑤各种连接件、紧固件的螺栓应有防松动措施;电焊连接应符合设计要求及焊接规范的规定。

⑥隐框或半隐框幕墙,每块玻璃下端应设置两个铝合金或不锈钢托条,其长度不应小于100 mm,厚度不应小于2 mm,托条外端应低于玻璃外表面2 mm。

⑦明框玻璃幕墙的玻璃安装,应符合下列规定:

a. 玻璃槽口与玻璃的配合尺寸应符合设计要求和技术标准的规定。

b. 玻璃与构件不得直接接触,玻璃四周与构件凹槽底部应保持一定的空隙,每块玻璃下部应至少放置两块宽度与槽口宽度相同、长度不于小100 mm 的弹性定位垫块;玻璃两边嵌入量及缝隙应符合设计要求。

c. 玻璃四周橡胶条的材质、型号应符合设计要求,镶嵌应平整,橡胶条长度应比边框内槽长 1.5% ~2.0%,橡胶条在转角处应斜面断开,并应用黏结剂粘贴牢固后嵌入槽内。

⑧玻璃幕墙四周、玻璃幕墙内表面与主体结构之间的连接节点、各种变形缝、墙角的连接节点应符合设计要求和技术标准的规定。

⑨玻璃幕墙应无渗漏。

⑩玻璃幕墙结构胶和密封胶的打注应饱满、密实、连续、均匀、无气泡,宽度和厚度应符合设计要求和技术标准的规定。

⑪玻璃幕墙开启窗的配件齐全,安装应牢固,安装位置和开启方向、角度应正确;开启应灵活,关闭应严密。

⑫玻璃幕墙的防雷装置必须与主体结构的防雷装置可靠连接。

2)一般项目

①玻璃幕墙表面应平整、洁净;整幅玻璃的色泽应均匀一致;不得有污染和镀膜损坏。

②每平方米玻璃的表面质量和检验方法应符合表5.2的规定。

③一个分格铝合金型材的表面质量和检验方法应符合表5.3的规定。

表5.2　每平方米玻璃的表面质量和检验方法

项　次	项　目	质量要求	检验方法
1	明显划伤和长度>100 mm 的轻微划伤	不允许	观察
2	长度≤100 mm 的轻微划伤	≤8 条	用钢尺检查
3	擦伤总面积	≤500 mm^2	用钢尺检查

表5.3　一个分格铝合金型材的表面质量和检验方法

项　次	项　目	质量要求	检验方法
1	明显划伤和长度>100 mm 的轻微划伤	不允许	观察
2	长度≤100 mm 的轻微划伤	≤2 条	用钢尺检查
3	擦伤总面积	≤500 mm^2	用钢尺检查

④明框玻璃幕墙的外露框或压条应横平竖直,颜色、规格应符合设计要求,压条安装应牢固。单元玻璃幕墙的单元拼缝或隐框玻璃的分格玻璃拼缝应横平竖直、均匀一致。

⑤玻璃幕墙的密封胶缝应横平竖直、深浅一致、宽窄均匀、光滑顺直。

⑥防火、保温材料填充应饱满、均匀,表面应密实、平整。

⑦玻璃幕墙隐蔽节点的遮封装修应牢固、整齐、美观。

⑧明框玻璃幕墙安装的允许偏差和检验方法应符合表5.4的规定。

⑨隐框、半隐框玻璃幕墙安装的允许偏差和检验方法应符合表5.5的规定。

表5.4 明框玻璃幕墙安装的允许偏差和检验方法

项 次	项 目		允许偏差/mm	检验方法
1	幕墙垂直度	幕墙高度≤30 m	10	用经纬仪检查
		30 m<幕墙高度≤60 m	15	
		60 m<幕墙高度≤90 m	20	
		幕墙高度>90 m	25	
2	幕墙水平度	幕墙幅度≤35 m	5	用水平仪检查
		幕墙幅度>35 mm	7	
3	构件直线度		2	用2 m靠尺和塞尺检查
4	构件水平度	构件长度≤2 m	2	用水平仪检查
		构件长度>2 m	3	
5	相邻构件错位		1	用钢直尺检查
6	分格框对角线长度差	对角线长度≤2 m	3	用钢直尺检查
		对角线长度>2 m	4	

表5.5 隐框、半隐框玻璃幕墙安装的允许偏差和检验方法

项 次	项 目		允许偏差/mm	检验方法
1	幕墙垂直度	幕墙高度≤30 m	10	用经纬仪检查
		30 m<幕墙高度≤60 m	15	
		60 m<幕墙高度≤90 m	20	
		幕墙高度>90 m	25	
2	幕墙水平度	层高≤3 m	5	用水平仪检查
		层高>3 mm	7	
3	幕墙表面平整度		2	用2 m靠尺和塞尺检查
4	板材立面垂直度		2	用垂直检测尺检查
5	板材上沿水平度		2	用1 m水平尺和钢直尺检查
6	相邻板材板角错位		1	用钢直尺检查

项　次	项　目	允许偏差/mm	检验方法
7	阳角方正	2	用直角检测尺检查
8	接缝直线度	3	拉 5 m 线,不足 5 m 拉通线,用钢直尺检查
9	接缝高低差	1	用钢直尺和塞尺检查
10	接缝宽度	1	用钢直尺检查

5.2.7　玻璃幕墙成品保护

铝合金框料及各种附件,进场后分规格、分类码放在防雨的专用库房内,不得在其上压放重物。运料时轻拿轻放,防止碰坏划伤。玻璃要防止日光暴晒,存放在库房内,分规格立放在专用木架上,设专人看管和运输,防止碰坏和划伤表面镀膜。

在安装铝合金框架的过程中,注意对铝框外膜的保护,不得划伤。搭设外架子时注意对玻璃的保护,防止撞破玻璃。

铝合金横、竖龙骨与各附件结合所用的螺栓孔,要预先用机械打好孔,不得用电焊烧孔。在安装过程中,防止构件下落,因此要支搭安全网。

靠近玻璃幕墙的各道工序,在施工操作前应对玻璃作好临时保护,如用纤维板遮挡。

5.3　金属幕墙工程

5.3.1　金属幕墙概述

在现代建筑装饰中,金属制品受到广泛应用,如柱子外包不锈钢板或铜皮,楼梯扶手采用不锈钢管或铜管等。金属幕墙类似于玻璃幕墙,它是由工厂定制的折边金属薄板作为外围护墙面,与窗一起组合成幕墙,形成闪闪发光的金属墙面,有其独特的现代艺术感。

与玻璃幕墙相比,金属幕墙主要有几个特点:强度高、质量小、板面平整无瑕;优良的成型性,加工容易、质量精度高、生产周期短,可进行工厂化生产;防火性能好。金属幕墙适用于各种工业与民用建筑。

金属幕墙一般是悬挂在承重骨架和外墙面上,具有典雅庄重、质感丰富以及坚固、耐久、易拆卸等优点。施工方法多为预制装配,节点构造复杂,施工精度要求高,必须有完备的工具和经过培训的、有经验的工人才能完成操作。金属幕墙的种类繁多,按材料分类,可分为单一材料板(如钢板、铝板、铜板、不锈钢板等)和复合材料板(如铝合金板、搪瓷板、烤漆板、镀锌板、彩色塑料膜板、金属夹心板等);按板面的形状分类,可分为光面平板、纹面平板、压型板、波纹板和立体盒板等。

5.3.2 金属幕墙施工准备

1)幕墙板材

金属幕墙所使用的面材主要有复合铝板、单层铝板、蜂窝铝板等,如图 5.22 所示。

  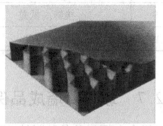

(a)复合铝板   (b)单层铝板   (c)蜂窝铝板

图 5.22　常见各种铝板

(1)复合铝板

复合铝板是由内外两层均为 0.5 mm 厚的铝板中间夹持 2~5 mm 厚的聚乙烯或硬质聚乙烯发泡板构成,板面涂有氟碳树脂涂料,形成一种坚韧、稳定的膜层,附着力和耐久性非常强,色彩丰富,板的背面涂有聚酯漆以防止可能出现的腐蚀。复合铝板是金属幕墙早期出现时常用的采用 2.5 mm 或 3 mm 厚铝合金板,外幕墙用单层铝板表面与复合铝板正面涂膜材料一致,膜层坚韧性、稳定性、附着力和耐久性完全一致。

(2)单层铝板

单层铝板是在一定厚度的铝合金板材表面直接制作仿真图纹即木纹/大理石图纹或喷涂颜色的一种高档金属装饰材料。单层铝板基材采用 1100H24,1060H24,3003H24,5005H24 等幕墙专用单层铝合金板。

常规厚度有 1.5,2.0,2.5,3.0 mm(其他可定制);常用规格:长度<5 m,宽度<3 m(其他可定制)。

单层铝板的特点:

①质量小、刚性好、强度高。

②耐候性和耐腐蚀性好。单层铝板幕墙板耐腐蚀性能好,氟碳漆可达 25 年不褪色。

③工艺性好。铝板可加工成平面、弧形和球面等各种复杂几何形状。

④涂层均匀、色彩多样,可根据工程实际需要调配各种颜色。

⑤不易玷污,便于清洁保养。氟涂料膜的非黏着性,使得表面很难附着污染物,更具有良好的易清洁性。

⑥安装施工方便快捷。铝板在工厂成型,施工现场不需裁切只需简单固定。

⑦可回收再利用,有利于环保。铝板可 100% 回收,回收价值更高。

(3)蜂窝铝板

蜂窝铝板是两块铝板中间加蜂窝芯材黏结成的一种复合材料。根据幕墙的使用功能和耐久年限的要求,可分别选用厚度为 10,12,15,20 和 25 mm 的蜂窝铝板。厚度为 10 mm 的蜂窝铝板应由 1 mm 的正面铝板和 0.5~0.8 mm 厚的背面铝合金板及铝蜂窝黏结而成,厚度在 10 mm 以上的蜂窝铝板,其正面及背面的铝合金板厚度均应为 1 mm。幕墙用蜂窝铝板的应为铝蜂窝,蜂窝的形状有正六角形、扁六角形、长方形、正方形、十字形、扁方形等,蜂窝芯材要经特殊处理,否则其强度低、寿命短,如对铝箔进行化学氧,其强度及耐蚀性能会有所增加。蜂窝芯材除铝箔外,还有玻璃钢蜂窝和纸蜂窝,但实际中使用得不多。由于蜂窝铝板的造价很高,所以用量不大,如图 5.23 所示。

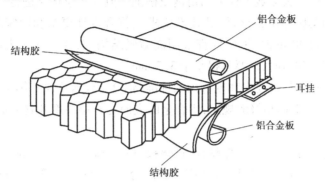

图 5.23　蜂窝铝板的构造

识链接

常见金属面材

　　铝合金板材(单层铝板、复合铝板、蜂窝铝板)表面进行氟碳树脂处理时,应符合下列规定:氟碳树脂含量不应低于 75%;海边及严重酸雨地区,可采用三道或四道氟碳树脂涂层,其厚度应大于 40 mm;其他地区可采用两道氟碳树脂涂层,其厚度应大于 25 mm。

　　氟碳树脂涂层应无气泡、裂纹、剥落等现象。幕墙用单层铝板厚度不应小于 2.5 mm。铝塑复合板的上下两层铝合金板的厚度均应为 0.5 mm,铝合金板与夹心层的剥离强度标准值应大于 7 N/mm。蜂窝铝板应符合设计要求。厚度为 10 mm 的蜂窝铝板应由 1 mm 厚的正面铝合金板和 0.5~0.82 mm 厚的背面铝合金板及铝蜂窝黏结而成;厚度在 10 mm 以上的蜂窝镉板,其正背面铝合金板厚度均应为 1 mm。

　　夹芯保温铝板与铝蜂窝板和铝复合板形式类似,只是中间的芯层材料不同,夹芯保温铝板芯层采用的是保温材料(岩棉等)。

　　不锈钢板有镜面不锈钢板、亚光不锈钢板、钛金板等。不锈钢板的耐久、耐磨性非常好,但过薄的板板会鼓凸,过厚的自重和价格又非常高,所以不锈钢板幕墙使用得不多,只是在幕墙的局部装饰上发挥着较大的作用。

　　彩涂钢板是一种带有有机涂层的钢板,具有耐蚀性好,色彩鲜艳,外观美观,加工成型方便及具有钢板原有的强度等优点而且成本较低等特点。彩涂钢板的基板为冷轧基板、热镀锌基板和电镀锌基板。涂层种类可分为聚酯、硅改性聚酯、偏聚二氟乙烯和塑料溶胶。彩涂钢板的表面状态可分为涂层板、压花板和印花板。彩涂钢板广泛用于建筑家电和交通运输等行业,在建筑业中,主要用于钢结构厂房、机场、库房和冷冻等工业及商业建筑的屋顶、墙面和门窗等,民用建筑采用彩钢板的较少。

　　珐琅钢板其基材厚度为 1.6 mm 的极低碳素钢板(含碳量为 0.004,一般钢板含碳量为 0.060),它与珐琅层釉料的膨胀系数接近,烧制后不会产生胀应力造成的翘曲和鼓凸现象,同时也提高了釉质与钢板的附着强度。珐琅钢板兼具钢板的强度与玻璃质的光滑和硬度,却没有玻璃的脆性,玻璃质混合料可调制成各种色彩、花纹。在建筑工程中,珐琅钢板应用较少。

2）幕墙其他材料

（1）骨架材料

金属幕墙骨架是由横竖杆件拼成的,主要材质为铝合金型材或型钢等。因型钢较便宜、强度高、安装方便,所以大多数工程采用角钢或槽钢。但骨架应预先进行防腐处理。幕墙使用的不锈钢宜采用奥氏体不锈钢材,其技术要求应符合设计要求和国家现行标准的规定。钢结构幕墙高度超过 40 m 时,钢构件宜采用高耐候结构钢,并应在其表面涂刷防腐涂料。钢构件采用冷弯薄壁型钢时,壁厚不得小于 3.5 mm。

铝合金型材应符合设计要求和现行国家标准《铝合金建筑型材 第 1 部分:基材》（GB/T 5237.1—2017）中有关高精级的规定;铝合金的表面处理层厚度和材质应符合现行国家标准的有关规定。

固定骨架的连接件,主要有膨胀螺栓、铁垫板、垫圈、螺帽及与骨架固定的各种设计和安装所需要的连接件,应符合设计要求,并应有出厂合格证,同时应符合现行国家标准的有关规定。

（2）建筑密封材料

幕墙采用的橡胶制品宜采用三元乙丙橡胶、氯丁橡胶;密封胶条应为挤出成形,橡胶块应为压模成形。密封胶条的技术性能方法应符合设计要求和国家现行标准的规定。幕墙应采用中性硅酮结构密封胶。同一幕墙工程应采用同一品牌的硅酮结构密封胶和硅酮耐候密封胶配套使用。其性能应符合有关规定。

（3）硅酮结构密封胶

幕墙应采用中性硅酮结构密封胶;硅酮结构密封胶分单组分和双组分,其性能应符合现行国家标准《建筑用硅酮结构密封胶》（GB 16776—2005）的规定。同一幕墙工程应采用同一品牌的单组分或双组分的硅酮结构密封胶,并应有保质年限的质量证书和无污染的试验报告。同一幕墙工程应采用同一品牌的硅酮结构密封胶和硅酮耐候密封胶配套使用。

3）金属幕墙主要机具

金属幕墙施工主要机具有切割机、成型机、弯边机、砂轮机、连接金属板的手提电钻、混凝土墙打眼电钻等。

4）施工准备及作业条件

（1）施工准备

①施工前应按设计要求准确提出所需材料的规格及各种配件的数量,以便于加工定做。

②施工前,对照金属板幕墙的骨架设计,复检主体结构的质量。因为主体结构质量的好坏对幕墙骨架的排列位置影响较大,特别是墙面垂直度、平整度的偏差,将会影响整个幕墙的水平位置。此外,对主体结构的预留孔洞及表面的缺陷,应作好检查记录,及时提醒相关方面解决。

③详细核查施工图纸和现场实测尺寸,以确保设计加工的完善,同时认真与结构图纸及其他专业图纸进行核对,以便及时发现其不相符部位,尽早采取有效措施纠正。

（2）作业条件

①现场要单独设置库房。构件进入库房后应按品种和规格堆放在特种架子或垫木上。

在室外堆放时,要采取保护措施。构件安装前均应进行检验和校正,构件应平直、规方,不得有变形和剐痕。

②根据幕墙骨架设计图纸规定的高度和宽度,搭设施工双排脚手架。如果利用建筑物结构施工时的脚手架,则应进行检查修整,使其符合高空作业安全规程的要求。大风、低温及下雨等气候条件下不得进行施工。

③安装施工前要安装吊篮,并将金属板及配件用塔吊、外用电梯等垂直运输设备运至各施工面层上。

5.3.3　金属幕墙施工工艺

金属板幕墙施工是一项细活,工程质量要求高,技术难度较大。因此,在施工前应认真查阅图纸,领会设计意图,并应详细进行技术交底,使操作者能够主动地做好每一道工序(包括一些细小的节点)。由于金属板的安装固定方法较多,建筑物的立面也不尽相同,所以,这里只能就一些工程中的基本程序及注意事项加以介绍。

1)确定施工工艺流程

工艺流程:测量放线→预埋件位置尺寸检查→金属骨架安装→避雷连接→防腐蚀处理→防火保温棉安装→金属板安装→注密封胶→幕墙表面清理→工程验收。

2)金属幕墙的施工

(1)一般规定

金属板幕墙在制作前应对建筑图纸进行核对,并对已建建筑物进行复测,按实测结果调整幕墙,经设计单位同意后方可加工组装。金属板幕墙采用的材料、零部件应符合规定,并应有出厂合格证。加工幕墙构件所采用的设备、机具应能达到幕墙构件加工精度的要求,其量具应定期进行计量鉴定。

(2)加工过程

①检查所有加工的物件。

②将检查合格的铝材包好保护胶纸。

③根据施工图按工程进度加工,加工后应除去尖角和毛刺。

④按施工图要求,将所需配件安装于铝(铜)型材上。

⑤检查加工符合图纸要求后,将铝(铜)型材编号、分类、包装放置。

(3)加工技术要求

①各种型材下料长度尺寸允许偏差为±1.0 mm,横梁的允许偏差为±0.5 mm,竖框的允许偏差为±1.0 mm,端头斜度的允许偏差为−15 mm。

②各加工面须去毛刺、飞边,截料端头不应有加工变形,毛刺不应大于0.2 mm。

③螺栓孔由钻孔和扩孔两道工序完成。

④螺栓孔尺寸要求:孔位允许偏差为±0.5 mm,孔距允许偏差为±0.5 mm,累计偏差不应大于±1.0 mm。

⑤彩色钢板型材应在专业工厂加工,并在型材成型、切割、打孔后依次进行烘干、静电喷涂有机物涂层、高温烤漆等表面处理。此种型材不允许在现场进行二次加工。

（4）加工质量要求

金属板幕墙结构杆件截料之前应进行校正调整。构件的连接要牢固，各构件连接处的缝隙应进行密封处理。金属板幕墙与建筑主体结构连接的固定支座材料宜选用铝合金、不锈钢或表面热镀锌处理的碳素结构钢，并应具备调整范围，其调整尺寸不应小于 40 mm。

非金属材料的加工使用应符合下列要求：幕墙所使用的垫块、垫条的材质应符合《建筑橡胶密封垫——预成型实心硫化的结构密封垫用材料规范》的规定。

金属板幕墙施工中，对所需注胶部位及其他支撑物的清洁应严格掌握。

3）幕墙型材骨架安装

（1）预埋件制作安装

金属板幕墙的竖框与混凝土结构宜通过预埋件连接，预埋件应在主体结构混凝土施工时埋入。土建工程施工时，严格按照预埋施工图安放预埋件，其允许位置尺寸偏差为 ±20 mm，然后进行预埋件施工。

预埋件通常是由锚板和对称配置的直锚筋组成。钢筋宜采用 HPB235 级或 HPB335 级钢筋，不得采用冷加工钢筋；预埋件的受力直锚筋不宜少于 4 根，直径不宜小于 8 mm，受剪预埋件的直锚筋可用 2 根。预埋件的锚盘应放在外排主筋的内侧，锚板应与混凝土墙平行且埋板的外表面不应凸出墙的外表面。充分利用锚筋的受拉强度，锚固长度应符合表 5.6 的要求。钢筋的最小锚固长度在任何情况下不应小于 250 mm，光圆钢筋的端部应作弯钩。

表 5.6　锚固钢筋的锚固长度

钢筋类型	混凝土强度等级	
	C25	≥C30
HPB235 级钢筋	30d	25d
HPB335 级钢筋	40d	35d

锚板的厚度应大于钢筋直径的 0.6 倍，受拉和受弯预埋件锚板的厚度应大于 $b/8$（b 为锚筋间距）。锚筋中心至锚板边缘距离不应小于 2d（d 为锚筋直径）及 20 mm。对于受拉和受弯预埋件，其钢筋间距和锚筋至构件边缘的距离均不应小于 3d 及 45 mm；对于受剪预埋件，其钢筋的间距 b 不应大于 300 mm。

当主体结构为混凝土结构时，如果没有条件采取预埋件时，应采取其他可靠的连接措施，并应通过试验确定其承载能力。膨胀螺栓是后置连接件，应确保安全。

无论是新旧建筑，当主体结构为实心砖墙体时，不允许采用膨胀螺栓来固定后置锚板，必须用钢筋穿透墙体，将钢筋的两端分别焊接到墙内和墙外两块钢板上；钢筋与钢板的焊接应符合施工规范要求。当主体结构为轻质墙体，如空心砖、加气混凝土砌块等，上述固定方式不能采用，必须根据实际情况，由专业的设计单位经过计算后，采取其他稳妥的固定措施。

（2）定位放线

放线前，应重点关注以下问题：

①对照金属板幕墙的框架设计，检查主体结构质量，特别是墙面的垂直度、平整度的偏差。

②放线工作应根据土建图纸提供的中心线及标高进行。

③熟悉本工程金属板幕墙的特点,其中包括骨架的设计特点。

放线的原则:对由横梁与竖框组成的幕墙,一般先弹出竖框的位置,然后确定竖框的锚固点,待竖框通长布置完毕,横梁再弹到竖框上。

(3)铁码安装与防锈处理

安装前,首先要清理预埋铁件。由于在实际施工中,预埋铁件有的位置偏差过大,有的钢板被混凝土埋没,有的甚至漏埋,直接影响连接铁件的安装。因此,测量放线前,应逐个检查预埋铁件的位置,并把铁件上的水泥灰渣剔除干净,不能满足锚固要求的位置,应把混凝土剔平以便增设埋件。

铁码安装及其技术要求:铁码须按设计图加工,表面处理按国家的有关规定进行热浸镀锌,根据图纸检查并调整所放的线,将铁码焊接固定于预埋件上,待幕墙校准之后,将组件铝码固定在铁码上。焊接时,应采取对称焊,焊缝不得有夹渣和气孔,敲掉焊渣后对焊缝涂防锈漆进行防锈处理。

防锈处理技术要求:不能于潮湿、多雾及阳光直接暴晒之下涂漆。表面尚未完全干燥或蒙尘表面不能涂漆。涂第二遍漆或以后涂漆时,均应在前一遍涂层已经固化后进行。涂漆时表面需经砂纸打磨光滑,整个涂层要均匀,防止角部及接口处涂漆过量。在涂漆未完全干燥时,不应在涂漆处进行任何其他施工。

所有连接件锚定后,其外伸端面必须处在同一个垂直平整的立面上。

(4)型材骨架安装

①铝合金(型钢)型材安装技术要求。检查放线是否正确,并用经纬仪对横梁、竖框进行贯通,尤其是建筑转角、变形缝、沉降缝等部位;竖框与铁码的接触面上放 1 mm 厚绝缘层,以防金属电解腐蚀;校正竖框尺寸后拧紧螺栓;通过铝角将横档固定在竖框上,安装好后用密封胶将横档间的接缝密封。检查竖框和横档的安装尺寸,其允许偏差见表 5.7。

表 5.7　竖框和横档的允许偏差

项　次	项　目		允许偏差/mm	检查方法
1	垂直度	幕墙高度≤30 mm	10	激光仪或经纬仪
		30 m<幕墙高度≤60 m	15	
		60 m<幕墙高度≤90 m	20	
		幕墙高度>90 m	25	
2	竖直构件线度		3	3 m 靠尺、塞尺
3	横向构件水平度	<2 000 mm	2	水平仪
		>2 000 mm	3	
4	同高度相邻两根横向构件高度差		1	钢板尺、塞尺
5	分格框对角线差	对角线长<2 000 mm	3	3 m 钢卷尺
		对角线长>2 000 mm	3.5	
6	拼缝宽度(与设计值比)		2	卡尺

②铝合金型材安装施工:竖框的安装是金属幕墙安装施工的关键工序之一。安装工作一般是从底层开始,逐层向上推移。金属幕墙的平面轴线与建筑物外平面轴线距离的允许偏差应控制在 2 mm 以内,特别是建筑物平面呈弧形、圆形和四周封闭的金属幕墙,其内外轴线距离直接影响幕墙的周长,应特别认真对待。

竖框与连接件要用螺栓连接,螺栓要采用不锈钢件,同时要保证足够长度,螺母紧固后,螺栓要长出螺母3 mm 以上;螺母和连接件之间要加设足够厚度的不锈钢或镀锌垫片和弹簧垫圈。一般情况下,以建筑物的一个层高为一根竖框。由于金属幕墙随温度的变化而产生伸缩,而铝板、复合板等不同材料的膨胀系数不同,这些伸缩如被抑制,材料内部将产生很大的应力,轻则会使幕墙发出响声,重则会导致幕墙变形,因此,框与框及板与框之间都要留有伸缩缝。伸缩缝处采用特制插件进行连接,即套筒连接法,可消除幕墙挠曲变形及温度应力的影响。

根据弹线所确定的位置安装横梁,安装横梁时最重要的是要保证横梁和竖框的外表面处于同一立面上。

横梁竖框间通常采用角码进行连接,角码一般用角铝或镀锌铁件制成。横梁与竖框间也应设有伸缩缝,待横梁固定后,用硅酮密封胶将伸缩缝密封。在型材框上钻孔时,特别注意的是钻头直径应小于自攻螺丝的直径。横梁的安装应自下向上进行,当安装完一层高度时,应进行检查、调整、校正。

(5)保温防潮层安装

如果在金属板幕墙的设计中,既有保温层又有防潮层,应先安装防潮层,然后再在防潮层上安装保温层。大多数金属板幕墙的设计通常只有保温层而不设防潮层,只需将保温层直接安装到墙体上。

(6)防火棉安装

应采用优质防火棉,抗火期限必须达到有关标准的要求。防火棉用镀锌铜板固定,应使防火棉连续地密封在楼板与金属板之间的空位上,形成一道防火带,中间不得有空隙。

(7)防雷保护设施

幕墙设计时,都会考虑使整片幕墙框架具有有效的电传导性,并提供足够的防雷保护接合端。大厦防雷系统及防雷接地措施一般由专门的机构负责,一般要求防雷系统直接接地,不应与供电及其他系统合用接地线。

4)幕墙金属板加工与安装

幕墙金属板常用的板材品种很多,在我国用得最多、效果最好的是复合铝塑板、单层铝板板和铝合金蜂窝等。

(1)复合铝塑板的加工

复合铝塑板的加工应在洁净的专门车间中进行,加工的工序主要为复合铝塑板裁切、刨沟和固定。板材储存时应在10°以内倾斜放置,底板需用厚木板垫底,使其不至于产生弯曲现象;搬运时需两人取放,将板面朝上,切勿推拉,以防擦伤。板材上切勿放置重物或者践踏,以防产生弯曲或凹陷现象。如果采用手工裁切,在裁切前应将工作台清洁干净,以免板面受损。

①复合铝塑板裁切:裁切是复合铝塑板加工的第一道工序。板材的裁切可用剪床、电锯、圆盘锯和手电锯等工具,按照设计要求加工出所需尺寸。

②复合铝塑板刨沟:复合铝塑板刨沟有两种机具,一种是带有床体的数控刨沟机,只需将要刨沟的板材放到机床上,调好刨刀的距离,就可以准确无误地完成刨沟任务;另一种是手提电动刨沟机,操作时要使用平整的工作台,要求操作人员熟练掌握工具的使用技巧。应尽量少用手动刨沟机,因为复合铝塑板对刨沟工艺的精确度要求很高,而手工操作误差较大,不小心就会穿透复合铝塑板的塑性材料层,损伤面层铝板。

刨沟机上带有不同的刨刀,通过更换不同的刨刀,可在复合铝塑板上刨出不同形状的沟。复合铝塑板的刨沟深度应根据板材的厚度而定。一般情况下,塑性材料保护层保留的厚度应在 1/4 左右,不能将塑性材料层全部刨开,以防止面层铝板的内表面长期裸露而受到腐蚀。如果只剩一层铝板,弯折处板材强度会降低,导致板材使用寿命缩短。

板材被刨沟以后,再按设计对边角进行裁剪,就可将板材弯折成所需要的形状。在刨沟处弯折时,要将碎屑清理干净;切勿多次反复弯折和急速弯折,防止铝板受到破损,强度降低;弯折后的板材四角对接处要用密封胶进行密封;对有毛刺的边角可用锉刀修边,注意切勿损伤铝板表面;需要钻孔时,可用电钻、线锯等在铝塑板上作出圆形、曲线形等多种孔径。

③复合铝塑板与副框及加强筋的固定:板材边缘弯折后,就要与副框固定成型,同时根据板材的性质及具体分格尺寸的要求,在板材背面适当的位置设置加强筋。通常采用铝合金方管作为加强筋,具体数量根据设计确定。一般情况下,当板材长度小于 1 m 时可设一根加强筋;当板材长度小于 2 m 时可设两根加强筋;板材长度大于 2 m 时,应按设计要求增加加强筋的数量。

副框与板材的侧面可用抽芯铝铆钉紧固,抽钉间距应在 200 mm 左右。板的正面与副框的接触面间由于不能用铆钉紧固,所以在副框与板材间用结构胶黏结。转角处要用角码将两根副框连接牢固,加强筋与副框间也要用角码连接紧固,加强筋与板材间要用结构胶黏结牢固。铝塑板组装后,应将每块板的对角接缝处用密封胶密封,防止渗水。

复合铝塑板组框中采用双面胶带,只适用于较低建筑的金属板幕墙。对于高层建筑,副框及加强筋与复合铝塑板正面接触处必须采用结构胶黏结,而不能采用双面胶带。

(2)金属板的安装

复合铝塑板与副框组合完成后,开始在主体框架上进行安装。金属板幕墙的主体框架(铝框)通常有两种形状,如图 5.24 所示,其中第一种副框与两种主框都可以搭配使用,但第二种副框只能与第二种主框配合使用;板间接缝宽度按设计而定,安装板前要在竖框上拉出两根通线,定好板间接缝的位置,按照线的位置安装板材;拉线时要使用弹性小的线,以保证板缝整齐。

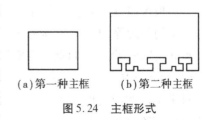

(a)第一种主框　(b)第二种主框

图 5.24　主框形式

副框与主框接触处应加设一层胶垫,不允许刚性连接。如果采用第二种主框,则将胶条安装在两边的凹槽内;如果采用方管作主框,则应用胶条黏结到主框上。板材定位以后,将压片的两脚插到板上副框的凹槽里,将压片上的螺栓紧固即可。金属板与板之间的缝隙一般为 10 ~ 20 mm,用硅酮密封胶或橡胶条等弹性材料封堵,在垂直接缝内放置衬垫棒。

铝合金蜂窝板不仅具有良好的装饰效果,而且还具有保温、隔热、隔音、吸声等功能。铝合金蜂窝板如图 5.25 所示,该种板也用螺栓固定,但在具体构造上与铝合金条板有很大差别。这种幕墙板是连接件将铝合金蜂窝板与骨架连成整体。

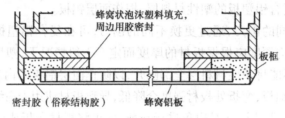

图 5.25　铝合金蜂窝板

（3）注胶封闭

金属板固定后,板间接缝及其他需要密封的部位要采用耐候硅酮密封胶进行密封,注胶时需将该部位基材表面用清洁剂清洗干净后,再注入密封胶。

①耐候硅酮密封胶的施工厚度要控制在 3.5 ~ 4.5 mm,如果注胶太薄对保证密封质量及防止雨水渗漏不利,但也不能注胶太厚,太厚的胶层在受拉时易被拉断导致密封失效。

②耐候硅酮密封胶在接缝内要形成两面黏结,不要三面黏结,否则胶层易被拉断,同样使密封失效。因此,较深的板缝要采用聚乙烯泡沫条填塞,较浅的板缝直接用无黏结胶带垫于底部。

③注胶前,要将需注胶部位用丙酮、甲苯等清洁剂清洗干净,并将溶剂和污物擦拭干净。

④注胶工人一定要熟练掌握技巧,应从一面向另一面单向注,不能两面同时注;垂直注胶时应自下而上;在胶固化以前,要将节点胶层压平,不能有气泡和空洞;注胶要连续,胶缝应均匀饱满。

⑤注意周围环境的湿度及温度等气候条件,应符合耐候硅酮胶的施工条件,一般在 20 ℃左右时,耐候硅酮胶固化完全需要 14 ~ 21 天。

5）节点构造和收口处理

金属板幕墙节点构造设计、水平部位的压顶、端部的收口、伸缩缝的处理、两种不同材料交接部位的处理等,不仅对结构安全与使用功能有着较大的影响,而且也关系到建筑物的立面造型和装饰效果,现将目前国内常见的几种做法介绍如下:

（1）金属幕墙板节点

对于不同的金属板幕墙,其节点处理略有不同,通常在节点的接缝部位易出现上下边不齐或板面不平等问题,故应先将一侧板安装,螺栓不拧紧,用横竖控制线确定另一侧板的安装位置,待两侧板均达到要求后,再依次拧紧螺栓、打密封胶,如图 5.26、图 5.27所示。

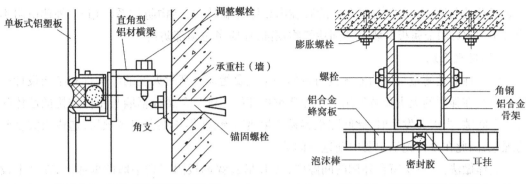

图 5.26　单板或铝塑板节点构造　　　　　图 5.27　蜂窝铝板节点构造

（2）幕墙转角部位

　　幕墙直角部位的处理通常是用一条直角铝合金（型钢、不锈钢）板，与外墙板直接用螺栓连接，或与角位立梃固定，如图 5.28 和图 5.29 所示。

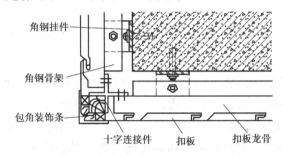

图 5.28　扣板转角处理构造

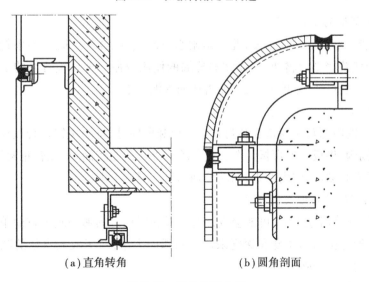

（a）直角转角　　　　　　　　（b）圆角剖面

图 5.29　转角构造大样

6）金属幕墙特殊部位的施工

（1）防雷系统

金属板幕墙应形成自身的防雷体系，并与主体结构的防雷体系有可靠连接，具体做法：

金属板幕墙每隔 10 m 左右在立柱的腹腔内设镀锌扁铁,与结构防雷系统相连,外侧电阻不能大于 10 Ω,如金属板幕墙延伸到建筑物顶部,还应考虑顶部防雷。

(2)防火系统

防火性能是衡量幕墙功能优良与否的一个重要指标。高耐火度的结构件和结构设计是保证建筑在强烈的火灾荷载作用下不受严重损坏的关键。金属板幕墙与主体结构的墙体间有一个间隙,当火灾发生时,此间隙很容易产生热对流,使得热烟上串至顶层,造成火灾蔓延的现象,因此在设计施工中要中断这一间隙。

具体做法:在每层窗台外侧的间隙中,将 L 形镀锌钢板固定到幕墙的框体上,在其上设置不少于两层的防火棉,具体厚度与层数应根据防火等级而定;每层防火棉的接缝应错开,并与四周接触严密;面层要求采用 1.2 mm 以上厚度的镀锌钢板封闭,钢板间连接要采用搭接的方式,钢板与四周及钢板间接缝要用管道防火密封胶进行密封;注胶要均匀、饱满,不能留有气泡和间隙。

(3)金属板幕墙的上部封修

金属板幕墙的顶部是雨水易渗漏及风荷载较大的部位,因此,上部封修质量的好坏是整个金属板幕墙质量及性能好坏的关键之一。

在金属板幕墙埋件的安装施工过程中,如果没有预埋件,则顶端埋件不应采用膨胀螺栓固定埋板,而应穿透墙体,做成夹墙板形式,或采用其他比较可靠的固定方式,两块夹墙钢板之间通过钢筋连接,钢筋一端与外板焊接,另一端套丝后用螺母与内板紧固,然后焊死,连接筋及焊缝均应作防锈处理。对封修板的横向板间接缝及其他接缝处,在注胶时一定要认真仔细,保证注胶质量。

(4)金属板幕墙的下部封修

金属板幕墙下部封修也很重要,此处是雨水及潮气等易浸入部位,如果封修不严密,时间长久以后,会使幕墙受到腐蚀,从而缩短幕墙的使用寿命。金属板幕墙的下端在安装时,框架及金属板不能直接接触地面,更不能直接插入泥土中。

(5)金属板幕墙的内部转角

金属板幕墙的内部转角通常在转角处立一根竖框即可,将两块铝复合板在此对接,而不应在板的内侧刨沟,将板向外弯折。金属板幕墙的外转角比较简单,在转角两侧分别立两根竖框,在复合板内侧刨沟,向内弯折,两端分别固定到竖框上即可。

(6)复合铝塑板的圆弧及圆柱施工

在复合铝塑板幕墙施工中,可能会设计有圆弧和圆柱。圆弧的施工较简单,如果是较小直径的圆弧,可通过刨沟的宽度和深度来调节圆弧的大小;对于较大直径的圆弧,可用三轴式弯曲机,直接弯曲成圆弧即可。

复合铝塑板的圆柱施工:

①使用一般美工刀,将复合铝塑板的背面以 40～80 mm 的间距切割至铝片的深度,并于产品的两侧(板正面)用电动刨机(平口型刀刃)刨预留间距表面约 1.5 mm 的厚度,以利于施工时结合用。

②再用尖嘴钳将铝片一片片地撕下,背面铝片撕下后,产品会徐徐弯曲。

③将复合铝塑板的背面及圆柱衬板(通常是胶合板)刷涂万能胶黏结牢固。

④接头处可先用气钉枪打 U 形钉子钉接头勾缝处,以利于固定,然后用耐候硅酮密封胶填平勾缝,即可达到简便的弯曲效果。

5.3.4　金属幕墙成品保护

金属幕墙成品保护应根据幕墙面积灰的污染程度,确定清洗幕墙的次数与周期;清洗外墙面的机械设备,应操作灵活方便,避免擦伤幕墙面。幕墙的检查与维修应按下列要求进行:

①发现螺栓松动应拧紧或焊牢,发现焊接件锈蚀应除锈补漆,发现密封胶和密封条脱落或损坏应及时修补与更换。

②当发现幕墙构件及连接件损坏,或连接件与主体结构的锚固松动或脱落,应及时更换或采用措施加固修复。

③定期检查幕墙排水系统,发现堵塞应及时疏通,当遇到台风、地震、火灾等自然灾害时,灾后要对幕墙进行全面检查,根据损坏情况及时进行维修加固。

④不得在 4 级以上风力及大雨天气进行幕墙外侧检查、保养及维修工作,检查、清洗保养与维修时所采用的机具设备必须牢固、操作方便、安全可靠。

⑤在金属板幕墙的保养和维修工作中,凡属高空作业者,必须持有特殊行业上岗资格证,并应遵守国家有关标准、规范的规定。

5.3.5　金属幕墙质量问题

金属板幕墙涉及工种较多,工艺复杂,施工难度大,比较容易出现质量问题,通常表现在以下几个方面:

(1)板面不平整,接缝不平齐

产生原因:连接码件固定不牢,产生偏移;码件安装不平直;金属板本身不平整。

防治措施:确保连接件的固定,应在码件固定时放通线定位,且在上板前严格检查金属板的质量。

(2)密封胶开裂,产生气体渗透或雨水渗漏

产生原因:注胶部位不洁净;胶缝深度过大,造成三面黏结;胶在未完全黏结前受到灰尘沾染或损伤。

防治措施:充分清洁板材间隙缝(尤其是黏结面),并加以干燥;在较深的胶缝中充填聚氯乙烯发泡材料(小圆棒),使胶形成两面黏结,保证其嵌缝深度;注胶后认真养护,直至其完全固化。

(3)预埋件位置不准,致使横、竖框很难与其固定连接

产生原因:预埋件安装时偏离安装基准线;预埋件与模板、钢筋的连接不牢,使其在浇注混凝土时位置变动。

防治措施:预埋件放置前,认真校核其安装基线,确定其准确位置;采用适当方法将预埋件模板、钢筋牢固连接(如绑扎、焊接等)。

补救措施:若结构施工完毕后已出现较大的预埋偏差或个别漏放,则需及时进行补救。

其方法为:预埋件内凹超出允许偏差范围,采取加长铁码补救;预埋件外凸超出允许偏差范围,采用缩短铁码或剔去原预埋件,改用膨胀螺栓将铁码紧固于混凝土结构上来解决;预埋件向上或向下偏移超出允许偏差范围,采取修改竖框连接孔或采用膨胀螺栓调整连接位置来解决;预埋件漏放,采用膨胀螺栓或剔出混凝土后重新埋设来解决。以上各种方法需经设计部门认可后方能施工。

(4)胶缝不平滑充实,胶线不平直

产生原因:打胶时,挤胶用力不匀,胶枪角度不正确,刮胶时不连续。

防治措施:连续均匀挤胶,保持正确的角度,将胶注满后用专用工具将其刮平,表面光滑无皱纹。

(5)产品污染

产生原因:金属板安装完毕后,未及时保护,使其发生碰撞变形、变色、污染、排水管堵塞等现象。

防治措施:施工过程中及时清除板面及构件表面的黏附物;安装完毕后立即自上而下清扫,并在易受污染破坏的部位贴保护胶纸或覆盖塑料薄膜,在易受磕碰的部位设置护栏。

5.3.6 金属幕墙工程质量验收标准

建筑高度不大于150 m的金属幕墙工程的质量验收。

1)主控项目

①金属幕墙工程所使用的各种材料和配件,应符合设计要求及国家现行产品标准和工程技术规范的规定。

检验方法:检查产品合格证书、性能检测报告、材料进场验收记录和复验报告。

②金属幕墙的造型和立面分格应符合设计要求。

检验方法:观察;尺量检查。

③金属面板的品种、规格、颜色、光泽及安装方向应符合设计要求。

检验方法:观察;检查进场验收记录。

④金属幕墙主体结构上的预埋件、后置埋件的数量、位置及后置埋件的拉拔力必须符合设计要求。

检验方法:检查拉拔力检测报告和隐蔽工程验收记录。

⑤金属幕墙的金属框架立柱与主体结构预埋件的连接、立柱与横梁的连接、金属面板的安装必须符合设计要求,安装必须牢固。

检验方法:手扳检查;检查隐蔽工程验收记录。

⑥金属幕墙的防火、保温、防潮材料的设置应符合设计要求,并应密实、均匀、厚度一致。

检验方法:检查隐蔽工程验收记录。

⑦金属框架及连接件的防腐处理应符合设计要求。

检验方法:检查隐蔽工程验收记录和施工记录。

⑧金属幕墙的防雷装置必须与主体结构的防雷装置可靠连接。

检验方法:检查隐蔽工程验收记录。

⑨各种变形缝、墙角的连接节点应符合设计要求和技术标准的规定。

检验方法:观察;检查隐蔽工程验收记录。

⑩金属幕墙的板缝注胶应饱满、密实、连续、均匀、无气泡,宽度和厚度应符合设计要求和技术标准的规定。

检验方法:观察;尺量检查;检查施工记录。

⑪金属幕墙应无渗漏。

检验方法:在易渗漏部位进行淋水检查。

2)一般项目

①金属板表面应平整、洁净、色泽一致。

检验方法:观察。

②金属幕墙的压条应平直、洁净、接口严密、安装牢固。

检验方法:观察;手扳检查。

③金属幕墙的密封胶缝应横平竖直、深浅一致、宽窄均匀、光滑顺直。

检验方法:观察。

④金属幕墙上的滴水线、流水坡向应正确、顺直。

检验方法:观察;用水平尺检查。

⑤每平方米金属板的表面质量和检验方法应符合表5.8的规定。

表5.8　每平方米金属板的表面质量和检验方法

项　次	项　目	质量要求	检验方法
1	明显划伤和长度>100 mm的轻微划伤	不允许	观察
2	长度≤100 mm的轻微划伤	≤8条	用钢尺检查
3	擦伤总面积	≤500 mm^2	用钢尺检查

⑥金属幕墙安装的允许偏差和检验方法应符合表5.9的规定。

表5.9　金属幕墙安装的允许偏差和检验方法

项　次	项　目		允许偏差/mm	检验方法
1	幕墙垂直度	幕墙高度≤30 m	10	用经纬仪检查
		30 m<幕墙高度≤60 m	15	
		60 m<幕墙高度≤90 m	20	
		幕墙高度>90 m	25	
2	幕墙水平度	层高≤3 m	3	用水平仪检查
		层高>3 m	5	
3	幕墙表面平整度		2	用2 m靠尺和塞尺检查
4	板材立面垂直度		3	用垂直检测尺检查
5	板材上沿水平度		2	用1 m水平尺和钢直尺检查

续表

项　次	项　目	允许偏差/mm	检验方法
6	相邻板材板角错位	1	用钢直尺检查
7	阳角方正	2	用直角检测尺检查
8	接缝直线度	3	拉 5 m 线,不足 5 m 拉通线, 用钢直尺检查
9	接缝高低差	1	用钢直尺和塞尺检查
10	接缝宽度	1	用钢直尺检查

5.4　石材幕墙工程

从建筑物外墙的特征来看,石材幕墙是一种独立的围护结构体系,它是利用金属挂件将石材饰面板直接悬挂在主体结构上。当主体结构为框架结构时,应先将专门设计的、独立的金属骨架悬挂在主体结构上,然后再通过金属挂件将石材饰面板吊挂在金属骨架上。

石材幕墙板作为一个完整的围护结构体系,应具有承受重力荷载、风荷载、地震荷载和温度应力的作用,还应能适应主体结构位移影响,因此,必须按照有关设计规范进行强度计算和刚度验算;另外,还应满足建筑热工、隔音、防水、防火和防腐蚀等要求。

石材幕墙板的分格应满足建筑立面造型设计的要求,也应注意石材板的尺寸和厚度,保证石板在各种荷载作用下的强度要求,同时,分格尺寸也应尽量符合建筑模数,尽量减少规格尺寸的数量,从而便于施工。

在高级建筑装饰幕墙工程中,使用最多的是干挂花岗岩石板幕墙。干挂花岗岩石板幕墙大约起源于 20 世纪 60 年代后期,20 世纪 80 年代中期引入中国,经过几十年的实践和发展,在材料和构造方面均优于湿法镶贴石材板。通过对室外采用天然石材饰面板的几十幢纪念性建筑物进行调查和研究,发现采用水泥砂浆镶贴安装的大理石和花岗岩不同程度地出现了空鼓、错位、离层现象,严重的部位导致脱落、大理石泛色等功能性质量问题。如图 5.30 所示。

图 5.30　石材幕墙

5.4.1　石材幕墙的施工准备

1) 材料

(1) 石材饰面板材

石材饰面板材多采用天然花岗岩,常用板材厚度为 25～30 mm。由于天然石材的物理力学性能较离散,还存在许多微细裂隙,即使在同一矿脉中开采的石材,其强度和颜色也有很大差异;再者,石材板幕墙暴露在室外,其面积和高度一般较大,且要长期受到各种自然气候因素的作用,所以一定要选择质地密实、孔隙率小、含氧化铁矿成分少的品种。当荒料加工成大板后,还要进一步对材质和斑纹颜色作严格挑选分类。

在选择花岗石时,除外观装饰效果外,还应了解其主要物理力学性能,尤其是一些粗结晶的品种。部分花岗石含有较多的硫化物(如黄铁矿)且分散在岩石中,花岗石饰面会因硫化物的氧化而变色,使鲜艳明快的饰面变暗,板面出现锈斑、褐斑。因此,在选择花岗石时应对色纹、色斑、石胆以及裂隙等缺陷引起注意,一般不应用于墙面、柱面的装饰,尤其是醒目部位。

对于石材幕墙所用的花岗岩应做到以下几点:

①花岗石板表面污染防治。经验表明,花岗石板材从荒料到安装施工整个过程中,其表面随时都有被污染的可能,可采取的措施如下:

a.加工过程中防污染。花岗石板材有一个开采、锯切(包括人工凿剔)、抛光打蜡的工序过程,稍有疏忽和不慎,每一道工序都会给材料材质的外观带来影响。因此,要求在选材时即对加工过程有一个初步了解,以对供货方提出相应的要求。花岗石的锯切加工有金刚石锯和砂锯之分,不少厂家采用钢砂摆锯,钢砂的锈水在加工时会渗入花岗石结晶体中,造成石材污染;研磨时也会因磨料中含有杂质渗入石材引起污染。花岗石饰面板材,尤其是光面板材在成品之前往往有一个抛光打蜡工序,打蜡前应对石板材充分干燥,减少自然含水率,打蜡时蜡液才能充分渗入板体中,但随着水分的挥发,石材表面会引起色差。

b.以预处理提高成材的防污染能力。为了提高花岗石饰面板的耐久性和防止污染的能力,建议在石板材安装前普遍进行预处理。预处理方式有背涂和面涂,即使用不同的化学处理剂将石材致密,提高石材强度,加强石材抗污能力,如水防护剂、油防护剂、致密剂、增强剂等。背涂是在非装饰面涂上一层涂层,即在成品板材背面涂,甚至研磨前在石材毛板背面预涂,以增加石材强度,提高出材率。常用的背涂材料有 3 种:一是环氧树脂胶涂层或环氧砂浆涂层,表面可粘有小米粒石以增强黏结能力;二是防水胶加水泥在石材背面形成一层界面防水层,这是目前常用的做法;三是用石材处理剂对石材的背面和侧面涂布处理。几种背涂方式经过实践证明都非常有效,具体应根据石材安装使用环境来确定。

如再配合面涂则效果更佳,因为石材的表面打蜡有一定的期限限制,特别是外装饰石材,不可能经常用光蜡进行保护,使用面涂可以提高耐久性,增强光泽透明度,防霉菌、真菌,提高耐污染能力等。可采用硅溶胶复合涂膜,进行表面涂层时,一定要清洁表面,防止涂布过程中的污染。面涂一般在安装前先涂上一遍,安装后清理干净,然后再涂一遍,力求涂层均匀一致。

c.施工安装过程中的防污染。目前,花岗石饰面板的安装方法主要有湿作业水泥砂浆或豆石混凝土灌缝,不锈钢或金属挂件干挂石材板,与混凝土复合再挂焊到结构物上,以及胶粘石材等几种类型。其中采用较多的是湿作业工艺。无论何种安装工艺,如不对石材表面进行预处理,都有可能出现表面污染问题。

花岗石板缝处理的好坏直接影响板材的防污及排吸水能力,而且由于雨水的作用,会使板面的四周或局部泛潮;花岗石在檐口安装时,形成一定的滴水线或排水坡度,防止污水在墙面上直接流淌,造成板面局部污染。花岗石的露天安装一般不应在雨天,若必须安装需搭设防雨罩,防止石材因吸水不一致而在表面形成色差。干挂石材可不作嵌缝处理,应保持排水的畅通和石材的良好通风。

d. 对已污染石材的去污处理。已污染的石材较难处理,应根据污染的性质区别对待。碱性色污染可用草酸来清除,千万不能用浓酸来清除大面积污染;一般色污,可用双氧水刷洗;严重的色污,可用双氧水和漂白粉掺在一起拌成面糊状涂于斑痕处 2~3 天后铲除,色斑可逐步减弱;若是水斑应进行表面干燥,并对石材板缝重新处理。

与此同时,对安装后的石材保养与维护也十分重要,因为石材板安装后不可能一劳永逸,每天都会遇到各种化学性能的污染,有条件的应及时清除污染物,定期对表面进行保养处理。

②花岗石的粘补与拼接。花岗石表面的色纹、暗缝及隐伤等不易被发现,挂贴后,在外力作用下易开裂;由于花纹、色泽、材料来源等众多原因又不能调换,只能采取粘补与拼接修复,使之达到与原饰面材料相同或基本相同,再镶贴于该部。

常用的胶黏剂有环氧树脂胶和502胶。粘补与拼接工艺顺序如下:清洁缝面、烘干、涂刷胶剂、拼接、擦拭缝面、固定(固化)和磨光。

粘补拼接后,缝隙应整齐,表面应平整,不显裂缝;抛光后的表面,应与原饰面板光洁度相同。

(2)金属骨架

石材幕墙所用金属骨架应以铝合金为主,也可采用不锈钢骨架,但目前较多采用碳素结构钢。采用碳素结构钢应进行热浸镀锌防腐蚀处理,并在设计中避免采用现场焊接连接,以保证石材板幕墙的耐久性。如采用简单涂刷防锈漆处理,是很不适宜的。

幕墙立柱与主体结构通过预埋件连接,预埋件应在主体结构施工时埋入。如在土建施工时未埋入预埋件,则后置埋件必须通过现场拉拔试验确定其承载能力。

(3)金属挂件

金属挂件按材料分主要有不锈钢类和铝合金类两种。不锈钢挂件主要用于无骨架体系和碳素钢架体系,不锈钢挂件主要用机械冲压法加工。铝合金挂件主要用于石板幕墙和玻璃幕墙共同使用时,金属骨架也为铝合金型材,铝合金挂件多采用热挤压生产。

应该指出的是:不同类金属不宜同时使用,以免发生电化腐蚀,如无法避免时,应采用非金属垫片隔开。图 5.31 为钢销式连接件,图 5.32 为背栓式连接件。

2)主要机具

石材幕墙的主要机具有台钻、无齿切割机、冲击钻、力矩扳手、开口扳手、嵌缝枪、尺子、锤子、凿子、勾缝溜子等。

3)作业条件

①主体结构完工,并达到施工验收规范的要求,现场清理干净,幕墙安装应在二次装修

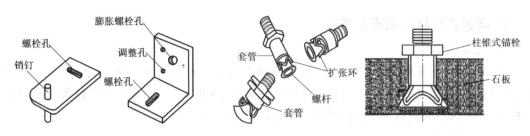

图 5.31　钢销式连接件　　　　　图 5.32　背栓式连接件

之前进行。

②可能对幕墙施工环境造成严重污染的分项工程应安排在幕墙施工前进行。

③应有土建移交的控制线和基准线。

④幕墙与主体结构连接的预埋件,应在主体结构施工时按设计要求埋设。

⑤吊篮等垂直运输设备安排就位。

⑥脚手架等操作平台搭设就位。

⑦幕墙的构件和附件的材料品种、规格、色泽和性能应符合设计要求。

⑧施工前应编制施工组织设计。

5.4.2　石材幕墙施工

我国石材干挂技术起步较晚,干挂花岗石幕墙的施工规范已由有关部门起草,建筑设计一般不承担装饰施工设计,目前干挂花岗石幕墙工程大多由施工单位凭经验自己完成。

1)施工工艺流程

施工工艺流程,如图 5.33 所示。

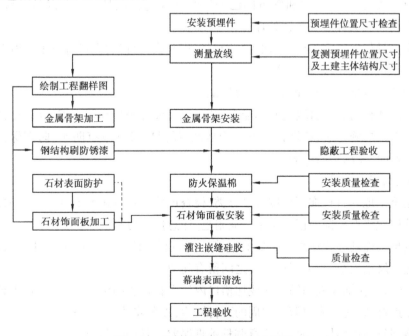

图 5.33　石材幕墙施工工艺流程图

2) 钢销式石材幕墙安装施工

（1）安装预埋件

预埋件应在土建施工时埋设。幕墙施工前要根据该工程基准轴线和中线以及基准水平点对预埋件进行检查和校核，一般允许位置尺寸偏差为±20 mm。如有预埋件位置超差而无法使用或漏放时，应设后置埋件，并做拉拔试验，作好记录。

（2）测量放线

①由于土建施工允许误差较大，而幕墙工程施工要求精度很高，所以不能依靠土建水平基准线，必须由基准轴线和水准点重新测量，并校正复核；按照设计在底层确定幕墙定位线和分格线位。

②用经纬仪或激光垂直仪将幕墙的阳角和阴角引上，并用固定在钢支架上的钢丝线作标志控制线；使用水平仪和标准钢卷尺等引出各层标高线；确定好每个立面的中线；测量时应控制和分配测量误差，不能使误差积累。

③测量放线应在风力不大于4级的情况下进行，并要采取避风措施。

④放线定位后要对控制线定时校核，以确保幕墙垂直度和金属竖框位置的正确；所有外立面装饰工程应统一其基准线，并注意施工配合。

（3）金属骨架安装（图5.34）

①根据施工放样图检查放线位置，安装固定竖框的铁件。先安装同一立面两端的竖框，然后拉通线按顺序安装中间竖框。

②将各施工水平控制线引至竖框上。按照设计尺寸安装金属横梁，横梁一定要与竖框垂直。

③如有焊接时，应对下方和邻近的已完工装饰面进行成品保护。焊接时应对称焊接。所有的焊缝均需做去焊渣及防锈处理。

④待金属骨架安装完工后，必须进行隐蔽工程验收，合格后方可进行下一道工序施工。

（4）防火、保温材料安装

①必须使用合格的材料，即有出厂合格证。

②在每层楼板与石材幕墙之间不能有空隙，应用镀锌钢板和防火棉形成防火带。

③幕墙保温层施工时，特别在北方寒冷地区，保温层最好应有防水、防潮保护层。在金属骨架内填塞时，要求严密牢固。

（5）石材饰面板安装

①将运至工地的石材饰面板按编号分类，检查尺寸是否准确和有无破损、缺棱、掉角，按施工要求分层次将石材饰面板运至施工面附近，注意摆放可靠。

②先按幕墙面基准线仔细安装好底层第一层石材。注意每一层金属挂件的标高，金属挂件应紧托上层饰面板，与下层饰面板之间留有间隙。

③安装时，要在饰面板的销钉孔或切槽口内注入石材胶（环氧树脂胶），以保证饰面板和挂件的可靠连接；宜先完成窗洞口四周的石材镶边，以免安装发生困难。

④安装到每一楼层标高时，要注意调整垂直误差，不得使误差积累。

⑤搬运石材时，要有安全防护措施，摆放时下面应垫木方。

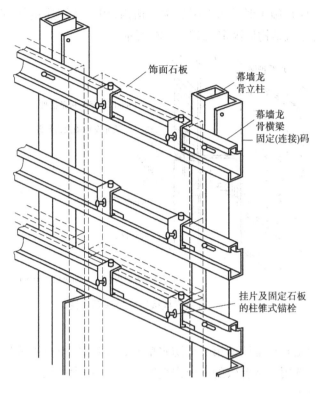

图 5.34 金属骨架安装示意图

⑥具体安装方法如下：

干挂法安装石板的方法有数种,主要区别在于所用连接件的形式不同,常用的有销针式和板销式两种。销针式也称钢销式。在板材上下端面打孔,插入直径为 5 mm 或直径为 6 mm(长度宜为 20~30 mm)不锈钢销,同时连接不锈钢舌板连接件,并与建筑结构基体固定。其 L 形连接件可与舌板为同一构件,即所谓"一次连接"法;也可将舌板与连接件分开并设置调节螺栓,而成为能够灵活调节进出尺寸的所谓"二次连接"法,如图 5.35 所示。

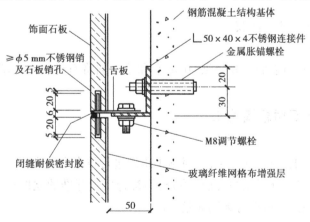

图 5.35 干挂安装示意图

板销式是将上述销针式勾挂石板的不锈钢销改为≥3 mm 厚(由设计经计算确定)的不

锈钢板条式挂件(扣件),施工时插入石板的预开槽内,用不锈钢连接件(或本身即呈 L 形的成品不锈钢挂件)与建筑结构体固定,如图 5.36 所示。

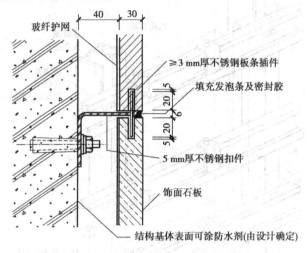

图 5.36　石板干挂板销式做法示意图

(6)嵌胶封缝

石材板间的胶缝是石材幕墙的第一道防水措施,同时也使石材幕墙形成一个整体。

①要按设计要求选用合格有效的耐候嵌缝胶,最好选用含硅油少的石材专用嵌缝胶,以免硅油渗透污染石材表面。

②用带有凸头的刮板填装泡沫塑料圆条,保证胶缝的最小深度和均匀性,选用的泡沫塑料圆条直径应稍大于缝宽。

③在胶缝两侧粘贴纸面胶带纸保护,以避免嵌缝胶迹污染石材板表面质量。用专用清洁剂或草酸擦洗缝隙处石材板表面。

④派受过训练的工人注胶,注胶应均匀无流淌,边打胶边用专用工具勾缝,使嵌缝胶成型后呈微弧形凹面。施工中注意不能漏胶污染墙面,如墙面上沾有胶液应立即擦去,并用清洁剂及时清涂。

⑤在大风和下雨时不能注胶。

(7)清洗和保护

施工完毕,除去石材表面的胶带纸,用清水和清洁剂将石材表面擦洗干净,按要求进行打蜡或涂刷保护剂。

3)背栓挂件式石材幕墙施工

(1)施工准备

施工人员熟悉图纸,熟悉施工工艺,对施工班组进行技术交底和操作培训。对石材板材需开箱预检数量、规格及外观质量,逐块检查,不符合质量标准的立即按不合格品处理。按图纸上的石材编号预排并检查有无明显色差。

(2)安装注意事项

①背栓孔加工必须保证孔位与设计相符,孔距、孔深度、扩孔质量均符合设计要求。

②背栓安装必须在操作台完成背栓安装,防止击穿孔位石材,控制套管。

③扩大程度,检查抗震圈的安装质量,铝挂件与石材连接紧固,力矩检测符合要求。

④板材安装控制其平整度、垂直度、分格尺寸、缝宽、高低差在允许误差范围内。

⑤石材调整完后,上排挂钩处用自攻钉固定,其他位置可自由伸缩。

⑥铝挂座安装时螺栓应紧贴上肢转折处,便于挂件自由拆除,与钢角码连接处加防腐垫片。

(3)测量放线

①测量放线工依据总包单位提供的基准点线和水准点。再用全站仪在底楼放出外控制线,用激光垂直仪将控制点引至标准层顶层进行定位。

②依据外控制线以及水平标高点,定出幕墙安装控制线。为保证不受其他因素的影响,垂直钢线每 5 层一个固定支点,水平钢线每 7 m 一个固定支点(填写测量放线记录表,报监理验收,验收后进入下一道工序)。

③将各洞口相对轴线标高尺寸全部量出来。

(4)结构及埋件的检查

埋件左右、上下偏差的检查:首先由测量放样人员将支座的定位线弹在结构上,便于施工人员进行检查、记录,检查埋件中心线与支座的定位线是否一致,通过十字定位线,检查出埋件左右、上下的偏差,若偏差大报设计人员出埋件修正方案。

结构进出的检查:支座的定位线弹好以后,在结构处依据外控网拉垂直钢线,以及横向线作为安装控制线。检查结构的标高及埋件进出尺寸,将检查尺寸记录下来,反馈给监理、业主和总包单位。

(5)转接件安装

角钢转接件是幕墙安装中的一个重要环节,该部分工作还应包含埋板的偏位处理、防雷连接等。连接件与埋件是通过埋板专用螺栓与埋板连接的。

埋件先进行偏差处理,偏差大的需进行后埋处理(后埋处理采用后置埋件通过化学螺栓与混凝土结构墙连接),确保安全、经济又能满足相关规范要求。

(6)立柱安装

立柱安装是依据放线的位置进行安装。安装立柱施工一般是从底层开始,然后逐层向上推移进行。为确保幕墙外面的平整,首先将角位垂直钢丝布置好。安装施工人员依据钢丝作为定位基准进行角位立柱的安装。在安装之前,首先对立柱进行直线度检查(检查方法采用拉进法),若不符合要求,经矫正后再上墙进行安装,将误差控制在允许范围内。

先对照施工图检查主梁的加工孔位是否正确,然后用螺栓将立柱与连接件连接,调整立柱的垂直度与水平度,然后上紧螺母。立柱的前后位置依据连接件上长孔进行调节。上下依据通长方孔进行调节。

立柱就位后,依据测量所布置的钢丝线、综合施工图进行安装检查,各尺寸符合要求后,对钢龙骨进行直线检查,确保钢龙骨的轴线偏差在允许范围内。

待检查完毕、合格后,填写隐蔽工程验收单,报监理验收(并附自检表)。

整个墙面立柱的安装尺寸误差要在控制尺寸范围内消化,误差数不得向外延伸,各竖龙骨安装以靠近轴线的钢丝线为准进行分格检查。

钢龙骨的安装,竖向必须留伸缩缝,每个楼层间一处,竖向伸缩缝留 20 mm 间隙,采用插芯连接,连接长度不小于 250 mm,在缝隙处用硅酮耐候密封胶填充。

(7)层间防火层安装

①防火层必须外包 1.5 mm 厚镀锌钢板,内填 100 mm 防火岩棉。

②根据设计,楼层竖向应形成连续防火分区,特殊要求平面也应设置防火隔断。

③楼板处要形成防火实体。

④防火层与幕墙和主体之间缝隙用防火胶严密密封。

(8)防水及保温岩棉(或挤塑聚苯板)安装

①安装保温岩棉。竖向龙骨安装完毕后,在墙面上刷两道聚氨酯涂料作防水处理,然后进行保温岩棉的安装。先将固定卡码用水泥钉固定到混凝土墙面上,然后进行保温棉的安装。将成块的保温棉压在 V 形铁皮朝外的棉钉上,并用卡码固定。

②安装挤塑聚苯板。竖向龙骨安装完毕后,在墙面上刷两道聚氨酯涂料作防水处理,然后进行挤塑聚苯板的安装。可在聚苯板背面刷一层胶直接与墙面黏结,也可用塑料胀栓将聚苯板与墙面固定。聚苯板安装完后,在其外表面刷耐水型防火涂料。

安装保温岩棉(或挤塑聚苯板)时,应拼缝密实,不留间隙,上下应错缝搭接。

(9)横梁安装

立柱安装好后,检查分格情况,符合规范要求后进行横梁安装,横梁根据实际情况进行断料,断料尺寸应比分割尺寸小于 3 mm,这样施工过程中安装比较方便,未装横梁前,先进行角码的安装。

横梁依据水平横向线进行安装。用角码将立柱与横梁连接,将横梁全部拧到 5 分紧后再依据横向水平线进行调节,直至符合要求。

经检查合格后,填写隐蔽工程验收单,附材质单,报监理验收(并附自检表)。

(10)石材安装

在石材安装之前,先将铝合金挂件安装在角钢横梁上。依据控制线进行标高,左右调节。

在背栓安装前先对石材背面进行钻孔,钻孔时避免石材损伤或有裂缝出现,采用后切式背栓固定,背栓与板材为立体嵌入式固定。一块花岗石板可用 1 个背栓、2 个背栓或 4 个背栓,视荷载大小和花岗石抗冲切强度而定。当采用 1 个背栓时,螺孔中心到板边的距离不宜大于 300 mm;当采用 2 个背栓时,螺孔中心到板端的距离不宜大于 400 mm,距两边不宜大于 300 mm;当采用 4 个背栓时,螺孔中心到板端的距离不宜大于 250 mm,当采用 1 个或 2 个后切背栓时,要用 4 个尼龙螺栓顶住板内侧,保持板的稳定。背栓孔加工必须保证孔位与设计相符,孔距、孔深度、扩孔质量均符合设计要求。

背栓安装必须在现场操作台完成,防止击穿孔位石材,控制套管扩大程度,检查抗震圈的安装质量,然后将铝合金挂件通过后切式背栓固定在石材背面,铝合金挂件与石材连接紧固,力矩检测符合要求。

石材安装时,注意不得使挂件偏位,两挂件搭接长度不得小于 5 cm,将定位螺钉拧紧,使用调节螺钉调节石材位置。调节时按图纸留出石材之间的缝隙,注意使石材横缝、竖缝顺直,用靠尺调节平整度,铅锤调节垂直度。对每个孔的深度及底部打孔的质量都要设专人检验。另外,背栓与石材是靠螺栓的张力起固定作用,因此,螺栓必须拧紧,且用测力扳手进行校核。

板材安装控制其平整度、垂直度、分格尺寸、缝宽、高低差在允许误差范围内。

石材安装注意事项:

①安装时,应先安装窗洞口及转角处的石材,以避免安装困难和保证阴阳角的顺直。

②安装到每一层标高时,进行垂直误差的调整,不积累。

③螺栓的紧固力要可靠,也可在螺帽上抹少许石材胶固定。

(11)石材打胶(若为开缝体系,则不打胶,应考虑相应的防水措施)

①石材面板安装后,先清理板缝,特别要将板缝周围的干挂胶打磨干净,然后嵌入泡沫条。

②泡沫条嵌好后,贴上防污染的美纹纸,避免密封胶渗入石材造成污染。贴美纹纸应保证缝宽一致。

③美纹纸贴完后进行打胶,胶缝要求宽度均匀、横平竖直,缝表面光滑平整。打胶完成待密封胶半干后撕下美纹纸。

④用手动胶枪将密封胶均匀挤入胶缝处,再用橡胶刮刀进行刮胶,刮刀根据大小、形状能任意切割。

5.4.3　石材幕墙施工应注意的质量问题

①严格控制石材板质量,材质和加工尺寸都必须合格。

②要仔细检查每块石材是否有裂纹,并防止石材在运输和施工时发生断裂。

③测量放线要十分精确,各专业要统一放线、统一测量,避免发生矛盾。

④预埋件的设置和放置要合理,位置要准确;要根据现场放线数据绘制施工放样图,落实实际施工和加工尺寸。

⑤调整石材位置时,可用垫片适当调整缝宽,所用垫片必须与挂件是同质材料。固定金属挂片的螺栓要加弹簧垫圈,或调平调直拧紧螺栓后,在螺帽上涂抹少许石材胶固定。

5.4.4　石材幕墙施工安全技术措施

①进入现场必须佩戴安全帽,高空作业必须系好安全带,佩带工具袋,严禁高空坠物,严禁穿拖鞋、凉鞋进入工地。

②禁止在外脚手架上攀爬,必须由通道上下;幕墙施工下方,禁止人员通行和施工。

③现场电焊时,在焊接下方应设接火斗,防止电火花溅落引起火灾或烧伤其他成品。

④电源箱必须安装漏电保护装置,手持电动工具操作人员应佩戴绝缘手套。

⑤在4级以上大风、大雾、雷雨、下雪天气严禁高空作业。

⑥所有施工机具在施工前必须进行严格检查。

⑦在高层石材幕墙安装与上部结构施工交叉作业时,结构施工层下方应架设防护网。

⑧施工前,项目经理、技术负责人要对工长和安全员进行技术交底,工长和安全员要对全体施工人员进行安全教育;每道工序都要作好施工记录和质量自检。

5.4.5　石材幕墙质量通病防治

1）材料方面

（1）质量通病

骨架材料型号、材质不符合设计要求，用料断面偏小，杆件有扭曲变形；所采用的锚栓无产品合格证，无物理力学性能测试报告；石材加工尺寸不符，或与其他装饰工程发生矛盾；石材色差大，颜色不均匀。

（2）防治措施

骨架结构必须是有资质的设计机构设计，施工单位要严格采购进货的检测和验货手续；加强现场的统一测量放线，提高精度，加工前绘制放样加工图，并严格按放样图加工；加强选材工作，不能单凭小块样板确定材种，加工后要进行试铺配色，不要选用含氧化铁成分较多的石材品种。

2）安装方面

（1）质量通病

骨架竖框的垂直度、横梁的水平度偏差较大；锚栓松动不牢；垫片太厚；石材板缺棱掉角；石材板安装完成面不平整；防火保温材料接缝不严。

（2）防治措施

提高测量放线精度，所用的测量仪器要检验合格，安装时加强检测和自验工作。钻孔时，必须按锚栓产品说明书要求施工，钻孔的孔径、孔深应适合所用锚栓的要求，不能扩孔，也不能钻孔过深；挂件尺寸要适应土建施工误差，垫片不得过厚；不能选用质地太脆的石材；一定要将挂件调平和用螺栓锁紧后再安装石材板；不能将测量和加工误差积累；要选用良好的锚钉和胶黏剂，铺放时应仔细。

3）胶缝方面

（1）质量通病

密封胶开裂、不严密；胶中硅油渗出污染板面；板（销）孔中未注胶。

（2）防治措施

必须选用柔软、弹性好、使用寿命长的耐候胶，一般宜用硅酮胶；施工时要用清洁剂将石材板表面的污物擦净；胶缝宽度和深度不能太小，施工时精心操作，不漏封；应选用石材专用嵌缝胶；严格按设计要求施工。

4）墙面清洗完整

（1）质量通病

幕墙表面被油漆、胶等物污染；有划痕、凹坑。

（2）防治措施

上部施工时，必须注意对下部成品的保护；拆搭脚手架和搬运材料时要注意防止损伤墙面。

用背栓连接石材幕墙进行建筑外饰面石材施工是建筑外饰面施工技术的重大突破,它开辟了石材幕墙施工工艺的新纪元,使石材幕墙有了广阔的使用领域,即任何建筑物、任何高度、任何部位、任何构造形式都可采用背栓点连接石材幕墙。背栓点连接方法为石材幕墙和玻璃(金属)幕墙组合成组合幕墙创造了条件,即在同一立柱上可左面安装玻璃幕墙,右面安装石材幕墙,在同一横梁上,可上面安装玻璃幕墙,下面安装石材幕墙。设计时,石材饰面既要满足建筑立面造型要求;也要注意石材饰面的尺寸和厚度,保证石材饰面板在各种荷载(重力、风载、地震荷载和温度应力)作用下的强度要求;另外,也要满足模数化、标准化的要求,尽量减少规格数量,方便施工。

5.4.6　石材幕墙工程质量验收标准

建筑高度不大于 100 m、抗震设防烈度不大于 8 度的石材幕墙工程,其质量验收应符合以下要求:

1)主控项目

①石材幕墙工程所用材料的品种、规格、性能等级,应符合设计要求及国家现行产品标准和工程技术规范的规定。石材的弯曲强度不应小于 8.0 MPa;吸水率应小于 0.8%。石材幕墙的铝合金挂件厚度不应小于 4.0 mm,不锈钢挂件厚度不应小于 3.0 mm。

检验方法:观察;尺量检查;检查产品合格证书、性能检测报告、材料进场验收记录和复验报告。

②石材幕墙的造型、立面分格、颜色、光泽、花纹和图案应符合设计要求。

检验方法:观察。

③石材孔、槽的数量、深度、位置、尺寸应符合设计要求。

检验方法:检查进场验收记录或施工记录。

④石材幕墙主体结构上的预埋件和后置埋件的位置、数量及后置埋件的拉拔力必须符合设计要求。

检验方法:检查拉拔力检测报告和隐蔽工程验收记录。

⑤石材幕墙的金属框架立柱与主体结构预埋件的连接、立柱与横梁的连接、连接件与金属框架的连接、连接件与石材面板的连接必须符合设计要求,安装必须牢固。

检验方法:手扳检查;检查隐蔽工程验收记录。

⑥金属框架的连接件和防腐处理应符合设计要求。

检验方法:检查隐蔽工程验收记录。

⑦石材幕墙的防雷装置必须与主体结构防雷装置可靠连接。

检验方法:观察;检查隐蔽工程验收记录和施工记录。

⑧石材幕墙的防火、保温、防潮材料的设置应符合设计要求,填充应密实、均匀、厚度一致。

检验方法:检查隐蔽工程验收记录。

⑨各种结构变形缝、墙角的连接节点应符合设计要求和技术标准的规定。

检验方法:检查隐蔽工程验收记录和施工记录。

⑩石材表面和板缝的处理应符合设计要求。

检验方法:观察。

⑪石材幕墙的板缝注胶应饱满、密实、连续、均匀、无气泡,板缝宽度和厚度应符合设计要求和技术标准的规定。

⑫石材幕墙应无渗漏。

检验方法:在易渗漏部位进行淋水检查。

2)一般项目

①石材幕墙表面应平整、洁净、无污染、缺损和裂痕。颜色和花纹应协调一致,无明显色差,无明显修痕。

检验方法:观察。

②石材幕墙的压条应平直、洁净、接口严密、安装牢固。

检验方法:观察;手扳检查。

③石材接缝应横平竖直、宽窄均匀;阴阳角石板压向应正确,板边合缝应顺直;凸凹线出墙厚度应一致,上下口应平直;石材面板上洞口、槽边应套割吻合,边缘应整齐。

检验方法:观察;尺量检查。

④石材幕墙的密封胶缝应横平竖直、深浅一致、宽窄均匀、光滑顺直。

检验方法:观察。

⑤石材幕墙上的滴水线、流水坡向应正确、顺直。

检验方法:观察;用水平尺检查。

⑥每平方米石材的表面质量和检验方法应符合表5.10的规定。

表5.10 每平方米石材的表面质量和检验方法

项 次	项 目	质量要求	检验方法
1	明显划伤和长度>100 mm 的轻微划伤	不允许	观察
2	长度≤100 mm 的轻微划伤	≤8 条	用钢尺检查
3	擦伤总面积	≤500 mm²	用钢尺检查

⑦石材幕墙安装的允许偏差和检验方法应符合表5.11的规定。

表5.11 石材幕墙安装的允许偏差和检验方法

项 次	项 目		允许偏差/mm		检验方法
			光面	麻面	
1	幕墙垂直度	幕墙高度≤30 m	10		用经纬仪检查
		30 m<幕墙高度≤60 m	15		
		60 m<幕墙高度≤90 m	20		
		幕墙高度>90 m	25		

续表

项 次	项 目	允许偏差/mm		检验方法
		光面	麻面	
2	幕墙水平度	3		用水平仪检查
3	板材立面垂直度	3		用水平仪检查
4	板材上沿水平度	2		用1 m水平尺和钢直尺检查
5	相邻板材板角错位	1		用钢直尺检查
6	阳角方正	2	3	用垂直检测尺检查
7	接缝直线度	2	4	用直角检测尺检查
8	接缝高低差	3	4	拉5 m线,不足5 m拉通线,用钢直尺检查
9	接缝宽度	1	—	用钢直尺和塞尺检查
10	板材立面垂直度	1	2	用钢直尺检查

知识链接

陶土板及其他幕墙

陶土板幕墙最初起源于德国著名的屋顶瓦制造商,他们的工程师于20世纪80年代设想将屋顶瓦应用到墙面,最终根据陶瓦的挂接方式,发明了用于外墙的干挂体系和幕墙陶土板,如图5.37和图5.38所示。

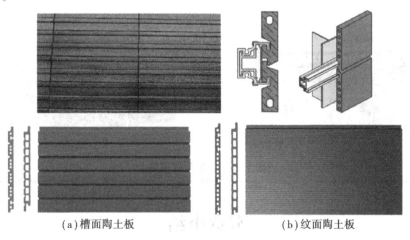

(a)槽面陶土板　　　　　　　　　　(b)纹面陶土板

图5.37 陶土板

陶土板的原材料为天然陶土,不添加任何成分,不会对空气造成任何污染。陶土板的颜色完全是陶土的天然颜色,绿色环保,无辐射,色泽温和,不会带来光污染。陶土板能够到达到较高的尺寸精确性,这一点保证了幕墙平面整体效果的完美表现。陶土板的科学之处表现在其条形中空式的设计,此设计不仅减轻了陶土板的质量,还提高了陶土板的透气、降噪和保温性能。

幕墙内部结构为干挂结构,分为无横龙骨和有横龙骨两种。幕墙基本结构由连接件、龙骨、接缝件、扣件和陶板组成。

随着科技的发展,现代建筑中出现了更多的幕墙形式,如视频幕墙、光电幕墙等,如图5.38所示。

(a)视频幕墙

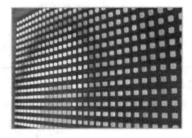

(b)光电幕墙

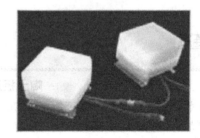

(c)实例一:北京新华社综合楼

(d)实例二:浙江太湖办公中心

图5.38 其他形式幕墙

本章小结

本章主要讲解了建筑幕墙的施工工艺;分别讲解了玻璃幕墙、金属幕墙、石材幕墙的施工工艺和施工要求以及幕墙的质量验收标准等。

玻璃幕墙是建筑装饰中用得最多的一种幕墙,经常用在建筑物外立面上,利用玻璃装饰外立面。装饰效果好,质量小,能美化周围的环境,是现代建筑外立面装饰的良好选择。

　　金属幕墙主要包括单层铝板幕墙、复合铝板幕墙、蜂窝铝板幕墙等。金属幕墙在建筑装饰中经常会和玻璃幕墙结合起来,使建筑物既有金属质感又有玻璃的亮丽。

　　石材幕墙主要是指天然石材饰面板在建筑物外表面所进行的装饰,装饰效果好,建筑物庄重浑厚,具有一定的厚重感。

复习思考题

　　1.幕墙有哪些种类?

　　2.玻璃幕墙有哪些类型?

　　3.玻璃幕墙的材料有何要求?

　　4.简述单元式玻璃幕墙安装工艺流程。

　　5.简述明框和隐框玻璃幕墙安装工艺流程。

　　6.玻璃幕墙的细部处理有哪些?

　　7.金属幕墙的材料有哪些? 有何要求?

　　8.金属幕墙是怎样安装的?

　　9.石材幕墙的材料有何要求?

　　10.怎样安装石材幕墙?

第6章

吊顶工程施工技术

本章导读

- **基本要求**

(1)知识目标:了解吊顶工程施工的基本知识,熟悉木龙骨吊顶、金属龙骨吊顶及其他吊顶工程,掌握各种吊顶的施工技术。

(2)能力目标:通过对其施工工艺的学习,使学生学会正确选择材料和组织施工的方法,具有在施工现场解决常见工程质量问题的能力,能完成各种顶棚施工并掌握质量要求与验收标准。

- **重点**

(1)木龙骨、轻钢龙骨吊顶的施工工艺。

(2)木龙骨、轻钢龙骨吊顶的质量验收。

(3)铝合金龙骨吊顶的施工及质量验收。

(4)其他形式吊顶的构造与施工工艺。

- **难点**

能很好地掌握本章的理论知识,并能在实习实训中把所有的理论知识运用进去,能独立完成完整的施工设计。

吊顶又称为悬吊式顶棚,是指在建筑物结构层下部悬吊由骨架及饰面板组成的装饰构造层。吊顶按结构形式分为活动式装配吊顶、隐蔽式装配吊顶、金属装饰板吊顶、开敞式吊顶和整体式吊顶;按使用材料分为轻钢龙骨吊顶、铝合金龙骨吊顶、木龙骨吊顶、石膏板吊顶、金属装饰板吊顶、装饰板吊顶和采光板吊顶。吊顶要从功能和技术上处理好人工照明、空气调节(通风换气)、声学及消防等方面的问题。

6.1　吊顶施工技术概述

顶棚是围合成室内空间除墙体、地面以外的另一主要部分。它的装饰效果的优劣,直接影响整个建筑空间的装饰效果。顶棚还起吸收和反射音响,安装照明、通风和防火设备等功能作用。其形式有直接式和悬吊式两种。直接式顶棚和顶棚抹灰构造相同,本章不再介绍,本章主要介绍悬吊式顶棚的构造。

吊顶又称为天棚、天花等,是室内空间三大界面的顶界面,对室内的整体装饰效果有着重要的影响。在吊顶的装饰设计中要从建筑功能、建筑声学、建筑照明、设备安装、管线埋设、防火安全、维护检验等多方面综合考虑。

吊顶的种类虽然很多,但其功能和施工基本相同,因此,本章主要以木龙骨和金属龙骨吊顶为例进行讲解。

6.1.1　吊顶的组成及其作用

1) 吊顶的组成

吊顶顶棚主要由悬挂系统、龙骨架、饰面层及其相配套的连接件和配件组成,其构造如图 6.1 所示。

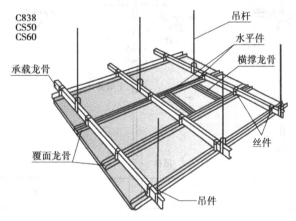

图 6.1　悬吊式顶棚示意图

(1)吊顶悬挂系统及结构形式

吊顶悬挂系统包括吊杆(吊筋)、龙骨吊挂件,通过它们将吊顶的自重及其附加荷载传递给建筑物结构层。吊顶悬挂系统的形式较多,可视吊顶荷载要求及龙骨种类而定,图 6.2 为吊顶龙骨悬挂结构形式示例,其与结构层的吊点固定方式通常分上人型吊顶吊点和不上人型吊顶吊点两类,如图 6.3 和图 6.4 所示。

(2)吊顶龙骨架

吊顶龙骨架由主龙骨(大龙骨、承载龙骨)、次龙骨(中龙骨)、横撑龙骨及相关组合件、固结材料等连接而成。吊顶造型骨架组合方式通常有双层龙骨构造和单层龙骨构造两种。主龙骨是起主干作用的龙骨,是吊顶龙骨体系中主要的受力构件。次龙骨的主要作用是固

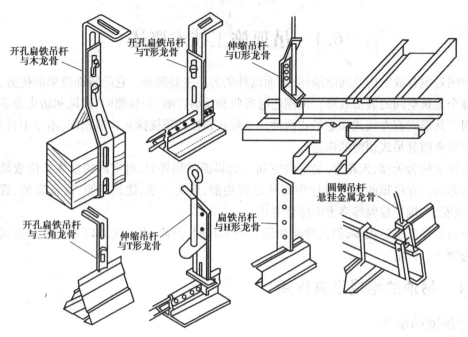

图 6.2　吊顶龙骨的悬挂结构形式示例

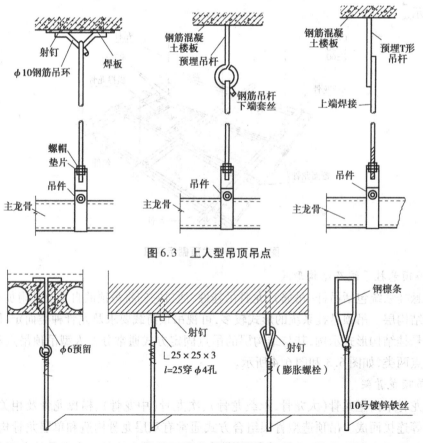

图 6.3　上人型吊顶吊点

图 6.4　不上人型吊顶吊点

定饰面板,为龙骨体系中的构造龙骨。常用的吊顶龙骨分为木龙骨和金属龙骨两大类。

木龙骨架是由木质大、小龙骨拼装而成的吊顶造型骨架。当吊顶为单层龙骨时不设大龙骨,而用小龙骨组成方格骨架,用吊挂杆直接吊在结构层下部。常用大木龙骨断面尺寸有50 mm×80 mm,60 mm×100 mm,间距为1 000 ~ 1 500 mm。小龙骨断面尺寸有40 mm×40 mm,50 mm×50 mm,间距为400 ~ 500 mm 或根据饰面板规格尺寸而定。

木龙骨架组装如图 6.5 和图 6.6 所示。

图 6.5　木龙骨(一)

图 6.6　木龙骨(二)

金属龙骨一般为轻型龙骨,由于质量小,易加工,被广泛应用于吊顶装饰中,主要有轻钢龙骨和铝合金龙骨两种形式。

轻钢龙骨主要的形式为U形、C形、Y形、L形等,分别作为主龙骨、覆面龙骨、边龙骨配套使用。其常用规格型号有 U60,U50,U38 等系列,在施工中轻钢龙骨应作防锈处理。吊顶轻钢龙骨架作为吊顶造型骨架,由大龙骨(主龙骨、承载龙骨)、覆面次龙骨(中龙骨)、横撑龙骨及其相应的连接件组装而成,如图 6.7 所示。

图 6.7　轻钢龙骨

轻钢龙骨能承受一定的质量,但要符合表 6.1 的规定。

表 6.1　吊顶荷载与轻钢吊顶主龙骨的关系

吊顶荷载	承载龙骨规格
吊顶自重+80 kg 附加荷载	U60 以上系列
吊顶自重+50 kg 附加荷载	U50 以上系列
吊顶自重	U38

铝合金龙骨,根据吊顶使用荷载要求不同,有以下两种组装方式:

一种是由 L 形、T 形铝合金龙骨组装的轻型吊顶龙骨架,此种骨架承载力有限,不能上人,如图 6.8 所示。

另一种是由 U 形轻钢龙骨作主龙骨(承载龙骨)与 L 形、T 形铝合金龙骨组装的可承受附加荷载的吊顶龙骨架,如图6.9所示。

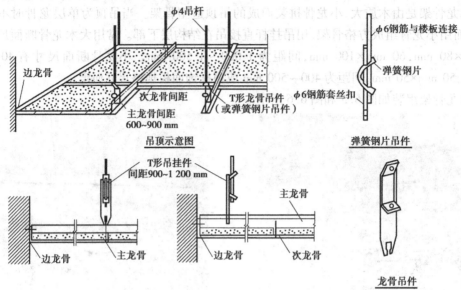

图 6.8　L 形、T 形铝合金龙骨吊顶装配示意图

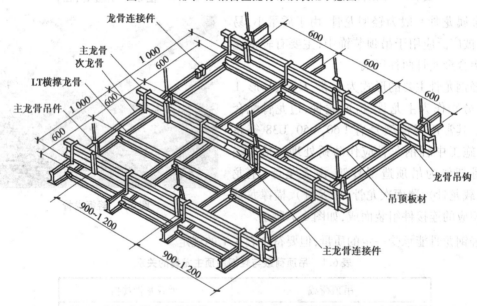

图 6.9　以 U 形轻钢龙骨为主龙骨的 L 形、T 形铝合金龙骨吊顶装配示意图(单位:mm)

（3）饰面板

装饰石膏板及纸面石膏板以石膏为主要材料,加入纤维胶黏剂、缓凝剂、发泡剂,压制后干燥而成。其主要特点是防火、隔音、隔热、质轻、强度高、收缩率小、不受虫害、耐腐蚀、不老化、稳定性好,而且施工方便等。

矿棉装饰吸声板是以无机矿物纤维为基本原料,加入适量的黏结剂、添加剂,经加压、烘干、表面处理等工序加工而成。其主要特点是不燃、保温、质轻、吸声、不变形、不收缩,而且施工方便。该板花样清晰,色调清淡雅致,装饰效果好,但防潮湿性能不佳,属中档装饰材料。

铝合金方块分正方形板和长方形板,常用规格有 500 mm×500 mm×0.6(0.8、1.0)mm, 436 mm×10 mm×0.8 mm,275 mm×410 mm×0.8 mm,415 mm×600 mm×0.8 mm。另外,在日常装饰中,有时用穿孔纤维板、胶合板、木丝板、刨花板、细木工板、印刷木纹板、木屑板、竹胶板等木质装饰板,其规格尺寸可根据需要锯成方块、板条等形状,固接方法多为钉固法。

除了上述饰面板外,在吊顶装饰中还有其他材质的装饰板,如胶合板、钙塑饰面板、彩色镀锌钢板、玻璃及 PVC 饰面板等。

2)吊顶的作用

(1)装饰美化室内空间

吊顶是室内装饰中的一个重要组成部分,不同形式的造型、丰富多变的光影、绚丽多姿的材质为整个室内空间增强了视觉感染力,使顶面富有个性,烘托了整个室内环境气氛。

吊顶选用不同造型及处理方法,会产生不同的空间感觉,有的可以延伸和扩大空间感,有的可以使人感到亲切、温暖,从而满足人们不同的生理和心理方面的需求;同样,也可通过吊顶来弥补原建筑结构的不足,如建筑的层高过高,会给人感觉房间比较空旷,可以用吊顶来降低高度,如果层高过低,会显得很压抑,也可通过吊顶不同的处理方法,利用视觉的误差,使房间"变"高。

吊顶也能丰富室内光源层次,产生多变的光影形式,达到良好的照明效果。有些建筑空间原照明线路单一,照明灯具简陋,无法创造理想的光照环境。通过吊顶的处理,能产生点光、线光、面光相互辉映的光照效果及丰富的光影形式,增添了空间的装饰性;吊顶也可将许多管线隐藏起来,保证整个顶棚的平整干净;在材质的选择上,可选用一些不同色彩、不同纹理质感的材料搭配,增添室内的美化成分。

(2)改善室内环境,满足室内功能需求

吊顶处理不仅要考虑室内的装饰效果及艺术要求,也要综合考虑室内不同的使用功能需求对吊顶处理的要求,如照明、保温、隔热、通风、吸声或反射、音箱、防火等功能需求。在进行吊顶时,要结合实际需求综合考虑,如顶楼的住宅无隔温层,夏季阳光直射屋顶,室内的温度会很高,可通过吊顶作为一个隔温层,起隔热降温的作用。冬天,又可成为一个保温层,使室内的热量不易通过屋顶流失。再如影剧院的吊顶,不仅要考虑美观,更应考虑声学、光学方面的需求,通过不同形式的吊顶造型,满足声音反射、吸收和混响方面的要求,从而达到良好的视听观感效果。

(3)安置设备管线

随着科技的进步,各种设备日益增多,空间装饰要求也趋于多样化,相应的设备管线也随之增多,为这些设备管线的安装提供了良好的条件,从而将这些设备管线隐藏起来,保证顶面的平整统一。吊顶中的管线设备一般包括通风管道、防火管线、弱电线路和强电线路及有特殊要求的线路管道。

除此之外,吊顶还有分隔空间的功能。通过吊顶,可以使原来层高相同的两个相连的空间变得高低不一,从而划分出两个不同的区域,增添了空间的层次感。

知 识链接

为了达到良好的装饰效果,顶棚的装饰装修应满足以下要求:

①空间的舒适、艺术要求,包括应具有足够的高度、合适的色彩和材料。

②满足防火要求,顶棚所用材料的燃烧性能和耐火极限应满足防火规范要求。

③顶棚的内部构造应充分考虑对室内光、声、热等环境的改善,满足建筑物理要求。

④安全性要求,灯具、通风系统、扩音系统等是顶棚的有机组成部分,有时要上人进行检修,故顶棚内部各构件的连接应保证安全、牢固、稳定,内部构造应正确、合理。

6.1.2 吊顶的形式和种类

吊顶的形式和种类多种多样,按龙骨材料的不同可分为木龙骨吊顶、轻钢龙骨吊顶和铝合金龙骨吊顶等;按饰面材料的不同可分为抹灰顶棚、纸面石膏板顶棚、矿棉板顶棚、金属饰面顶棚、玻璃顶棚和软质悬吊式顶棚等;按其功能的不同可分为发光顶棚、艺术装饰顶棚和吸声隔音顶棚等;按顶棚结构层的显露状况不同可分为敞开式顶棚和封闭式顶棚;按顶棚受力大小不同可分为上人顶棚和不上人顶棚;按安装方式不同可分为直接式顶棚、悬吊式顶棚和配套组装式顶棚等。

1)直接式顶棚

在屋面板或楼板结构基层上直接进行抹灰、喷刷、裱糊等装饰处理形成顶棚饰面。这种方法简便、经济且不影响室内原有的净高。但是,这种形式的顶棚处理对设备管线的敷设、艺术造型的表现等不能满足相应的要求。

2)悬吊式顶棚

悬吊式顶棚是目前广泛采用的吊顶形式,它是指在楼板结构层之下通过设置吊筋形成的与楼板有一定垂直距离的顶棚,俗称吊顶。悬吊式顶棚要结合灯具、通风口、音响、消防设施等进行整体设计,这种顶棚形式能够改善室内环境,为满足不同使用功能要求创造了较为宽松的前提条件。但是,这种顶棚施工工期长、造价高,且要求建筑空间有较大的层高。具体在进行顶棚装饰设计时,应结合空间的尺度大小、装饰要求、经济因素来综合考虑。一般来说,悬吊式顶棚的装饰效果较好,形式变化丰富,适用于中、高档次的建筑顶棚装饰。

悬吊式顶棚一般是由吊筋、龙骨、面板、饰面层4个部分组成的。吊筋是承担龙骨和饰面全部荷载的承重受力构件,并将荷载传到承重结构上的杆件,同时也是控制吊顶高度和调平龙骨的主要构件。吊筋的形式和材料的选用,与吊顶的自重及吊顶承受的灯具、风口等设备荷载的大小有关,也与龙骨的形式、材料、屋顶承载结构的形式和材料有关。

悬吊式顶棚的龙骨是吊顶造型的主体轮廓,也是形成吊顶空间的必要条件。吊顶所用的龙骨有主龙骨和次龙骨之分。主龙骨位于次龙骨之上,是承担饰面部分和次龙骨荷载,并将荷载传至吊筋上的构件;次龙骨是安装基层或面板的骨架,也是承担饰面部分荷载的构件。

面板是顶棚饰面的基层,可在其上进行粘贴、钉固、喷涂等饰面处理。当将基层和饰面设计为一体时,面板即为饰面板。顶棚的饰面板即装饰层,其主要作用是装饰室内空间。

悬吊式顶棚分为整体式悬吊式顶棚和板块式悬吊式顶棚。

3)配套组装式顶棚

配套组装式顶棚由两部分组成:一部分是饰面部分,如面板和面板配套的龙骨,以及配套的连接件,由厂家配套生产;另一部分是吊装部分,可吊装龙骨架,施工时在现场进行组合拼装即可。

知识链接

吊顶工程注意事项及相关规定

①吊顶工程必须充分考虑使用安全,饰面材料一般为轻质板材。

②吊杆、龙骨的安装间距和连接方式应符合设计要求,后置埋件、金属吊杆、龙骨都应进行防腐处理。木吊杆、木龙骨、木饰面板,应进行防腐、防火和防蛀处理。

③吊顶的吊杆距主龙骨端部的间距不得大于 300 mm;否则,应增加吊杆。当吊杆与设备相遇时,应调整并增设吊杆。

④吊顶上的重型灯具、电扇及其他重型设备,严禁安装在吊顶龙骨上。

⑤饰面板上的灯具、烟感器、喷淋头、风口箅子等设备的位置应合理、美观,与饰面板交接严密。吊顶与墙面、窗帘盒的交接,应符合设计要求。

⑥采用搁置式安装轻质饰面板时,应按设计要求设置压卡装置。

6.2 整体式顶棚工程

6.2.1 木龙骨吊顶工程

木龙骨吊顶是以木质龙骨为基本骨架,配以胶合板、纤维板或其他人造板作为罩面板材组合而成的吊顶体系。这种形式的吊顶施工灵活、适应性强、造型能力强,但受空气中潮气影响较大,容易引起干缩湿涨变形,使饰面受损。木龙骨不适用于大面积吊顶。

1)木龙骨吊顶施工准备

(1)施工材料

①木材:木质龙骨材料应为烘干、无扭曲、无劈裂、不易变形、材质较轻的树种,以红松、白松为宜,如图 6.10 所示。

图 6.10 木龙骨

②罩面板材:胶合板、纤维板、纸面石膏板等按设计选用。

③固接材料:圆钉、射钉、膨胀螺栓、胶黏剂。

④吊挂连接材料:直径为 6~8 mm 钢筋、角钢、钢板、8 号镀锌铅丝。

⑤其他材料:木材防腐剂、防火剂。

（2）常用工具

常用工具有电动冲击钻、手电钻、电动修边机、电动或气动钉枪、木刨、槽刨、锯、锤、斧、螺丝刀、卷尺、水平尺、墨线斗等。

（3）木龙骨吊顶施工条件

①现浇钢筋混凝土板，按设计预埋吊顶固定件，如设计无要求时，可预埋直径为 6 mm 或 8 mm 钢筋，间距约为 1 000 mm。

②顶棚上部的电气布线、空调管道、消防管道、供水管道等均已安装就位，并基本调试完毕。

③直接接触土建结构的木龙骨，应预先刷防腐剂。

④吊顶房间需做完墙面及地面的湿作业和屋面防水等工程。

⑤施工机具准备齐全，搭好顶棚施工操作平台架及木料加工工作台，该工作台一般现场自制。

⑥根据图纸制订施工方案。

2）木龙骨吊顶施工

（1）施工工艺流程

工艺流程：弹线→安装吊杆→龙骨处理（防腐、防火处理，画龙骨分档线）→龙骨安装（固定边龙骨、龙骨架的拼装、分片吊装、骨架与吊杆连接）→龙骨调平→面板安装→压条安装→清理。

（2）施工要点

①弹线：弹线包括弹吊顶标高线、吊顶造型位置线、吊挂点定位线、大中型灯具吊点定位线。

标高线：根据楼层+500 mm 标高水平线，顺墙高量至设计确定的吊顶标高，沿墙和柱的四周弹吊顶标高水平线。根据吊顶标高水平线，检查吊顶以上部位的设备、管道、灯具对吊顶是否有影响。

弹吊顶造型位置线：有叠级造型的吊顶，依据标高线按设计造型在四面墙上部弹出造型断面线，然后在墙面上弹出每级造型的标高控制线。检查叠级造型的构造尺寸是否满足设计要求，管道、设备等是否对造型有影响。

在顶板上弹出龙骨吊点位置线和管道、设备、灯具吊点位置线。

②安装吊杆：根据设计的吊顶标高线确定吊杆的长度，安装吊杆。有预埋件的吊顶，将吊杆直接固定在预埋件上。无预埋件的吊顶应按设计要求用金属膨胀螺栓将角码（角钢件）固定在现浇楼板板底，作为安设吊杆的连接件。对旧建筑空心楼板的吊顶，按设计要求安装吊杆。小面积轻型木龙骨装饰吊顶，根据设计要求不用吊杆的，可直接用膨胀螺栓固定木龙骨于楼板板底（木龙骨固定前应先刷好防腐、防火涂料）。

吊杆与连接件固定有两种方式：

a. 吊杆是钢筋、角钢或扁钢，直接双面满焊固定，焊缝应饱满，不得有假焊和虚焊。角钢或扁钢还可用紧固件连接，作好防腐处理，如图 6.11 所示。

b. 吊杆是木吊杆，用紧固件固定或两个木螺钉固定，禁止使用高强自攻螺钉固定。木吊杆固定前根据设计要求涂刷防腐、防火涂料。

如果龙骨是木龙骨,则吊杆多为木质吊杆。

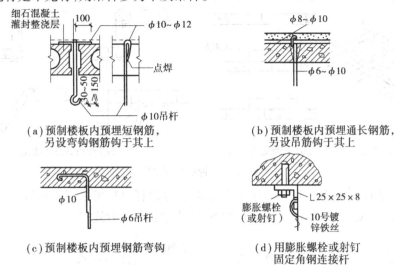

图 6.11 吊杆的固定方式

③龙骨处理(防腐、防火处理,画龙骨分档线)。

a.防腐处理:按规定在所选材料上作防腐处理,涂刷防腐材料。

b.防火处理:将防火涂料涂刷或喷于木材表面,或把木材置于防火涂料槽内浸渍。施工时可按设计要求选择使用防火涂料。

c.画龙骨分档线:沿已弹好的吊顶标高水平线,画好龙骨的分档位置线。

④龙骨安装(固定边龙骨、龙骨架的拼装、分片吊装、骨架与吊杆连接)。

a.固定边龙骨:沿吊顶标高线在四周墙(柱)面固定边龙骨的方法,在木骨架施工中常有两种做法:一种是沿吊顶标高线以上 10 mm 处在墙面钻孔,间距为 0.5 ~ 0.8 m,在孔内打入木楔,然后将沿墙木龙骨钉固于墙内木楔上;另一种是先在木龙骨上打小孔,再用水泥钉通过小孔将边龙骨钉固于混凝土墙面(此法不宜用于砖砌墙体)。不论用何种方式固定沿墙龙骨,均应保证牢固可靠,其底面必须与吊顶标高线保持齐平。

b.龙骨架的拼装:为便于安装,木龙骨吊装前宜先在地面进行分片拼接。

c.分片选择:确定吊顶骨架面上需要分片或可以分片的位置和尺寸,根据分片的平面尺寸选取龙骨纵横型材。龙骨制作:对于截面为 25 mm×30 mm 的木龙骨,采用木方现场制作,应在木方上按中心线距 300 mm,开凿深 15 mm、宽 25 mm 的凹槽。骨架拼接按凹槽对凹槽的方法咬口拼联,拼口处涂胶并用圆钉固定,可采用化学胶,如树脂胶、聚醋酸乙烯乳液等。拼接:先拼接组合大片的龙骨骨架,再拼接小片的局部骨架。拼接组合的面积不宜过大以便于吊装。图 6.12 为龙骨拼装示意图。

d.龙骨架分片间的连接:分片龙骨架在同一平面对接时,将其端头对正,再用短木方进行加固,将木方钉于龙骨架对接处的侧面或顶面均匀重要部位的龙骨接长,应采用铁件进行连接紧固。

e.分片吊装:将拼接组合好的木龙骨架托起至吊顶标高位置。对于顶部低于 3 m 的吊顶骨架,可用定位杆作临时支撑;吊顶高度超过 3 m 时,可用钢丝在吊点上作临时固定。依吊顶标高线拉出纵横水平基准线,作为吊顶的平面基准。将吊顶龙骨架向下略作移位,使之与基准线平齐。待整片龙骨架调正、调平后,即将其靠墙部分与沿墙龙骨钉接。

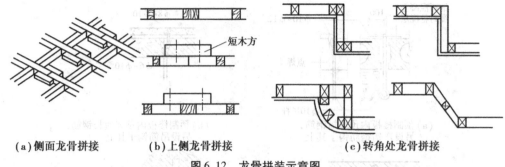

(a)侧面龙骨拼接　　**(b)上侧龙骨拼接**　　　**(c)转角处龙骨拼接**

图 6.12　龙骨拼装示意图

f. 龙骨架与吊杆固定:吊杆与龙骨架的连接,根据吊杆材料可采用木螺钉或通长紧固件固定,用木螺钉必须由两个木螺钉固定。图 6.13 为吊杆与龙骨连接。

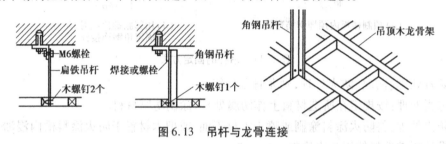

图 6.13　吊杆与龙骨连接

g. 龙骨调平:在吊顶面下拉出十字或对角交叉的标高线,检查吊顶骨架的整体平整度,吊顶的起拱高度。龙骨架底平面出现下凸的部分,要重新拉紧吊杆;有上凹现象的部位,可用木方杆件顶撑,尺寸准确后将木方两端固定。各个吊杆的下部端头均按准确尺寸截平,不得伸出骨架的底部平面。

h. 面板安装:在木龙骨架底面安装吊顶罩面板,罩面板固定方式分为钉固法、螺钉拧固法、胶结粘固法 3 种方式。

钉固法:用于胶合板、纤维板的罩面板安装以及灰板条吊顶和 PVC 吊顶。纤维装饰吸声板,大块板材应使板的长边垂直于横向次龙骨,即沿着纵向次龙骨铺设,采用圆钉固定(软质纤维装饰吸声板仅采用螺钉固定),钉距为 60 ~ 120 mm,钉长为 20 ~ 30 mm,钉帽进入板间 0.5 mm,钉眼用油性腻子抹平。塑料装饰罩面板,一般用 20 ~ 25 mm 宽的木条,制成 500 mm 的正方形木格,用小圆钉钉牢,再用 20 mm 宽的塑料压条或铝压条固定板面。灰板条铺设,板与板之间应留 8 ~ 10 mm 的缝,板与板接缝应错开,一般间距为 500 mm 左右,如图 6.14 所示。

螺钉拧固法:用于塑料板、石膏板、石棉板、珍珠岩装饰吸声板以及灰板条吊顶。在安装前罩面板四边按螺钉间距先钻孔,安装程序与方法基本上同钉固法。

装饰石膏板,螺钉与板边距离应不小于 15 mm,螺钉间距宜为 150 ~ 170 mm,与板面垂直。钉帽嵌入石膏板深度宜为 0.5 ~ 1.0 mm,并应涂刷防锈涂料;钉眼用腻子找平,再用与板面颜色相同的色浆涂刷。

珍珠岩装饰吸声板,螺钉应深入板面 1 ~ 2 mm,并用同色珍珠岩砂混合的黏结腻子补平板面,封盖钉眼。

胶结粘固法:用于钙塑板、金属装饰板等。安装前板材应选配修整,使厚度、尺寸、边楞

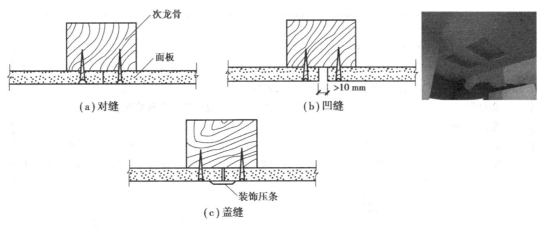

（a）对缝　　　　　　　（b）凹缝

（c）盖缝

图 6.14　钉固法示意图

整齐一致。每块罩面板粘贴前应进行预装,然后在预装部位龙骨框底面刷胶,同时在罩面板四周刷胶,刷胶宽度为 10～15 mm,经 5～10 min 后将罩面板压粘在预装部位。每间吊顶先由中间行开始,然后向两侧分行逐块粘贴,胶黏剂品种应符合相关要求。

i. 压条安装:木龙骨架罩面板顶棚,设计要求采用压条做法时,待一间罩面板全部安装后,先进行压条位置弹线,按线安装压条。其固定方法可同罩面板,钉固间距为 300 mm,也可用胶黏剂粘贴。

j. 清理:清理施工现场,将剩余材料打扫干净。

知 识扩展

木龙骨的防火及节点细部处理

1) 龙骨的防火处理

在安装木龙骨之前,对于工程中所用的木龙骨要进行筛选并进行防火处理,一般将防火涂料涂刷或喷于木材表面,如图 6.15 所示。涂刷防火涂料的龙骨与未涂刷防火涂料的龙骨外观有明显的不同,如图 6.16 所示。将木材放在防火槽内浸渍,防火涂料的种类有硅酸盐涂料、可赛银涂料、掺有防火剂的油质、氯乙烯涂料和其他材料,也能达到防火的目的。

图 6.15　防火涂料涂刷

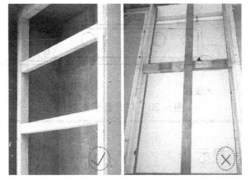

图 6.16　涂刷防火涂料和未涂刷防火涂料的龙骨对比

2）木龙骨吊顶节点细部处理

（1）木龙骨吊顶各面之间的节点处理

①阴角节点。阴角是指两面相交内凹部分，其处理方法通常是用木角线钉压在角位上，如图6.17所示。固定时用直钉枪，在木线条的凹部位置打入直钉。

②阳角节点。阳角是指两相交面外凸的角位，其处理方法也是用木角线钉压在角位上，将整个角位包住，如图6.18所示。

③过渡节点。过渡节点是指两个落差高度较小的面接触处或平面上，两种不同材料的对接处。其处理方法通常是用木线条或金属线条固定在过渡节点上。木线条可直接钉在吊顶面上，不锈钢等金属条则用粘贴法固定，如图6.19所示。

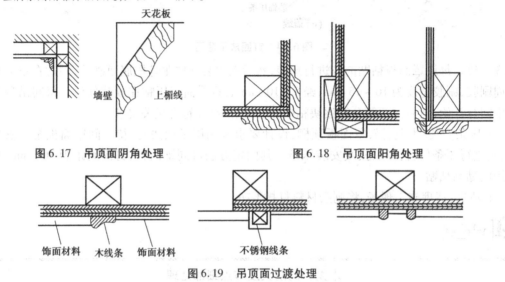

图6.17　吊顶面阴角处理　　　　图6.18　吊顶面阳角处理

图6.19　吊顶面过渡处理

（2）木龙骨吊顶与设备之间节点处理

①吊顶与灯光盘节点处理：灯光盘在吊顶上安装后，其灯光片或灯光格栅与吊顶之间的接触处需作处理。其处理方法通常用木线条进行固定，如图6.20所示。

②吊顶与检验孔节点处理：通常是在检修孔盖板四周钉木线条，或在检修孔内侧钉角铝，如图6.21所示。

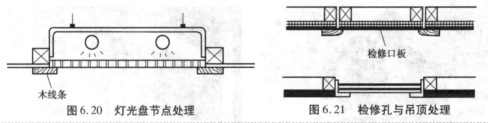

图6.20　灯光盘节点处理　　　　图6.21　检修孔与吊顶处理

别提示

一般在居室空间作吊顶装饰，从吊顶类型上考虑，可选用木龙骨吊顶，其原因在于：木龙骨作造型相对容易，施工工艺相对容易。像造型比较复杂的异形吊顶如选用其他吊顶龙骨施工工艺比较复杂；

从造价上考虑,木龙骨造价相对便宜;但从安全角度考虑,木龙骨防火性能比较差,而且容易变形开裂,如居室空间顶棚造型不复杂,也可采用轻钢龙骨吊顶或轻钢龙骨与木龙骨配合吊顶。

6.2.2　金属龙骨吊顶工程

金属龙骨吊顶是指吊顶龙骨多用材料为金属材质,一般为轻钢龙骨和铝合金龙骨两种。

轻钢龙骨吊顶是以轻钢龙骨为吊顶的基本骨架,配以轻型装饰罩面板材组合而成的新型顶棚体系。常用罩面板有纸面石膏板、石棉水泥板、矿棉吸声板、浮雕板和钙塑凹凸板。轻钢龙骨吊顶设置灵活,装拆方便,具有质量小、强度高、防火等多种优点,广泛用于公共建筑及商业建筑的吊顶。

铝合金龙骨吊顶是随着铝型材挤压技术的发展而出现的新型吊顶。铝合金龙骨自重轻,型材表面经过阳极氧化处理,表面光泽美观,有较强的抗腐、耐酸碱能力,防火性能好,安装简单,适用于公共建筑大厅、楼道、会议室、卫生间、厨房等空间的吊顶。

轻钢龙骨的分类方法较多,按型材断面形状可分为 C 形、U 形、T 形和 L 形等;按其用途及安装部位可分为承载龙骨、覆面龙骨和边龙骨等。

1)施工材料与常用工具

（1）常用材料

轻钢龙骨是采用镀锌钢板,经剪裁、冷弯、滚轧、冲压而成薄壁型钢,厚度为 0.5~1.5 mm。其龙骨断面形状如图 6.22 所示,规格要求见表 6.2 的规定。

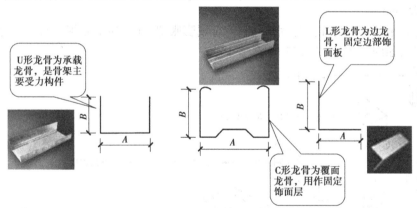

图 6.22　龙骨断面形状

表 6.2　U 形、C 形、L 形吊顶轻钢龙骨

名　称	规格尺寸/mm					
	D38		D50		D60	
	A	B	A	B	A	B
U 形龙骨（承载龙骨）	38	—	50	—	60	—
C 形龙骨（覆面龙骨）	38	—	50	—	60	—
L 形龙骨（边龙骨）	—	—	—	—	—	—

注:①承载龙骨、覆面龙骨的尺寸 B 无明确规定。
　　②边龙骨的尺寸 A、尺寸 B 均无明确规定。
　　③不同规格尺寸的承载龙骨、覆面龙骨、边龙骨,可根据需要配合使用。

轻钢龙骨在使用过程中,要求外形平整、棱角清晰,切口不允许有毛刺和变形。镀锌层不许有起皮、脱落、黑斑等缺陷,双面镀锌层厚度不小于规范和行业标准的规定;其形状尺寸、弯曲内角半径、侧面和底面的平直度、力学性能等应遵守规范和行业标准规定。

别提示

> 在吊顶设计中,根据吊顶所承受的荷载情况来选择采用的龙骨规格,是关系到吊顶工程质量的好坏、造价高低的最重要因素。在设计中,除了考虑吊顶本身的自重之外,还要考虑上人检修、吊挂灯具等设备的集中附加荷载。

龙骨配件根据国家现行标准的规定,主要有吊挂件、挂件、连接件及挂插件等,配件的外观质量、吊挂件的力学性能等应遵循规范和行业标准的规定,如图6.23和图6.24所示。

轻钢龙骨吊顶的罩面材料品种很多,主要有装饰石膏板、纸面石膏板、吸声穿孔石膏板、嵌装式装饰石膏板等。工程上最常用的是纸面石膏板,它是以石膏和纤维做板芯,用特殊的纸做护面而制成的板材,具有质轻、高强、抗震、防火、隔音、收缩率小等性能,并可锯、钉、钻。纸面石膏板由于板纸的增强作用,因此也具有较高的抗弯强度。其主要用于吊顶面层或轻质隔墙的墙板,经特殊处理的防潮、防火纸面石膏板还可用于厨卫及防火要求较高的场所。纸面石膏板的品种很多,根据性能要求不同可分为普通纸面石膏板、耐火纸面石膏板和耐水纸面石膏板等;按纸面石膏板的棱边形状又可分为矩形棱边、楔形棱边、圆角边等。

纸面石膏板的常见尺寸:长2 400,2 700,3 000,3 300,3 600 mm;宽1 200 mm;厚9,12,15,18,21,25 mm。

轻钢龙骨吊顶常用的连接与固结材料有金属膨胀螺栓(金属膨胀管)、自攻螺钉、抽芯铝铆钉、射钉等,如图6.23—图6.25所示。

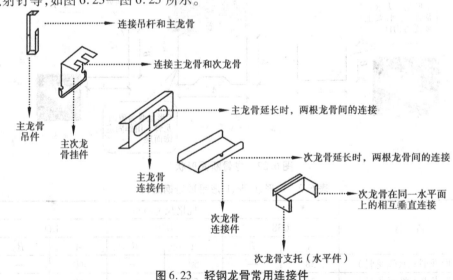

连接吊杆和主龙骨

连接主龙骨和次龙骨

主龙骨延长时,两根龙骨间的连接

主龙骨吊件

主次龙骨挂件

主龙骨连接件

次龙骨延长时,两根龙骨间的连接

次龙骨连接件

次龙骨在同一水平面上的相互垂直连接

次龙骨支托(水平件)

图6.23 轻钢龙骨常用连接件

金属胀锚螺栓由中间部分的螺杆、膨胀套管、平垫圈及螺母组成。施工时用电钻或电锤钻孔后将膨胀螺栓插入,然后拧紧螺母,使膨胀套管膨胀而形成紧固。螺栓自铆可代替预埋螺栓,锚固力强,施工方便。自攻螺钉是一种特制的连接丝钉,钉尖部分有一定锥度,通常将自攻螺钉攻入基体上;拉铆钉按材质种类可分为开口型抽芯铝铆钉、封闭型铝拉钉、不锈钢拉钉和烤漆拉钉。拉铆钉紧固件与传统螺栓利用扭力旋转产生紧固力不同,拉铆钉紧固利用专用设备,在单向拉力的作用下,拉伸栓杆并推挤套环,将内部光滑的套环挤压到螺杆凹槽使套环和螺栓形成100%的结合,产生永久性紧固力。射钉是采用优质钢材制成的一种专用钉接材料,利用专门工具将其射入基体,从而将连接件钉接在一起。

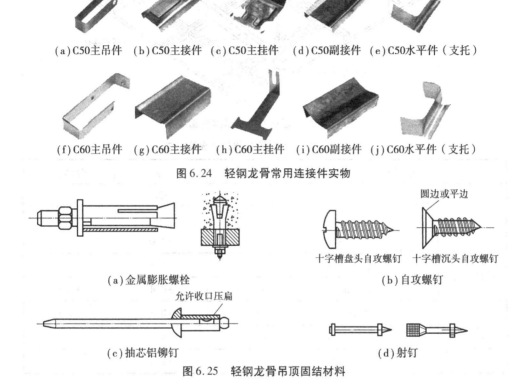

(a)C50主吊件　(b)C50主接件　(c)C50主挂件　(d)C50副接件　(e)C50水平件（支托）

(f)C60主吊件　(g)C60主接件　(h)C60主挂件　(i)C60副接件　(j)C60水平件（支托）

图6.24　轻钢龙骨常用连接件实物

(a)金属膨胀螺栓　　　　　　　　(b)自攻螺钉

(c)抽芯铝铆钉　　　　　　　　　(d)射钉

图6.25　轻钢龙骨吊顶固结材料

（2）施工工具

轻钢龙骨吊顶常用的施工工具有电动冲击钻、无齿锯、射钉枪、手锯、手刨、螺丝刀及电动或气动螺丝刀、扳手、方尺、钢尺、钢水平尺等。

2）轻钢龙骨吊顶施工工艺

轻钢龙骨吊顶组合图,如图6.26所示。

轻钢龙骨吊顶施工准备如下:

①技术准备:编制钢骨架活动罩面板顶棚工程施工方案,并对工人进行书面技术及安全交底。

②材料要求。

a.轻钢龙骨分U形和T形龙骨两种。

b.轻钢龙骨架主件为中、小龙骨;配件有吊挂件、连接件、插接件。

c.零配件:有吊杆、花篮螺栓、射钉、自攻螺钉。

d.按设计要求可选用各种罩面板,其材料品种、规格、质量应符合设计要求。

e.质量要求,见表6.3—表6.9。

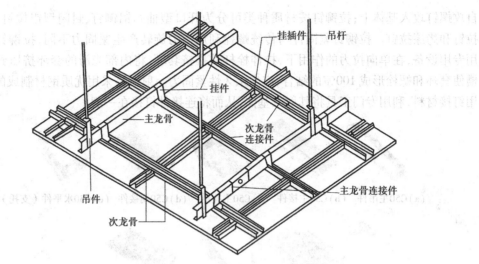

图 6.26 轻钢龙骨吊顶组合图

表 6.3 轻钢龙骨断面规格尺寸允许偏差

项　目			优等品	一等品	合格品
长度 L/mm				+30	
				−10	
覆面龙骨断面尺寸	尺寸 A/mm	≤30		±1.0	
		>30		±1.5	
	尺寸 B/mm		±0.3	±0.4	±0.5
其他龙骨断面尺寸	尺寸 A/mm		±0.3	±0.4	±0.5
	尺寸 B/mm	≤30		±1.0	
		>30		±1.5	

表 6.4 轻钢龙骨角度允许偏差

成形角的最短边尺寸/mm	优等品	一等品	合格品
10 ~ 18	±1°15′	±1°30′	±2°00′
>18	±1°00′	±1°15′	±1°30′

表 6.5 轻钢龙骨外观、表面质量

	缺陷种类		
腐蚀、损坏、黑斑、麻点	优等品	一等品	合格品
	不允许	无较严重的腐蚀、损坏、黑斑、麻点。面积不大于 1 cm² 的黑斑每米长度内不多于 5 处	
项目	优等品	一等品	合格品
双面镀锌量/(g·m⁻²)	120	100	80

表 6.6　硅钙板的质量要求

序　号	项　目		单　位	标准要求
1	外观质量与规格尺寸	长度	mm	2 440±5
		宽度	mm	1 220±4
		厚度	mm	6±0.3
		厚度平均值	%	≤8
		平板边缘平直度	mm/m	≤2
		平板边缘垂直度	mm/m	≤3
		平板表面平整度	mm	≤3
		表面质量	—	表面应平整,不得有缺角、鼓泡和凹陷
2	物理力学	含水率	%	≤10
		密度	g/cm³	$0.90 < D \leqslant 1.20$
		湿胀率	%	≤0.25

表 6.7　纸面石膏板规格尺寸允许偏差

项　目	长度/mm	宽度/mm	厚度/mm	
			9.5	≥12.0
尺寸偏差	0 -6	0 -5	±0.5	±0.6

注:板面应切成矩形,两对角线长度差应不大于 5 mm。

表 6.8　纸面石膏板断裂荷载值

板材厚度/mm	断裂荷载/N	
	纵　向	横　向
9.5	360	140
12.0	500	180
15.0	650	220
18.0	800	270
21.0	950	320
25.0	1 100	370

表6.9　纸面石膏板单位面积质量值

板材厚度/mm	单位面积质量/（kg·m⁻²）
9.5	9.5
12.0	12.0
15.0	15.0
18.0	18.0
21.0	21.0
25.0	25.0

③主要机具，见表6.10。

表6.10　每班组主要机具配备一览表

序　号	机械、设备名称	规格型号	定额功率或容量/kW	数　量	性　能	工　种	备　注
1	电圆锯	5008B	1.4	1	良好	木工	按8~10人/班组计算
2	角磨机	9523NB	0.54	1	良好	木工	按8~10人/班组计算
3	电锤	TE-15	0.65	2	良好	木工	按8~10人/班组计算
4	电动自动螺丝钻	FD-788HV	0.5	3	良好	木工	按8~10人/班组计算
5	手电钻	JIZ-ZD-10A	0.43	1	良好	木工	按8~10人/班组计算
6	射钉枪	SDT-A301		4	良好	木工	按8~10人/班组计算
7	电焊机	BX6-120	0.28	1	良好	木工	按8~10人/班组计算
8	砂轮切割机	JIG-SDG-350	1.25	1	良好	木工	按8~10人/班组计算
9	拉铆钉			2	良好	木工	按8~10人/班组计算
10	铝合金靠尺	2 m		3	良好	木工	按8~10人/班组计算
11	水平尺	600 mm		4	良好	木工	按8~10人/班组计算
12	扳手	活动扳手或六角扳手		8	良好	木工	按8~10人/班组计算
13	铅丝	φ0.4~0.8		100 m	良好	木工	按8~10人/班组计算
14	粉线包			1	良好	木工	按8~10人/班组计算
15	墨斗			1	良好	木工	按8~10人/班组计算
16	小白线			100 m	良好	木工	按8~10人/班组计算
17	开刀			10	良好	木工	按8~10人/班组计算
18	卷尺	5 m		8	良好	木工	按8~10人/班组计算
19	方尺	300 mm		4	良好	木工	按8~10人/班组计算
20	线锤	0.5 kg		4	良好	木工	按8~10人/班组计算
21	托线板	2 mm		2	良好	木工	按8~10人/班组计算
22	胶钳			3	良好	木工	按8~10人/班组计算

a.电动工具:电锯、无齿锯、手枪钻、射钉枪、冲击电锤、电焊机。

b.手动机具:拉铆枪、手锯、手刨子、钳子、螺丝刀、扳子、钢尺、钢水平尺、线坠等。

④作业条件。

A.吊顶工程在施工前应熟悉施工图纸及说明。

B.吊顶工程在施工前应熟悉现场。

a.施工前应按设计要求对房间的净高、洞口标高和吊顶内的管道、设备及其支架的标高进行交接检验。

b.对吊顶内的管道、设备的安装及水管试压进行验收。

C.吊顶工程在施工中应作好各项施工记录,收集好各种有关文件。

a.材料进场验收记录和复验报告,技术交底记录。

b.材料的产品合格证书、性能检测报告。

c.安装面板前应完成吊顶内管道和设备的调试及验收。

3)轻钢龙骨固定罩面板顶棚施工工艺标准

(1)施工工艺流程

工艺流程:弹线→画龙骨分档线→安装水电管线→安装主龙骨→安装次龙骨→安装罩面板→安装压条。

(2)施工要点

①弹线:用水准仪在房间内的每个墙(柱)角上抄出水平点(若墙体较长,中间也应适当抄几个点),弹出水准线(水准线距地面一般为500 mm),从水准线量至吊顶设计高度加上12 mm(一层石膏板的厚度),用粉线沿墙(柱)弹出水准线,即为吊顶次龙骨的下皮线。同时,按吊顶平面图,在混凝土顶板弹出主龙骨的位置。主龙骨应从吊顶中心向两边分,最大间距为1 000 mm,并标出吊杆的固定点,吊杆的固定点间距为900~1 000 mm,如遇梁和管道固定点大于设计和规程要求时,应增加吊杆的固定点。

②固定吊挂杆件:采用膨胀螺栓固定吊挂杆件。不上人的吊顶,吊杆长度小于1 000 mm,可采用φ6的吊杆,如果长度大于1 000 mm,应采用φ8的吊杆,还应设置反向支撑。吊杆可采用冷拔钢筋和盘圆钢筋,但采用盘圆钢筋时,应采用机械将其拉直。上人的吊顶,吊杆长度等于1 000 mm,可采用φ8的吊杆,如果长度大于1 000 mm,应采用φ10的吊杆,吊杆的一端同∟30×30×3角码焊接(角码的孔径应根据吊杆和膨胀螺栓的直径确定),另一端可用攻丝套出大于100 mm的丝杆,也可买成品丝杆焊接。制作好的吊杆应作防锈处理,吊杆用膨胀螺栓固定在楼板上,用冲击电钻打孔,孔径应稍大于膨胀螺栓的直径,如图6.27、图6.28所示。

③在梁上设置吊挂杆件。

a.吊挂杆件应通直并有足够的承载能力。当预埋的杆件需要接长时,必须搭接焊牢,焊缝要均匀饱满。

b.吊杆距主龙骨端部不得超过300 mm,否则应增加吊杆。

c.吊顶灯具、风口及检修口等应设附加吊杆。

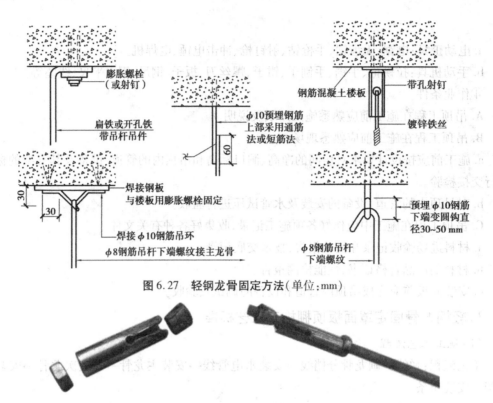

图 6.27 轻钢龙骨固定方法(单位:mm)

图 6.28 轻钢龙骨吊杆实物

④安装边龙骨。边龙骨的安装应按设计要求弹线,沿墙(柱)上的水平龙骨线把 L 形镀锌轻钢条用自攻螺丝固定在预埋木砖上,若为混凝土墙(柱)上可用射钉固定,射钉间距应不大于吊顶次龙骨的间距。

⑤安装主龙骨。

a. 主龙骨应吊挂在吊杆上,主龙骨间距为 900～1 000 mm。主龙骨分为不上人 UC38 小龙骨和上人 UC60 大龙骨两种。主龙骨宜平行房间长向安装,同时应起拱,起拱高度为房间跨度的 1/300～1/200。主龙骨的悬臂段不应大于 300 mm,否则应增加吊杆。主龙骨的接长应采取对接,相邻龙骨对接接头要相互错开,主龙骨挂好后应基本调平。

b. 跨度大于 15 m 以上的吊顶,应在主龙骨上,每隔 15 m 加一道大龙骨,并垂直主龙骨焊接牢固。

c. 如有大的造型顶棚,造型部分应用角钢或扁钢焊接成框架,并应与楼板连接牢固。

d. 吊顶如没检修走道,应另设附加吊挂系统,用 10 mm 的吊杆与长度为 1 200 mm 的 L15×5 角钢横担用螺栓连接,横担间距为 1 800～2 000 mm,在横担上铺段走道,可用 6 号槽钢间距为 600 mm 之间用 10 mm 的钢筋焊接,钢筋的间距为 100 mm,将槽钢与横担角钢焊接牢固。在走道的一侧设有栏杆,高度为 900 mm 可用 L50×4 的角钢做立柱,焊接在走道槽钢上,之间用 30×4 的扁钢连接。

⑥安装次龙骨。次龙骨应紧贴主龙骨安装。次龙骨间距为 300～600 mm。用 T 形镀锌铁片连接件将次龙骨固定在主龙骨上时,次龙骨的两端应搭在 L 形边龙骨的水平翼缘上。墙上应预先标出次龙骨中心线的位置,以便安装罩面板时找到次龙骨的位置。当用自攻螺

丝钉安装板材时,板材接缝处必须安装在宽度不小于 40 mm 的次龙骨上。次龙骨不得搭接。在通风、水电等洞口周围应设附加龙骨,附加龙骨的连接用拉铆钉铆固。吊顶灯具、风口及检修口等应设附加吊杆和补强龙骨。图 6.29 为龙骨安装。

图 6.29　龙骨安装

⑦罩面板安装。吊挂顶棚罩面板常用的板材有纸面石膏板、埃特板(纤维水泥板)、防潮板等。选用板材应考虑牢固可靠、装饰效果好,便于施工和维修,也要考虑质量小、防火、吸声、隔热、保温等要求。

A.纸面石膏板安装。饰面板应在自由状态下固定,防止出现弯棱、凸鼓的现象;还应在棚顶四周封闭的情况下安装固定,防止板面受潮变形。

纸面石膏板的长边(既包封边)应沿纵向次龙骨铺设;自攻螺丝与纸面石膏板边的距离,用面纸包封的板边以 10 ~ 15 mm 为宜,切割的板边以 15 ~ 20 mm 为宜;固定次龙骨的间距,一般不应大于 600 mm,在南方潮湿地区,间距应适当减小,以 300 mm 为宜;钉距以 150 ~ 170 mm 为宜,螺丝应于板面垂直,已弯曲、变形的螺丝应剔除,并在相隔 50 mm 的部位另安螺丝;安装双层石膏板时,面层板与基层板的接缝应错开,不得在一根龙骨上;石膏板的接缝,应按设计要求进行板缝处理;纸面石膏板与龙骨固定,应从一块板的中间向板的四边进行固定,不得多点同时作业;螺丝钉头宜略埋入板面,但不得损坏纸面,钉眼应作防锈处理并用石膏腻子抹平;拌制石膏腻子时,必须用清洁水和清洁容器。图 6.30 为纸面石膏板安装。

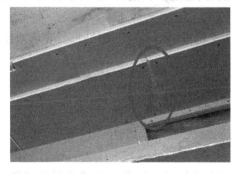

图 6.30　纸面石膏板安装

B.纤维水泥加压板(埃特板)安装。龙骨间距、螺钉与板边的距离及螺钉间距等应满足设计要求和有关产品要求;纤维水泥加压板与龙骨固定时,所用手电钻钻头的直径应比选用螺钉直径小 0.5 ~ 1.0 mm;固定后,钉帽应作防锈处理,并用油性腻子嵌平;用密封膏、石膏腻子或掺界面剂胶的水泥砂浆嵌涂板缝并刮平,硬化后用砂纸磨光,板缝宽度应小于 50 mm。板材的开孔和切割,应按产品的有关要求进行。

C.防潮板。饰面板应在自由状态下固定,防止出现弯棱、凸鼓的现象;防潮板的长边(即包封边)应沿纵向次龙骨铺设;自攻螺丝与防潮板板边的距离,以 10～15 mm 为宜,切割的板边以 15～20 mm 为宜;固定次龙骨的间距,一般不应大于 600 mm,在南方潮湿地区,钉距以 150～170 mm 为宜,螺丝应与板面垂直,已弯曲、变形的螺丝应剔除;面层板接缝应错开,不得在一根龙骨上;防潮板的接缝处理同石膏板;防潮板与龙骨固定时,应从一块板的中间向板的四边进行固定,不得多点同时作业;螺丝钉头宜略埋入板面,钉眼应作防锈处理并用石膏腻子抹平。

D.饰面板上的灯具、烟感器、喷淋头、风口篦子等设备的位置应合理、美观,与饰面的交接应吻合、严密。并作好检修口的预留,使用材料应与母体相同,安装时应严格控制整体性、刚度和承载力。

6.2.3 整体面层吊顶工程质量验收标准

1)主控项目

①吊顶标高、尺寸、起拱和造型应符合设计要求。

检验方法:观察;尺量检查。

②面层材料的材质、品种、规格、图案、颜色和性能应符合设计要求及国家现行标准的有关规定。

检验方法:观察;检查产品合格证书、性能检验报告、进场验收记录和复验报告。

③整体面层吊顶工程的吊杆、龙骨和面板的安装应牢固。

检验方法:观察;手扳检查;检查隐蔽工程验收记录和施工记录。

④吊杆和龙骨的材质、规格、安装间距及连接方式应符合设计要求。金属吊杆和龙骨应经过表面防腐处理;木龙骨应进行防腐、防火处理。

检验方法:观察;尺量检查;检查产品合格证书、性能检验报告、进场验收记录和隐蔽工程验收记录。

⑤石膏板、水泥纤维板的接缝应按其施工工艺标准进行板缝防裂处理。安装双层板时,面层板与基层板的接缝应错开,不得在同一根龙骨上接缝。

⑥检验方法:观察。

2)一般项目

①面层材料表面应洁净、色泽一致,不得有翘曲、裂缝及缺损,压条应平直、宽窄一致。

检验方法:观察;尺量检查。

②面板上的灯具、烟感器、喷淋头、风口篦子和检修口等设备设施的位置应合理、美观,与面板的交接应吻合、严密。

检验方法:观察。

③金属龙骨的接缝应均匀一致,角缝应吻合,表面应平整,应无翘曲和锤印。木质龙骨应顺直,应无劈裂和变形。

检验方法:检查隐蔽工程验收记录和施工记录。

④吊顶内填充吸声材料的品种和铺设厚度应符合设计要求,并应有防散落措施。

检验方法:检查隐蔽工程验收记录和施工记录。

⑤整体面层吊顶工程安装的允许偏差和检验方法应符合表 6.11 的规定。

表 6.11　整体面层吊顶工程安装的允许偏差和检验方法

项　次	项　　目	允许偏差/mm	检验方法
1	表面平整度	3	用 2 m 靠尺和塞尺检查
2	缝格、凹槽直线度	3	拉 5 m 线,不足 5 m 拉通线,用钢直尺检查

特别提示

温度变化对纸面石膏板的线膨胀系数影响不大,但空气湿度则对纸面石膏板的线性膨胀和收缩产生较大的影响,所以大面积的纸面石膏板吊顶应注意设置膨胀缝。吊顶施工时龙骨接长的接头应错位安装,相邻三排龙骨的接头不应接在同一直线上;吊筋、膨胀螺栓应进行防锈处理。顶棚内的灯槽、斜撑、剪刀撑等,应按具体设计施工。轻型灯具可吊装在主龙骨或附加龙骨上,重型灯具或电扇则不得与吊顶龙骨连接,而应另设吊钩吊装。

知识扩展一

直卡式轻钢龙骨

轻钢龙骨除常见的 U 形、C 形以外,还有一种直卡式轻钢龙骨。直卡式轻钢龙骨的主骨与主骨、主骨与副骨、副骨与副骨,以及横支撑与副骨均直接卡扣连接,克服了传统龙骨用小件捆绑,连接松散的缺陷,具有安装简便、平整度高、无须主龙骨及覆面龙骨吊件、断头可接、节省材料、减少工时、龙骨骨架稳定性好等特点。龙骨饰面板可吊硬质大板、塑胶板、钉轻质吸声板,综合性能优于 U 形龙骨系列,如图 6.31 所示。

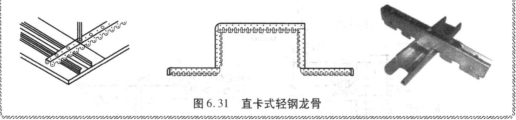

图 6.31　直卡式轻钢龙骨

知识扩展二

轻钢龙骨吊顶特殊部位的处理

1)吊顶边部节点构造

纸面石膏板轻钢龙骨吊顶边部与墙柱立面结合部位的处理,一般采用平接式、留槽式和间隙式 3 种形式。边部节点构造如图 6.32 所示。

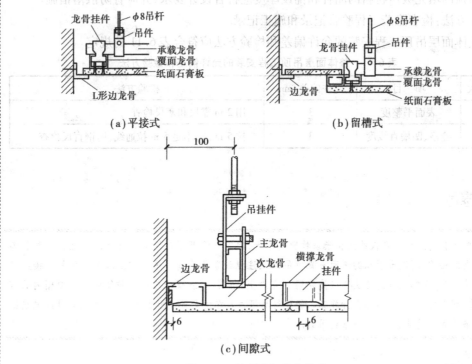

（a）平接式   （b）留槽式

（c）间隙式

图 6.32　吊顶边部节点构造

2）叠级吊顶的构造

　　叠级吊顶所用的轻钢龙骨和石膏板等,应按设计要求和吊顶部位不同切割成相应部件。下料切割时应力求准确,以确保安装时吊顶构造的严密和牢固稳定。灯具无论明装还是暗装,电气管线应有专用的绝缘管套装,以保证用电安全;对于有岩棉等保温层的吊顶,必须使灯具或其他发热装置与岩棉类材料隔开一定距离,以防止因蓄热导致不良效果。吊顶的纸面石膏板铺钉后,吊顶高低造型的每个阴角处均应加设金属护角,以保证其刚度。同时叠级吊顶的每个边角必须保持平直、整洁,不得出现凹凸不平和扭曲变形的现象。叠级吊顶的构造如图 6.33 所示。

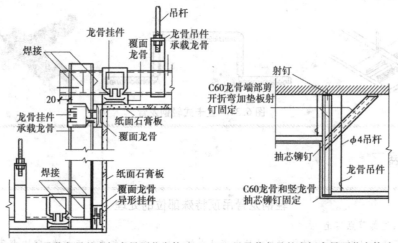

（a）有承载龙骨的变标高吊顶节点构造　　（b）无承载龙骨的变标高吊顶节点构造

图 6.33　轻钢龙骨纸面石膏板叠级吊顶的变标高构造节点示例图

3）吊顶与隔墙的连接

轻钢龙骨纸面石膏板吊顶与轻钢龙骨纸面石膏板轻质隔墙相连接时,隔墙的横龙骨(沿顶龙骨)与吊顶的承载龙骨用 M6 螺栓紧固,吊顶的覆面龙骨依靠龙骨挂件与承载龙骨连接,覆面龙骨的纵横连接则依靠龙骨支托。吊顶与隔墙面层的纸面石膏板相交的阴角处,固定金属护角,使吊顶与隔墙有机地结合成一个整体。其节点构造如图 6.34 所示。

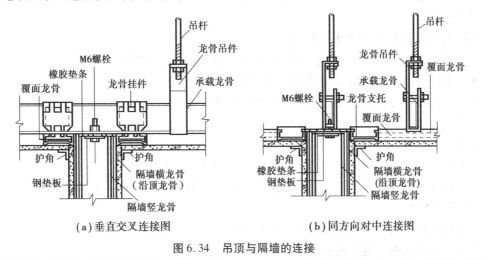

（a）垂直交叉连接图　　　　　　（b）同方向对中连接图

图 6.34　吊顶与隔墙的连接

6.3　板块面层顶棚工程

板块面层吊顶包括以轻钢龙骨、铝合金龙骨和木龙骨等为骨架,以石膏板、金属板、矿棉板、木板、塑料板、玻璃板和复合板等为板块面层的吊顶;格栅吊顶包括以轻钢龙骨、铝合金龙骨和木龙骨等为骨架,以金属、木材、塑料和复合材料等为格栅面层的吊顶。图 6.35 为板块式顶棚。

图 6.35　板块式顶棚

6.3.1 板块面层顶棚施工

1)施工准备

(1)技术准备

编制钢骨架活动罩面板顶棚工程施工方案,并对工人进行书面技术及安全交底。

(2)材料要求

①轻钢龙骨分 U 形和 T 形龙骨两种。

②轻钢龙骨架主件为中、小龙骨;配件有吊挂件、连接件、插接件。

③零配件:有吊杆、花篮螺栓、射钉、自攻螺钉。

④按设计要求可选用各种罩面板,钢、铝压缝条或塑料压缝条。

⑤质量要求(表6.3、表6.4和表6.6)。

(3)主要机具

①电动工具:电锯、无齿锯、手枪钻、射钉枪、冲击电锤、电焊机。

②手动机具:拉铆枪、手锯、手刨子、钳子、螺丝刀、扳手、钢尺、钢水平尺、线坠等。

(4)作业条件

①吊顶工程在施工前应熟悉施工图纸及说明。

②吊顶工程在施工前应熟悉现场。

③施工前应按设计要求对房间的净高、洞口标高和吊顶内的管道、设备及其支架的标高进行交接检验。

④对吊顶内的管道、设备的安装及水管试压进行验收。

⑤吊顶工程在施工中应作好各项施工记录,收集好各种有关文件。

⑥材料进场验收记录和复验报告,技术交底记录。

⑦板安装时室内湿度不宜大于70%。

2)施工工艺

(1)工艺流程

工艺流程:基层弹线→安装吊杆→安装主龙骨→安装边龙骨→安装次龙骨→安装铝合金方板→饰面清理→分项、检验批验收。

(2)施工工艺

①基层弹线:根据楼层标高水平线,按照设计标高,沿墙四周弹顶棚标高水平线,并找出房间中心点,并沿顶棚的标高水平线,以房间中心点为中心在墙上画好龙骨分档位置线。

②安装吊杆:在弹好顶棚标高水平线及龙骨位置线后,确定吊杆下端头的标高,安装预先加工好的吊杆,吊杆安装用 ϕ8 膨胀螺栓固定在顶棚上。吊杆选用 ϕ8 圆钢,吊筋间距控制在 1 200 mm 范围内。

③安装主龙骨:主龙骨一般选用 C38 轻钢龙骨,间距控制在 1 200 mm 范围内。安装时采用与主龙骨配套的吊件与吊杆连接。

④安装边龙骨:按天花净高要求在墙四周用水泥钉固定 25 mm×25 mm 烤漆龙骨,水泥钉间距不大于 300 mm。

⑤安装次龙骨:次龙骨分明龙骨和暗龙骨两种。暗龙骨吊顶即安装罩面板时将次龙骨

封闭在棚内,在顶棚表面看不见次龙骨。明龙骨吊顶即安装罩面板时次龙骨明露在罩面板下,在顶棚表面能够看见次龙骨。次龙骨应紧贴主龙骨安装。次龙骨间距为 300~600 mm。次龙骨分为 T 形烤漆龙骨、T 形铝合金龙骨和各种条形扣板厂家配带的专用龙骨。用 T 形镀锌铁片连接件把次龙骨固定在主龙骨上时,次龙骨的两端应搭在 L 形边龙骨的水平翼缘上,条形扣板有专用的阴角线做边龙骨。图 6.36 为板块面层吊顶龙骨。

图 6.36　板块面层吊顶龙骨

⑥安装罩面板:吊挂顶棚罩面板常用的板材有吸声矿棉板、硅钙板、塑料板、格栅和各种扣板等。

A.矿棉装饰吸声板安装。规格一般分为 300 mm×600 mm,600 mm×600 mm,600 mm×1 200 mm 3 种;300 mm×600 mm 的多用于暗插龙骨吊顶,将面板插于次龙骨上。600 mm×600 mm 及 600 mm×1 200 mm 一般用于明装龙骨,将面板直接搁于龙骨上。安装时,应注意板背面的箭头方向和白线方向一致,以保证花样、图案的整体性;饰面板上的灯具、烟感器、喷淋头、风口篦子等设备的位置应合理、美观,与饰面的交接应吻合、严密。图 6.37 为矿棉板安装。

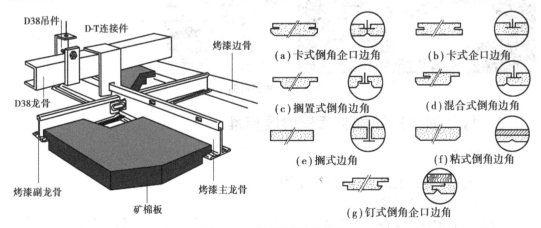

图 6.37　矿棉板安装示意图

B.硅钙板、塑料板安装。规格一般为 600 mm×600 mm,一般用于明装龙骨,将面板直接搁于龙骨上。安装时,应注意板背面的箭头方向和白线方向一致,以保证花样、图案的整体性;饰面板上的灯具、烟感器、喷淋头、风口篦子等设备的位置应合理、美观,与饰面的交接应吻合、严密。

C. 格栅安装。规格一般为 100 mm×100 mm,150 mm×150 mm,200 mm×200 mm 等多种方形格栅,一般用卡具将饰面板板材卡在龙骨上。图 6.38 为格栅吊顶。

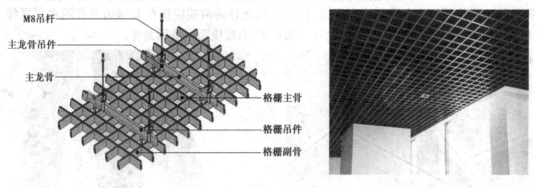

图 6.38　格栅吊顶

D. 扣板安装。规格一般为 100 mm×100 mm,150 mm×150 mm,200 mm×200 mm,600 mm×600 mm 等多种方形塑料板,还有宽度为 100,150,200,300,600 mm 等多种条形塑料板;一般用卡具将饰面板板材卡在龙骨上。图 6.39 为扣板吊顶。

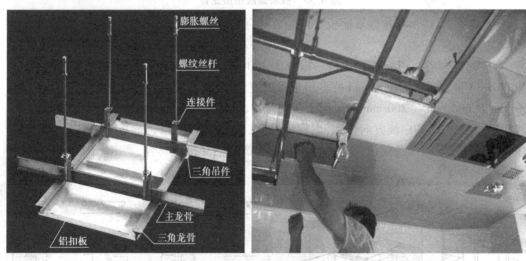

图 6.39　扣板吊顶

6.3.2　板块面层顶棚施工质量验收标准

1)主控项目

①吊顶标高、尺寸、起拱和造型应符合设计要求。

检验方法:观察;质量检查。

②面层材料的材质、品种、规格、图案、颜色和性能应符合设计要求及国家现行标准的有关规定。当面层材料为玻璃板时,应使用安全玻璃并采取可靠的安全措施。

检验方法:观察;检查产品合格证书、性能检验报告、进场验收记录和复验报告。

③面板的安装应稳固严密。面板与龙骨的搭接宽度应大于龙骨受力面宽度的 2/3。

检验方法:观察;手扳检查;尺量检查。

④吊杆和龙骨的材质、规格、安装间距及连接方式应符合设计要求。金属吊杆和龙骨应进行表面防腐处理;木龙骨应进行防腐、防火处理。

检验方法:观察;尺量检查;检查产品合格证书、性能检验报告、进场验收记录和隐蔽工程验收记录。

⑤板块面层吊顶工程的吊杆和龙骨安装应牢固。

检验方法:手扳检查;检查隐蔽工程验收记录和施工记录。

2)一般项目

①面层材料表面应洁净、色泽一致,不得有翘曲、裂缝及缺损。面板与龙骨的搭接应平整、吻合,压条应平直、宽窄一致。

检验方法:观察;尺量检查。

②面板上的灯具、烟感器、喷淋头、风口篦子和检修口等设备设施的位置应合理、美观,与面板的交接应吻合、严密。

检验方法:观察。

③金属龙骨的接缝应平整、吻合、色泽一致,不得有划伤和擦伤等表面缺陷。木质龙骨应平整、顺直,应无劈裂。

检验方法:观察。

④吊顶内填充吸声材料的品种和铺设厚度应符合设计要求,并应有防散落措施。

检验方法:检查隐蔽工程验收记录和施工记录。

⑤板块面层吊顶工程安装的允许偏差和检验方法应符合表 6.12 的规定。

表 6.12　板块面层吊顶工程安装的允许偏差和检验方法

项　次	项　目	允许偏差/mm				检验方法
		石膏板	金属板	石棉板	木板、塑料板、玻璃板、复合板	
1	表面平整度	3	2	3	2	用 2 m 靠尺和塞尺检查
2	接缝直线度	3	2	3	3	拉 5 m 线,不足 5 m 拉通线,用钢直尺检查
3	接缝高低差	1	1	2	1	用钢直尺和塞尺检查

6.3.3　格栅顶棚施工质量验收标准

1)主控项目

①吊顶标高、尺寸、起拱和造型应符合设计要求。

检验方法:观察;尺量检查。

②格栅的材质、品种、规格、图案、颜色和性能应符合设计要求及国家现行标准的有关规定。

检验方法:观察;检查产品合格证书、性能检验报告、进场验收记录和复验报告。

③吊杆和龙骨的材质、规格、安装间距及连接方式应符合设计要求。金属吊杆和龙骨应进行表面防腐处理;木龙骨进行防腐、防火处理。

检验方法:观察;尺量检查;检查产品合格证书、性能检验报告、进场验收记录和隐蔽工程验收记录。

④格栅吊顶工程的吊杆、龙骨和格栅吊杆的安装应牢固。

检验方法:观察;手扳检查;检查隐蔽工程验收记录和施工记录。

2)一般项目

①格栅表面应洁净、色泽一致,不得有翘曲、裂缝及缺损。格栅条角度一致,边缘应整齐,接口应无错位。压条应平直、宽窄一致。

检验方法:观察;尺量检查。

②吊顶的灯具、烟感器、喷淋头、风口箅子和检修口等设备设施的位置应合理、美观,与格栅的套割交接处应吻合、严密。

检验方法:观察。

③金属龙骨的接缝应平整、吻合、颜色一致,不得有划伤和擦伤等表面缺陷。木质龙骨应平整、顺直,应无劈裂。

检验方法:观察。

④吊顶内填充吸声材料的品种和铺设厚度应符合设计要求,并应有防散落措施。

检验方法:观察;检查隐蔽工程验收记录和施工记录。

⑤格栅吊顶内楼板、管线设备等表面处理应符合设计要求,吊顶内各种设备管线应合理、美观。

检验方法:观察。

⑥格栅吊顶工程安装的允许偏差和检验方法应符合表6.13的规定。

表6.13　格栅吊顶工程安装的允许偏差和检验方法

项次	项目	允许偏差/mm		检验方法
		金属格栅	木格栅、塑料格栅、复合材料格栅	
1	表面平整度	2	3	用2 m靠尺和塞尺检查
2	格栅直线度	2	3	拉5 m线,不足5 m拉通线,用钢尺检查

6.3.4　金属龙骨吊顶成品保护

①轻钢骨架、饰面板及其他吊顶材料在入场存放、使用过程中,应严格管理,保证不变形、不受潮、不生锈。

②装修吊顶用吊杆严禁挪作机电管道、线路吊挂用;机电管道、线路如与吊顶吊杆位置矛盾,须经过项目技术人员同意后更改,不得随意改变、挪动吊杆。

③吊顶龙骨上禁止铺设机电管道、线路。

④轻钢骨架及罩面板安装时,应注意保护顶棚内各种管线。轻钢骨架的吊杆、龙骨不准固定在通风管道及其他设备件上。

⑤为了保护成品,罩面板安装必须在顶棚内的管道试水、保温等一切工序全部验收后

进行。

　　⑥设专人负责成品保护工作,发现有保护设施损坏的,要及时恢复。

　　⑦工序交接全部采用书面形式由双方签字认可,由下道工序作业人员和成品保护负责人同时签字确认,并保存工序交接书面材料,下道工序作业人员对成品的污染、损坏或丢失负直接责任,设专人对成品保护负监督、检查责任。

知识链接

金属龙骨吊顶施工应注意的问题

1) 吊顶不平

对于吊顶四周的标高线,应准确地弹在墙面上,其误差不能大于±0.5 mm。如果跨度较大,还应在中间适当位置加设标高控制点,在一个断面要拉通线控制,且拉线时不能下垂。

龙骨调直调平后,方能安装条板。

应同设备配合考虑,不能直接悬吊的设备,应另设吊杆直接与结构固定。

如果采用膨胀螺栓固定吊杆,应作好隐检记录。关键部位要做螺栓的拉拔实验。

在安装前,先要检查板条平、直情况,发现不妥者,应进行调整。

2) 接缝明显

做好下料工作,对接口部位应用锉刀将其修平,并将毛边修整好。

用同颜色的胶黏剂对接口部位进行修补。

3) 吊顶与设备衔接不妥

对于孔洞较大的情况,应先由设备确定具体参数,安装完衬板后,再进行吊顶施工。

对于较小的孔洞,应在顶部开洞。开洞时,应拉通长中心线,确定位置后,再往复锯开洞。

知识扩展

软膜吊顶

　　软膜吊顶在19世纪始创于瑞士,然后经法国人费兰德·斯科尔先生1967年继续研究完善并成功推广到欧洲及美洲国家的天花市场,软膜吊顶已日趋成为吊顶材料的首选材料。软膜采用特殊的聚氯乙烯材料制成,厚0.18~0.2 mm,每平方米重180~320 g,其防火级别为B1级。软膜通过一次或多次切割成形,并用高频焊接完成。软膜需要在实地测量出天花尺寸后,在工厂里制作完成。软膜尺寸的稳定性在-15~45 ℃。透光膜天花可配合各种灯光系统(如霓虹灯、荧光灯、LED 灯)营造梦幻般、无影的室内灯光效果。同时摒弃了玻璃或有机玻璃的笨重、危险以及小块拼装的缺点,已逐步成为新的装饰亮点。图6.40为吊顶双面光膜。

图 6.40　吊顶双面光膜

软膜吊顶的特点体现在以下几个方面：

①防火功能：软膜吊顶已经符合许多国家的防火标准。软膜吊顶燃烧后，只会自身熔穿，并且于数秒钟之内自行收缩，直至离开火源，然后自动停止，并且不会放出有害气体或溶液滴下伤及人体或财物。

②节能功能：光面吊顶的表面是依照电影银幕而制造，如细看表面可发现有无数凹凸纹，目的是将灯光折射度加强，因此鼓励用户安装壁灯或倒射灯加强效果，此方法可减少灯源数量。

③防菌功能：因为软膜吊顶在出厂前已预先混合一种称为 BIO-PRUF 的抗菌处理。此商标已于美国注册，并有 30 多年的经验。

④防水功能：一般发生于传统吊顶上的漏水意外，往往导致用户非常狼狈，而又因未能及时阻止漏水，以室内财物尽毁。

⑤丰富的色彩：软膜吊顶有很多种颜色，8 种类型可供选择，如哑光面、光面、绒面、金属面、孔面和透光面等。

⑥无限的创造性：因为软膜吊顶是一种软性材料，是根据龙骨的形状来确定它的形状。因此造型比较随意、多样，让设计师更具创造性。

⑦方便安装：可直接安装在墙壁、木方、钢结构、石膏间墙和木间墙上，适合各种建筑结构。

⑧优异的抗老化性能：专用龙骨分为 PVC 和铝合金两种材质，软膜的主要构造成分是 PVC，软膜扣边也是由 PVC 和几种特殊添加剂制成。

⑨安全环保：软膜吊顶在环保方面有突出的优势，它完全符合欧洲及国内各项检测标准。软膜全部由环保性原料制成，不含镉、乙醇等有害物质。

⑩理想的声学效果：经有关专业部门的相关检测，证明软膜能有效地改进室内音色效果。其中的几种材质能有效隔音，是理想的隔音装饰材料。

软膜吊顶实例如图 6.41 所示。

图 6.41　软膜吊顶实例

本章小结

本章从构件组成、所用材料及要求、施工工艺入手，按施工过程介绍了木龙骨、轻钢龙骨和铝合金龙骨吊顶的施工以及金属装饰板吊顶、开敞式吊顶的施工，并在此基础上分别介绍了各种吊顶的质量验收标准。通过案例介绍，力求培养学生解决施工现场常见工程质量问题的能力。

复习思考题

1. 吊顶一般由哪几个部分组成？
2. 试述金属板吊顶安装工艺。
3. 如何使吊顶面保持成一个水平面？
4. 试述木龙骨吊顶的施工工艺。
5. 试述开敞式吊顶的施工工艺。
6. 实地检测和分析一个已竣工的吊顶安装质量。

第7章
门窗工程施工技术

本章导读

● **基本要求**

(1)知识目标:了解门窗工程的概述,熟悉各种门窗工程,掌握各种门窗的施工技术和质量验收标准。

(2)能力目标:通过对门窗施工工艺的深刻理解,使学生学会正确选择材料和施工工艺,并能合理地组织施工,以达到保证工程质量的目的;能解决施工现场常见工程质量问题。

● **重点**

(1)装饰木门窗的制作与安装工艺及质量验收。

(2)铝合金门窗的制作与安装及质量验收。

(3)塑钢门窗的制作与安装及质量验收。

(4)全玻璃装饰门的安装及质量验收。

(5)自动门、卷帘门的安装。

● **难点**

通过理论教学,学生能掌握各种门窗工程的理论知识。在结合实训任务时,能独立完成完整的施工设计和过程,并能写出施工报告和总结。

门窗是建筑物立面上的构件,主要是起交通和通风的作用;同时,在塑造空间艺术形象中起着十分重要的作用。门窗经常成为重点装饰的对象。

门窗施工包括制作和安装两部分,一些门窗在工厂生产,施工现场只需安装即可,如钢制门窗、塑钢门窗等。而一些门窗则有较多的现场制作工作,如木制门窗、铝合金门窗等。

由于门窗所处的位置接近于人的视野,因此,无论是制作还是安装,不仅要经得起远看,更要经得起近观。

7.1 门窗工程施工技术概述

门窗一般由窗(门)框、窗(门)扇、玻璃、五金配件等部件组合而成。

门窗的种类很多,各类门窗一般按开启方式、用途、所用材料和构造进行分类。

1)按开启方式分

窗有平开窗、推拉窗、上悬窗、中悬窗、下悬窗、固定窗等。

门有平开门、推拉门、旋转门、折叠门等。

2)按制作门窗的材质分

①木门窗:以木材为原料制作的门窗,这是最原始、最悠久的门窗。其特点是易腐蚀变形、维修费用高、无密封措施等,加上保护环境和节省能源等因素,因此用量逐渐减少。

②钢制门窗:以钢型材为原料制成的门窗,有空腹和实芯钢门窗。其使用功能较差,易锈蚀,密封和保温隔热性能较差。在我国已基本被淘汰。新型彩板门窗是以镀锌或渗锌钢板经过表面喷涂有机材料制成的型材为原料加工制成,耐腐蚀性好,但价格较高,能耗大。

③铝合金门窗:以铝合金型材为原料加工制成的门窗,其特点是耐腐蚀,不易变形,密封性能较好,但价格高、使用和制造能耗大。

④塑料门窗:以塑料异形材料为原料加工制成的门窗,其特点是耐腐蚀、不变形、密封性好、保温隔热节约能源。

3)按用途分

门按用途分为防火门、隔音门、保温门、冷藏门、安全门、防护门、屏蔽门、防射线门、防风沙门、密闭门、泄压门、壁橱门、围墙门、车库门、保险门、引风门、检修门。

7.2 木门窗工程

在装饰工程中,木门窗的制作与安装占了很大比例,特别是在室内装饰造型中,木门窗应用得更为广泛,是创造装饰气氛与效果的重要的手段。木门窗具有质量小、强度高、使用寿命长、保温隔热性能好、易加工等优点,而且传统木门还具有装饰典雅、温馨、亲切的感觉。但是木门窗也有缺点,如易燃、易腐朽、虫蛀、湿涨干缩严重等,在施工过程中经常需通过一定的处理手段避免和改善上述缺点。

7.2.1 木门的概述

1)木门的形式

装饰木门的形式较多,常见的形式如图7.1—图7.3所示。

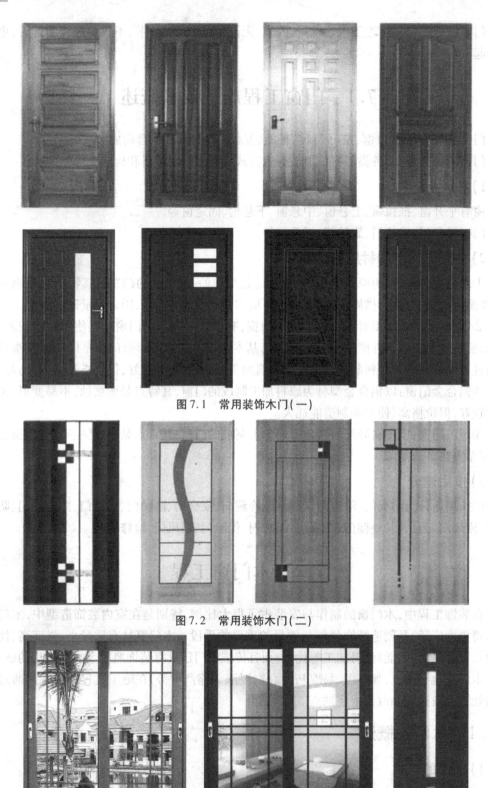

图 7.1　常用装饰木门(一)

图 7.2　常用装饰木门(二)

图 7.3　常用装饰木门(三)

2) 木门的开启方式

装饰木门的开启方式有多种,最常见的开启方式如图 7.4 所示。

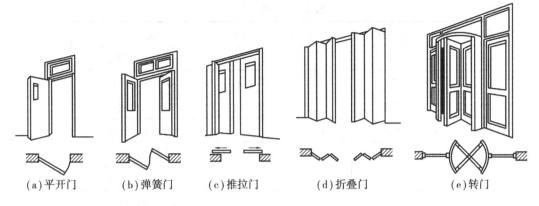

| (a)平开门 | (b)弹簧门 | (c)推拉门 | (d)折叠门 | (e)转门 |

图 7.4　木门的开启方式

3) 装饰木门的组成

装饰木门一般由门框、门扇、五金件、门套等组成。当门的高度超过 2.1 m 时,还要增加上窗结构(又称亮子、幺窗)。木门的各部分名称如图 7.5 所示。

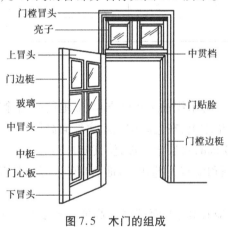

图 7.5　木门的组成

7.2.2　装饰木门的安装施工准备

1) 技术准备

图纸已通过会审与自审,若存在问题,则问题已经解决;门窗洞口的位置、尺寸与施工图相符,按施工要求做好技术交底工作。

2) 材料要求

对称层和同一层单板应是同一树种、同一厚度,并考虑成品结构的均匀性。表板应紧面向外,各层单板不允许端拼。

板均不许有脱胶鼓泡,一等品上允许有极轻微边角缺损,二等板的面板上不得留有胶纸带和明显的胶纸痕。公称厚度 6 mm 以上的板,其翘曲度:一、二等板不得超过 1%,三等板不得超过2%。

3) 主要机具(表 7.1)

表 7.1　主要机具

序　号	名　称	数　量	规　格	说　明
1	水准仪			以一个班组计
2	手电钻	2	FDV16VB	以一个班组计
3	电刨	1	ZC260	以一个班组计
4	电锯	1		以一个班组计
5	电锤	5	307	以一个班组计
6	锯	6		以一个班组计
7	刨	5		以一个班组计
8	水平尺	2		以一个班组计
9	木工斧	3		以一个班组计
10	羊角锤	5		以一个班组计
11	木工三角尺	5		以一个班组计
12	吊线坠	5		以一个班组计

4) 作业条件

①门窗框和扇进场后,及时组织油工将框靠墙、靠地的一面涂刷防腐涂料。然后分类水平堆放平整,底层应搁置在垫木上,在仓库中垫木离地面高度不小于 200 mm,临时的敞篷垫木离地面高度应不小于 400 mm,每层垫木板,使其能自然通风。木门窗严禁露天堆放。

②安装前先检查门窗框和扇有无翘扭、弯曲、窜角、劈裂、榫槽间结合处松散等情况,如有则应进行修理。

③预先安装的门窗框,应在楼、地面基层标高或墙砌到窗台标高时安装。后装的门窗框,应在主体工程验收合格、门窗洞口防腐木砖埋设齐备后进行。

④门窗扇的安装应在饰面完成后进行。没有木门框的门扇,应在墙侧处安装预埋件。

7.2.3　装饰木门的安装施工工艺

1) 工艺流程

工艺流程:放样→配料→截料→刨料→画线→打眼→开榫、拉肩→裁口与倒棱→拼装。

2) 施工要点

①放样:放样是根据施工图纸上设计好的木制品,按照足尺 1∶1 将木制品构造画出来,做成样板(或样棒)。样板采用松木制作,双面刨光,厚约 25 cm,宽等于门窗樘子梃的断面宽,长比门窗高度大 200 mm 左右,经过仔细校核后才能使用。放样是配料和截料、画线的依据。在使用过程中,注意保持其画线的清晰,不要使其弯曲或折断。

②配料、截料:配料是在放样的基础上进行的,因此,要计算出各部件的尺寸和数量,列出配料单,按配料单进行配料。

配料时,对原材料要进行选择,有腐朽、斜裂节疤的木料,应尽量躲开不用;不干燥的木料不用。精打细算,长短搭配,先配长料,后配短料;先配框料,后配扇料。门窗樘料有顺弯时,其弯度一般不超过 4 mm,扭弯者一律不得使用。

配料时,要合理地确定加工余量,各部件的毛料尺寸要比净料尺寸加大些,具体加大量可参考如下:

断面尺寸:单面刨光加大 1~1.5 mm,双面刨光加大 2~3 mm。机械加工时单面刨光加大 3 mm,双面刨光加大 5 mm。

门窗构件长度加工余量见表 7.2。

表 7.2 门窗构件长度加工余量

构件名称	加工余量
门樘立梃	按图纸规格放长 7 cm
门窗樘冒头	按图纸放长 10 cm,无走头时放长 4 cm
门窗樘中冒头、窗樘中竖梃	按图纸规格放长 1 cm
门窗扇梃	按图纸规格放长 4 cm
门窗扇冒头、玻璃梂子	按图纸规格放长 1 cm
门扇中冒头	在 5 根以上者,有一根可考虑做半榫
门心板	按图纸冒头及扇梃内净距放长各 2 cm

配料时还要注意木材的缺陷,节疤应躲开眼和榫头的部位,防止凿劈或榫头断掉;起线部位也禁止有节疤。

在选配的木料上按毛料尺寸画出截断、锯开线,考虑锯解木料的损耗,一般留出 2~3 mm 的损耗量。锯时要注意锯线直,端面平。

③刨料:刨料时,宜将纹理清晰的里材作为正面,对于樘子料任选一个窄面为正面,对于门、窗框的梃及冒头可只刨面,不刨靠墙的一面;门、窗扇的上冒头和梃也可先刨三面,靠樘子的一面待安装时根据缝的大小再进行修刨。

刨完后,应按同类型、同规格樘扇分别堆放,上下对齐。每个正面相合,堆垛下面要垫实平整。

④画线:画线是根据门窗的构造要求,在各根刨好的木料上画出榫头线、打眼线等。

画线前,先要弄清榫、眼的尺寸和形式,什么地方做样,什么地方凿眼,弄清图纸要求和样板式样,尺寸、规格必须一致,并先做样品,经审查合格后再正式画线。

门窗樘无特殊要求时,可用平肩插。樘梃宽超过 80 mm 时,要画双实榫;门扇梃厚度超过 60 mm 时,要画双头榫,60 mm 以下画单榫。冒头料宽度大于 180 mm 者,一般画上下双榫,榫眼厚度一般为料厚的 1/4~1/3。半榫眼深度一般不大于料断面的 1/4,冒头拉肩应和榫吻合。

成批画线应在画线架上进行。把门窗料叠放在架子上,将螺钉拧紧固定,然后用丁字尺一次画下来,既准确又迅速,并标识出门窗料的正面或背面。所有榫、眼注明是全眼还是半眼,透榫还是半榫。正面眼线画好后,要将眼线画到背面,并画好倒棱、裁口线,这样所有的线就画好了。要求线要画得清楚、准确、齐全。

⑤打眼:打眼之前,应选择等于眼宽的凿刀,凿出的眼,顺木纹两侧要直,不得出错槎。先打全眼,后打半眼。全眼要先打背面,凿到一半时,翻转过来再打正面直到贯穿。眼的正面要留半条里线,反面不留线,但比正面略宽。这样装榫头时,可减少冲击,以免挤裂眼口四周。

成批生产时,要经常核对,检查眼的位置尺寸,以免发生误差。

⑥开榫、拉肩:开榫又称倒卵,就是按榫头线纵向锯开。拉肩就是锯掉榫头两旁的肩头,通过开榫和拉肩操作就制成了榫头。

拉肩、开榫要留半个墨线。锯出的榫头要方正、平直、打眼处完整无损,没有被拉肩操作面锯伤。半榫的长度应比半眼的深度少2~3 mm。锯成的榫要求方、正,不能伤榫根。楔头倒棱,以防装楔头时将眼背面顶裂。

⑦裁口与倒棱:裁口即刨去框的一个方形角部分,供装玻璃用。用裁口刨子或用歪嘴子刨。快刨到要刨的部分时,用单线刨子刨,去掉木屑,刨到为止。裁好的口要求方正平直,不能有戗搓起毛,凹凸不平的现象。倒棱也称为倒八字,即沿框刨去一个三角形部分。倒棱要平直、板实,不能过线。裁口也可用电锯切割需留1 mm再用单线刨子刨到需求位置为止。

⑧拼装:拼装前对部件应进行检查,要求部件方正、平直,线脚整齐分明,表面光滑,尺寸规格、式样符合设计要求。并用细刨将遗留墨线刨光。

门窗框的组装是把一根边梃的眼里,再装上另一边的梃;用锤轻轻敲打拼合,敲打时要垫木块防止打坏榫头或留下敲打的痕迹。待整个拼好归方后,再将所有榫头敲实,锯断露出的榫头。拼装先将楔头沾抹上胶再用锤轻轻敲打拼合,门框样式,如图7.6—图7.9所示。

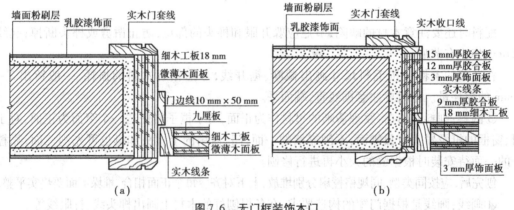

图7.6 无门框装饰木门

门窗扇的组装方法与门窗框基本相同。但木扇有门心板,须先把门心板按尺寸裁好,一般门心板应比扇边上量得的尺寸小3~5 mm,门心板的四边去棱,刨光净好。然后,先把一根门梃平放,将冒头逐个装入,门心板嵌入冒头与门梃的凹槽内,再将另一根门梃的眼对准榫装入,并用锤垫木块敲紧,如图7.8、图7.10、图7.11所示。门扇构造门窗框、扇组装好后,为使其成为一个结实的整体,必须在眼中加木楔,将榫在眼中挤紧。木楔长度为榫头的 2/3,宽度比眼宽窄1/2,如4′眼,楔子宽为$3\frac{1}{2}′$。楔子头用扁铲顺木纹铲尖,加楔时应先检查门窗框、扇的方正,掌握其歪扭情况,以便在加楔时调整、纠正。

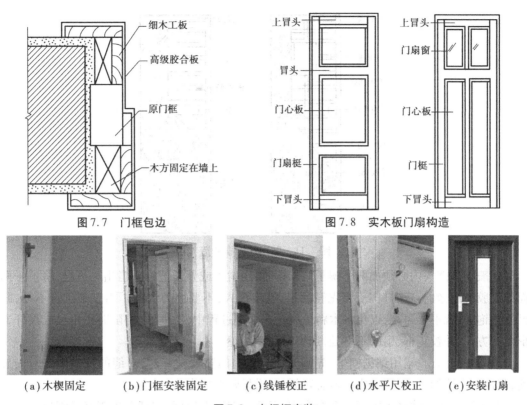

图 7.7　门框包边

图 7.8　实木板门扇构造

（a）木楔固定　　（b）门框安装固定　　（c）线锤校正　　（d）水平尺校正　　（e）安装门扇

图 7.9　木门框安装

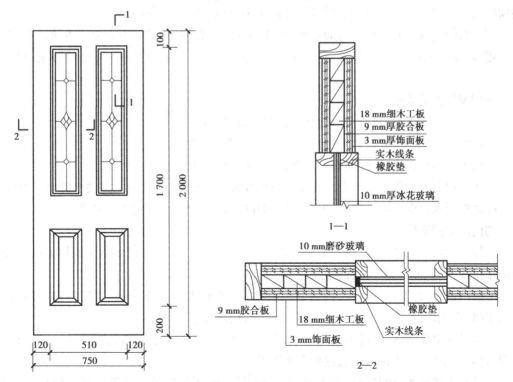

图 7.10　镶玻璃的实木复合门构造（单位：mm）

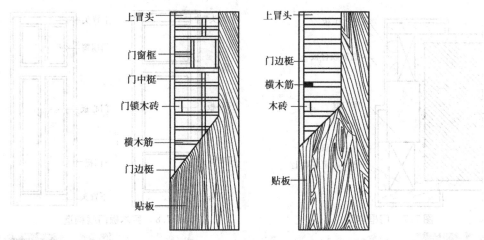

图 7.11　贴面式门扇构造

一般每个榫头内必须加两个楔子。加楔时，用凿子或斧子把榫头凿出一道缝，将楔子两面抹上胶插进缝内。敲打楔子要先轻后重，逐步樘入，不要用力太猛。当楔子已打不动，眼已扎紧饱满，就不要再敲，以免将木料龟裂。在加楔过程中，对框、扇要随时用角尺或尺杆卡窜角找方正，并校正框、扇的不平处，加楔时注意纠正。

组装好的门窗、扇用细刨刨平，先刨光面。双扇门窗要配好对，对缝的裁口刨好。安装前，门窗框靠墙的一面，均要刷一道防腐剂，以增强防腐能力。

为了防止在运输过程中门窗框变形，在门框下端钉上拉杆，拉杆下皮正好是锯口。大的门窗框，在中贯档与梃间要钉八字撑杆，外面 4 个角也要钉八字撑杆。

门窗框组装、净面后，应按房间编号，按规格分别码放整齐，堆垛下面要垫木块。不准在露天堆放，要用油布盖好，以防止日晒雨淋。门窗框进场后应尽快刷一道底油防止风裂和污染。

⑨门窗框的后安装：

a. 主体结构完工后，复查洞口标高、尺寸及木砖位置。

b. 将门窗框用木楔临时固定在门窗洞口内的相应位置。

c. 用吊线坠校正框的正、侧面垂直度，用水平尺校正框冒头的水平度。

d. 用砸扁钉帽的钉子钉牢在木砖上。钉帽要冲入木框内 1~2 mm，每块木砖要钉两处。

e. 高档硬木门框应用钻打孔，木螺丝拧固并拧进木框 5 mm 用同等木补孔。

⑩门窗扇的安装：

a. 量出棱口净尺寸，考虑留缝宽度。确定门窗扇的高、宽尺寸，先画出中间缝处的中线，再画出边线，并保证梃宽一致，四边画线。

b. 若门窗扇高、宽尺寸过大，则刨去多余部分。修刨时应先锯余头，再行修刨。门窗扇为双扇时，应先作打叠高低缝，并以开启方向的右扇压左扇。

c. 若门窗扇高、宽尺寸过小，可在下边或装合页一边用胶和钉子绑钉刨光的木条。钉帽砸扁，钉入木条内 1~2 mm，然后锯掉余头刨平。

d. 平开扇的底边、中悬扇的上下边、上悬扇的下边、下悬扇的上边等与框接触且容易发生摩擦的边，应刨成 1 mm 斜面。

e.试装门窗扇时,应先用木楔塞在门窗扇的下边,然后再检查缝隙,并注意窗楞和玻璃芯子平直对齐。合格后画出合页的位置线,剔槽装合页。

⑪门窗小五金的安装:

a.所有小五金必须用木螺丝固定安装,严禁用钉子代替。使用木螺丝时,先用手锤钉入全长的1/3,接着用螺丝刀拧入。当木门窗为硬木时,先钻孔径为木螺丝直径0.9倍的孔,孔深为木螺丝全长的2/3,然后再拧入木螺丝。

b.铰链距门窗扇上下两端的距离为扇高的1/10,且避开上下冒头。安好后必须灵活。

c.门锁距地面高0.9~1.05 m,应错开中冒头和边梃的掉头。

d.门窗拉手应位于门窗扇中线以下,窗拉手距地面1.5~1.6 mm。

e.窗风钩应装在窗框下冒头与窗扇下冒头夹角处,使窗开启后成90°,并使上下各层窗扇开启后整齐划一。

f.门插销位于门拉手下边。装窗插销时应先固定插销底板,再关窗打插销压痕,凿孔,打入插销。

g.门扇开启后易碰墙的门,为固定门扇应安装门吸。

h.小五金应安装齐全,位置适宜,固定可靠。

7.2.4　装饰木门的安装施工工艺

1)主控项目

①木门窗的品种、类型、规格、尺寸、开启方向、安装位置、连接方式及性能应符合设计要求及国家现行标准的有关规定。

检验方法:观察;尺量检查;检查产品合格证书、性能检验报告、进场验收记录和复验报告;检查隐蔽工程验收记录。

②木门窗应采用烘干的木材,含水率及饰面质量应符合国家现行标准的有关规定。

检验方法:检查材料进场验收记录,复验报告及性能检验报告。

③木门窗的防火、防腐、防虫处理应符合设计要求。

检验方法:观察;检查材料进场验收记录。

④木门窗框的安装应牢固。预埋木砖的防腐处理、木门窗框固定点的数量、位置和固定方法应符合设计要求。

检验方法:观察;手扳检查;检查隐蔽工程验收记录和施工记录。

⑤木门窗扇应安装牢固、开关灵活、关闭严密、无倒翘。

检验方法:观察;开启和关闭检查;手扳检查。

⑥木门窗配件的型号、规格和数量应符合设计要求,安装应牢固,位置应正确,功能应满足使用要求。

检验方法:观察;开启和关闭检查;手扳检查。

2)一般项目

①木门窗表面应洁净,不得有刨痕和锤印。

检验方法:观察。

②木门窗的割角和拼缝应严密平整。门窗框、扇裁口应顺直,刨面应平整。

检验方法:观察。

③木门窗上的槽和孔应边缘整齐,无毛刺。

检验方法:观察。

④木门窗与墙体间的缝隙应填嵌饱满。严寒和寒冷地区外门窗(或门窗框)与砌体间的空隙应填充保温材料。

检验方法:轻敲门窗框检查;检查隐蔽工程验收记录和施工记录。

⑤木门窗披水、盖口条、压缝条和密封条安装应顺直,与门窗结合应牢固、严密。

检验方法:观察;手扳检查。

⑥平开木门窗安装的留缝限值、允许偏差和检验方法应符合表7.3的规定。

表7.3 平开木门窗安装的留缝限值、允许偏差和检验方法

项 次	项 目		留缝限值 /mm	允许偏差 /mm	检验方法
1	门窗框的正、侧面垂直度		—	2	用1 m垂直检测尺检查
2	框与扇接缝高低差			1	用塞尺检查
	扇与扇接缝高低差			1	
3	门窗扇对口缝		1~4	—	
4	工业厂房、围墙双扇大门对口缝		2~7	—	
5	门窗扇与上框间留缝		1~3	—	
6	门窗扇与合页侧框间留缝		1~3	—	
7	室外门扇与锁侧框间留缝		1~3	—	
8	门扇与下框间留缝		3~5	—	
9	窗扇与下框间留缝		1~3	—	
10	双层门窗内外框间距		—	4	用钢直尺检查
11	无下框时门扇 与地面间留缝	室外门	4~7	—	用钢直尺或塞尺检查
		室内门	4~8	—	
		卫生间门			
		厂房大门	10~20	—	
		围墙大门			
12	框与扇搭接宽度	门	—	2	用钢直尺检查
		窗	—	1	

7.2.5　木门门窗制作与安装工程成品保护

①一般木门安装后应用厚铁皮保护,其高度以手推车车轴中心为准,如木框安装与结构同时进行,应采取措施防止门框碰撞后移变形,对于高级硬木门框,宜用厚 1 cm 的木板条钉设保护,防止砸碰,破坏裁口,影响安装。

②修刨门窗时应用木卡具,将门垫起卡牢,以免损坏门边。

③门窗框进场后应妥善保管,入库存放,其门窗存放架下面应垫起离地面 20 ~ 40 cm,并垫平,按其型号及使用的先后次序码放整齐,露天临时存放时上面应用苫布盖好,防止日晒、雨淋。

④进场的木门窗框应将靠墙的一面刷木材防腐剂进行处理,其余各面应刷清油一道,防止受潮后变形。

⑤安装门窗时应轻拿轻放,防止损坏成品;修整门窗时不能硬撬,以免损坏扇料和五金。

⑥安装门窗扇时,注意防止碰撞抹灰口角和其他装饰好的成品面层。

⑦已安装好的门窗扇如不能及时安装五金时,应派专人负责管理,防止刮风时损坏门窗玻璃。

⑧严禁将窗框、窗扇作为架子的支点使用,防止脚手板搬动时砸碰和损坏门窗框、扇。

⑨小五金的安装型号及数量应符合图纸要求,安装后应注意成品保护,喷浆时应遮盖保护,以防污染。

⑩门窗安装后不得在室内推车,防止破坏和砸碰门窗。

知识扩展

木门门窗制作与安装工程应注意的质量问题

①有贴脸的门框安装后与抹灰面不平:主要原因是立口时没掌握好抹灰层的厚度。

②门窗洞口预留尺寸不准:安装门框、窗框后四周的缝子过大或过小,主要原因是砌筑时门窗洞口尺寸留设不准,留的余量大小不均,或砌筑时拉线找规矩差,偏位较多。一般情况下安装门窗框上皮低于门窗过梁 10 ~ 15 mm,窗框下皮应比窗台上皮高 5 mm。

③门窗框安装不牢:主要原因是砌筑时预留的木砖数量少或木砖砌得不牢;砌半砖墙或轻质墙未设置带木砖的混凝土块,而是直接使用木砖,灰干后木砖收缩活动;预制混凝土块或预制混凝土隔板,应在预制时将其木砖与钢筋骨架固定在一起,使木砖牢固地固定在预制混凝土内。木砖的设置一定要满足数量和间距的要求。

④合页不平,螺钉松动,螺帽斜露,缺少螺钉:合页槽深浅不一,安装时螺钉钉入太长或倾斜拧入。要求安装时螺钉应钉入 1/3,拧入 2/3,拧时不能倾斜;安装时如遇木节,应在木节处钻眼,重新塞入木塞后再拧螺钉,同时应注意每个孔眼都拧好螺丝,不可遗漏。

⑤上下层门窗不顺直,左右安装不符线:洞口预留偏位,安装前没按规定要求先弹线找规矩,没吊好垂直立线,没找好窗上下水平线。为解决此问题,要求施工人员必须按工艺标准操作,安装前必须弹线找规矩,做好准备工作后再施工。

⑥纱扇压条不顺直,钉帽外露,纱边毛刺:主要原因是施工人员不认真,压条质量太差,没提前将钉帽砸扁。

⑦门窗缺五金,五金安装位置不对,影响使用:亮子无桄钩、壁柜、吊柜门窗缺碰珠或插销,双扇门无地插销或无插销孔。双扇门插销安装在盖扇上,厨房插销安装在室内。以上各点均属于五金安装错误,应予纠正。

⑧门窗扇翘曲:即门窗扇"皮楞"。对翘曲超过3 mm的,应经过处置后再使用,也可通过五金位置的调整解决扇的翘曲。

⑨门扇开关不灵、自行开关:主要原因是门扇安装的两个合页轴不在一条直线上;安合页的一边门框立梃不垂直;合页进框较多,扇和梗产生碰撞,造成开关不灵活,要求掩扇前先检查门框立梃是否垂直。如有问题应及时调整,使装扇的上下两个合页轴在一垂直线上,选用五金合适,螺丝安装要平直。

⑩扇下坠:主要原因合页松动;安装玻璃后,加大扇的自重;合页选用过小。要求选用合适的合页,并将固定合页的螺钉全部拧上,并使其牢固。

7.3 铝合金门窗工程

铝合金门窗是经过表面处理的型材,通过下料、打孔、铣槽等工序,制成门窗框料构件,然后再与连接件、密封件、开闭五金件一起组合装配而成。

铝合金门窗与普通木门窗和钢门门窗相比,具有轻质高强、密封性能好、变形性小、耐候性好、装饰效果好、实现工业化等特点。

7.3.1 铝合金型材门窗施工准备

1)技术准备

施工图纸,依据施工技术交底和安全交底作好各方面的准备。

2)材料要求

①铝合金门窗的规格、型号应符合设计要求,五金配件配套齐全,并具有出厂合格证、材质检验报告书并加盖厂家印章。常用铝合金型材,如图7.12所示。

图7.12 常用铝合金型材

②防腐材料、填缝材料、密封材料、防锈漆、水泥、砂、连接板等应符合设计要求和有关标准的规定。

③进场前应对铝合金门窗进行验收检查,不合格者不准进场。运到现场的铝合金门窗应分型号、规格堆放整齐,并存放在仓库内。搬运时轻拿轻放,严禁扔摔。

目前使用较广泛的铝合金门窗型材有 46 系列地弹门型材、90 系列推拉窗及同系列中空玻璃推拉窗型材、73 系列推拉窗型材、70 系列推拉窗、55 系列推拉窗、50 系列推拉窗、同系列平开窗及 38 系列平开窗型材。

3)主要机具(表 7.4)

表 7.4　主要机具一览表

序　号	名　称	数　量	规　格	说　明
1	电钻	2	牧田 6410	—
2	电焊机	1	BX-200	—
3	水准仪	1	—	—
4	电锤	2	SDQ-77	—
5	活扳手	2	—	—
6	钳子	2	—	—
7	水平尺	1	—	—
8	线坠	2	—	—
9	螺丝刀	5	—	—

4)作业条件

①主体结构经有关质量部门验收合格。各种之间已办好交接手续。

②检查门窗洞口尺寸及标高是否符合设计要求。有预埋件的门窗口还应检查预埋件的数量、位置及埋设方法是否符合设计要求。

③按图纸要求尺寸弹好门窗中线,并弹好室内+50 cm 水平线。

④检查铝合金门窗,如有劈棱窜角和翘曲不平、偏差超标、表面损伤、变形及松动、外观色差较大者,应与有关人员协商解决,经处理、验收合格后才能安装。

7.3.2　铝合金型材门窗施工操作工艺

1)工艺流程

工艺流程:画线定位→铝合金窗披水安装→防腐处理→铝合金门窗的安装就位→铝合金窗的固定→门窗框与墙体间隙的处理→门窗扇及门窗玻璃的安装→安装五金配件。

2)施工要点

①画线定位:根据设计图纸中门窗的安装位置、尺寸和标高,依据门窗中线向两边量出门窗边线。若为多层或高层建筑时,以顶层门窗边线为准,用线坠或经纬仪将门窗边线下

引,并在各层门窗口处画线标记,对个别不直的口边应剔凿处理。

门窗的水平位置应以楼层室内+50 cm 的水平线为准,向上反量出窗下皮标高,弹线找直,每一层必须保持窗下皮标高一致。

②铝合金窗披水安装:按施工图纸要求将披水固定在铝合金窗上,且要保证位置正确、安装牢固。

③防腐处理:门窗框四周外表面的防腐处理设计有要求时,按设计要求处理。如果设计没有要求时,可涂刷防腐涂料或粘贴塑料薄膜进行保护,以免水泥砂浆直接与铝合金门窗表面接触,产生电化学反应,腐蚀铝合金门窗。

安装铝合金门窗时,如果采用连接铁件固定,则连接铁件,固定件等安装用金属零件最好用不锈钢件。否则必须进行防腐处理,以免产生电化学反应,腐蚀铝合金门窗。

④铝合金门窗的安装就位:根据画好的门窗定位线,安装铝合金门窗框。并及时调整好门窗框的水平、垂直及对角线长度等符合质量标准,然后用木楔临时固定。

⑤铝合金门窗的固定:当墙体上预埋有铁件时,可直接把铝合金门窗的铁脚直接与墙体上的预埋铁件焊牢,焊接处需作防锈处理。

当墙体上没有预埋铁件时,可用金属膨胀螺栓或塑料膨胀螺栓将铝合金门窗的铁脚固定在墙上。

当墙体上没有预埋铁件时,也可用电钻在墙上打 80 mm 深、直径为 6 mm 的孔,用 L 形 80 mm×50 mm 的 6 mm 钢筋。在长的一端粘涂 108 胶水泥浆,然后打入孔中。待 108 胶水泥浆终凝后,再将铝合金门窗的铁脚与埋置的 6 mm 钢筋焊牢。

当洞口有预埋铁件时,铝框上的镀锌铁脚可直接焊接在预埋件上;当洞口为混凝土墙体但未留预埋件或槽口时,其连接件可用射钉紧固;当洞口墙体为砖石砌体时,应用冲击钻钻深孔,用膨胀螺栓紧固连接件,不宜采用射钉连接。图 7.13 为预埋件连接,图 7.14 为膨胀螺栓连接。

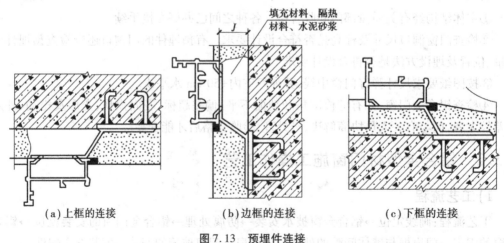

(a)上框的连接 　　　 (b)边框的连接 　　　 (c)下框的连接

图 7.13　预埋件连接

⑥门窗框与墙体间隙的处理:铝合金门窗安装固定后,应先进行隐蔽工程验收,合格后及时按设计要求处理门窗框与墙体之间的缝隙。

如果设计未提出要求时,可采用弹性保温材料或玻璃棉毡条分层填塞缝隙,外表面留 5 ~ 8 mm 深槽口填嵌嵌缝油膏或密封胶。

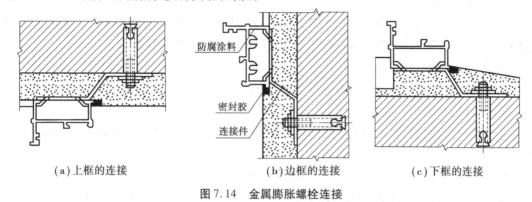

| （a）上框的连接 | （b）边框的连接 | （c）下框的连接 |

图 7.14　金属膨胀螺栓连接

⑦门窗扇及门窗玻璃的安装:门窗扇及门窗玻璃应在洞口墙体表面装饰完工验收后安装。

推拉门窗在门窗框安装固定后,将配好玻璃的门窗扇整体安入框内滑槽,调整好与扇的缝隙即可。

平开门窗在框与扇格架组装上墙、安装固定好后再安玻璃,即先调整好框与扇的缝隙,再将玻璃安入扇并调整好位置,最后镶嵌密封条及密封胶。

地弹簧门应在门框及地弹簧主机入地安装固定后再安门扇。先将玻璃嵌入门扇格架并一起入框就位,调整好框扇缝隙,最后填嵌门扇玻璃的密封条及密封胶。

⑧安装五金配件:五金配件与门窗连接用镀锌螺钉。安装的五金配件应结实牢固,使用灵活。

7.3.3　铝合金型材门窗施工质量验收标准

1）主控项目

①金属门窗的品种、类型、规格、尺寸、性能、开启方向、安装位置、连接方式及门窗的型材壁厚应符合设计要求及国家现行标准的有关规定。金属门窗的防雷、防腐处理及填嵌、密封处理应符合设计要求。

检验方法:观察;尺量检查;检查产品合格证书、性能检验报告、进场验收记录和复验报告;检查隐蔽工程验收记录。

②金属门窗框和附框的安装应牢固。预埋件及锚固件的数量、位置、埋设方式、与框的连接方式应符合设计要求。

检验方法:手扳检查;检查隐蔽工程验收记录。

③金属门窗扇应安装牢固、开关灵活、关闭严密、无倒翘。推拉门窗扇应安装防止扇脱落的装置。

检验方法:观察;开启和关闭检查;手扳检查。

④金属门窗配件的型号、规格、数量应符合设计要求,安装应牢固,位置应正确,功能应满足使用要求。

检验方法:观察;开启和关闭检查;手扳检查。

2)一般项目

①金属门窗表面应洁净、平整、光滑、色泽一致、无锈蚀、擦伤、划痕和碰伤。漆膜或保护层应连续。型材的表面处理应符合设计要求及国家现行标准的有关规定。

检验方法:观察。

②金属门窗推拉门窗扇开关力应不大于50 N。

检验方法:用测力计检查。

③金属门窗框与墙体之间的缝隙应填嵌饱满,并采用密封胶密封。密封胶表面应光滑、顺直、无裂纹。

检验方法:观察;轻敲门窗框检查;检查隐蔽工程验收记录。

④金属门窗扇的密封条或密封条装配应平整、完好,不脱槽,交角处应平顺。

检验方法:观察;开启和关闭检查。

⑤排水孔应畅通,位置和数量应符合设计要求。

检验方法:观察。

⑥钢门窗安装的留缝限值、允许偏差和检验方法应符合表7.5的规定。

表7.5 钢门窗安装的留缝限值、允许偏差和检验方法

项 次	项 目		留缝限值/mm	允许偏差/mm	检验方法
1	门窗槽口宽度、高低/mm	≤1 500	—	2	用钢卷尺检查
		>1 500	—	3	
2	门窗槽口对角线长度差/mm	≤2 000	—	3	用钢卷尺检查
		>2 000	—	4	
3	门窗框的正、侧面垂直度		—	3	用1 m垂直检测尺检查
4	门窗横框的水平度		—	3	用1 m垂直检测尺检查
5	门窗横框标高		—	5	用钢卷尺检查
6	门窗竖向偏离中心		—	4	用钢卷尺检查
7	双层门窗内外框间距		—	5	用钢卷尺检查
8	门窗框、扇配合间隙		≤2	—	用塞尺检查
9	平开门窗框扇搭接宽度	门	≥6	—	用钢卷尺检查
		窗	≥4	—	用钢卷尺检查
	推拉门窗框扇搭接宽度		≥6	—	用钢直尺检查
10	无下框时门扇与地面间留缝		4~8	—	用塞尺检查

⑦铝合金门窗安装的允许偏差和检验方法应符合表7.6的规定。

表 7.6 铝合金门窗安装的允许偏差和检验方法

项 次	项 目		允许偏差/mm	检验方法
1	门窗槽口宽度、高度/mm	≤2 000	2	用钢卷尺检查
		>2 000	3	
2	门窗槽口对角线长度差/mm	≤2 500	4	用钢卷尺检查
		>2 500	5	
3	门窗框的正、侧面垂直度		2	用 1 m 垂直检测尺检查
4	门窗横框的水平度		2	用 1 m 垂直检测尺检查
5	门窗横框标高		5	用钢卷尺检查
6	门窗竖向偏离中心		5	用钢卷尺检查
7	双层门窗内外框间距		4	用钢卷尺检查
8	推拉门窗扇与框搭接宽度	门	2	用钢直尺检查
		窗	1	

⑧涂色镀锌钢板门窗安装的允许偏差和检验方法应符合表7.7的规定。

表 7.7 涂色镀锌钢板门窗安装的允许偏差和检验方法

项 次	项 目		允许偏差/mm	检验方法
1	门窗槽口宽度、高度/mm	≤1 500	2	用钢卷尺检查
		>1 500	3	
2	门窗槽口对角线长度差/mm	≤2 000	4	用钢卷尺检查
		>2 000	5	
3	门窗框的正、侧面垂直度		3	用 1 m 垂直检测尺检查
4	门窗横框的水平度		3	用 1 m 垂直检测尺检查
5	门窗横框标高		5	用钢卷尺检查
6	门窗竖向偏离中心		5	用钢卷尺检查
7	双层门窗内外框间距		4	用钢卷尺检查
8	推拉门窗扇与框搭接宽度		2	用钢直尺检查

7.4 塑钢门窗工程

塑料门窗根据所采用的材料不同,常分为钙塑门窗、改性聚氯乙烯塑料门窗等,其中钙塑门窗(又称硬质 PVC 门窗)以其优良的品质使用最为广泛。塑料门窗表面光洁、细腻,有质量小、抗老化、保温隔热、绝缘、抗冻、成型简单、耐腐蚀、防水和隔音效果好等特点,在-30~50 ℃的环境下不变形、不降低原有性能,防虫蛀又不助燃、线条挺拔清晰、造型美观,有良好的装饰性。塑料型材均为工厂生产制作,下面介绍其安装施工。图7.15为塑料门窗。

图7.15 塑料门窗

7.4.1 塑料门窗施工准备

1)技术准备

①安装门窗时的环境温度不宜低于5 ℃。

②在环境温度为0 ℃的环境中存放门窗时,安装前在室温下放24 h。

2)材料要求

①材料规格:塑料门窗按施工要求进行定做。

②质量要求:表面无色斑、无划伤;门窗及边框平直,无弯曲、变形。

3)主要机具

主要施工机具见表7.8。

表7.8 主要施工机具

序 号	名 称	数 量	规 格	说 明
1	手电钻	2	FDV16VB	以一个班组计
2	电锤	1	ZC260	以一个班组计
3	水准仪	1		以一个班组计
4	锯	3		以一个班组计
5	水平尺	2		以一个班组计
6	螺丝刀	5		以一个班组计
7	扳手	2		以一个班组计
8	钳子	2		以一个班组计
9	线坠	2		以一个班组计

4)作业条件

①主体结构已施工完毕,并经有关部门验收合格。或墙面已粉刷完毕,工种之间已办好

交接手续。

②当门窗采用预埋木砖与墙体连接时,墙体中应按设计要求埋置防腐木砖。对于加气混凝土墙,应预埋胶粘圆木。

③同一类型的门窗及其相邻的上下、左右洞口应横平竖直;对于高级装饰工程及放置过梁的洞口,应作洞口样板。洞口宽度和高度尺寸的允许偏差见表7.9。

表7.9　洞口宽度和高度尺寸的允许偏差

洞口宽度	未粉刷墙面洞口高度允许偏差	已粉刷墙面洞口高度允许偏差
<2 400	±10	±15
2 400 ~ 4 800	±15	±10
>4 800	±20	±15

④按图要求的尺寸弹好门窗中线,并弹好室内+50 cm 水平线。

⑤组合窗的洞口,应在拼樘料的对应位置设预埋件或预留洞。

⑥门窗安装应在洞口尺寸按第 3 条的要求检验并合格,办好工种交接手续后,方可进行。门的安装应在地面工程施工前进行。

7.4.2　塑料门窗施工准备工艺

1)工艺流程

工艺流程:清理→安装固定片→确定安装位置→安装。

2)施工要点

①将不同型号、规格的塑料门窗搬到相应的洞口旁竖放。当有保护膜脱落时,应补贴保护膜,并在框上下边画中线。

②如果玻璃已安装在门窗上,应卸下玻璃,并做好标记。

③在门窗的上框及边框上安装固定片,其安装应符合下列要求。

a.检查门窗框上下边的位置及其内外朝向,并确认无误后,再安固定片。安装时应先采用直径为 φ3.2 的钻头钻孔,然后将十字槽盘端头自攻 M4×20 拧入,严禁直接锤击钉入。

b.固定片的位置应距门窗角、中竖框、中横框 150 ~ 200 mm,固定片之间的间距应不大于 600 mm。不得将固定片直接装在中横框、中竖框的挡头上。

④根据设计图纸及门窗扇的开启方向,确定门窗框的安装位置,并把门窗框装入洞口,并使其上下框中线与洞口中线对齐。安装时应采取防止门窗变形的措施。无下框平开门应使两边框的下脚低于地面标高线 30 mm。带下框的平开门或推拉门应使下框低于地面标高线 10 mm。然后将上框的一个固定片固定在墙体上,并应调整门框的水平度、垂直度和直角度,用木楔临时固定。当下框长度大于 0.9 m 时,其中间也用木楔塞紧。然后调整垂直度、水平度及直角度。

⑤当门窗与墙体固定时,应先固定上框,后固定边框。固定方法如下:

a.混凝土墙洞口采用塑料膨胀螺钉固定。

b.砖墙洞口采用塑料膨胀螺钉或水泥钉固定,并固定在胶粘圆木上。

c.加气混凝土洞口,采用木螺钉将固定片固定在胶粘圆木上。

d.设有预埋铁件的洞口应采取焊接的方法固定,也可先在预埋件上按拧紧固件规格打基孔,然后用紧固件固定。

e.设有防腐木砖的墙面,采用木螺钉把固定片固定在防腐木砖上。

f.窗下框与墙体的固定可将固定片直接伸入墙体预留孔内,并用砂浆填实。

塑料门窗拼樘料内补加强型钢,其规格壁厚必须符合设计要求。拼樘料与墙体连接时,其两端必须与洞口固定牢固。

g.应将门窗框或两窗框与拼樘料卡接,并用紧固件双向扣紧,其间距不大于 600 mm;紧固件端头及拼棱料与窗框之间缝隙用嵌缝油膏密封处理。

h.门窗框与洞口之间的伸缩缝内腔应采用闭孔泡沫塑料、发泡聚苯乙烯等弹性材料分层填塞。之后去掉临时固定用的木楔,其空隙用相同材料填塞。

i.门窗洞内外侧与门窗框之间缝隙的处理如下:

普通单玻璃窗、门:洞口内外侧与门窗框之间用水泥砂浆或麻刀白灰浆填实抹平;靠近铰链一侧,灰浆压住门窗框的厚度以不影响扇的开启为限,待水泥砂浆或麻刀灰浆硬化后,外侧用嵌缝膏进行密封处理。

保温、隔音门窗:洞口内侧与窗框之间用水泥砂浆或麻刀白灰浆填实抹平;当外侧抹灰时,应用片材将抹灰层与门窗框临时隔开,其厚度为 5 mm,抹灰层应超出门窗框,其厚度以不影响扇的开启为限。待外抹灰层硬化后,撤去片材,将嵌缝膏挤入抹灰层与门窗框缝隙内。

j.门扇待水泥砂浆硬化后安装。

k.门窗玻璃的安装应符合下列规定:玻璃不得与玻璃槽直接接触,应在玻璃四边垫上不同厚度的玻璃垫块。边框上的垫块应用聚氯乙烯胶加以固定。将玻璃装进框扇内,然后用玻璃压条将其固定。安装双层玻璃时,玻璃夹层四周应嵌入隔条,中隔条应保证密封,不变形、不脱落;玻璃槽及玻璃内表面应干燥清洁。镀膜玻璃应装在玻璃的最外层;单面镀膜层应朝向室内。

l.门锁、执手、纱窗铰链及锁扣等五金配件应安装牢固,位置正确,开关灵活。安装完后应整理纱网,压实压条。

7.4.3 塑料门窗施工准备工艺

1)主控项目

①塑料门窗的品种、类型、规格、尺寸、性能、开启方向、安装位置、连接方式和填嵌密封处理应符合设计要求及国家现行标准的有关规定,内衬增强型钢的壁厚及设置应符合国家现行标准《建筑用塑料门》(GB/T 28886—2012)和《建筑用塑料窗》(GB/T 28887—2012)的规定。

检验方法:观察;尺量检查;检查产品合格证书、性能检验报告、进场验收记录和复验报告;检查隐蔽工程验收记录。

②塑料门窗框、附框和扇的安装应牢固。固定片或胀螺栓的数量与位置应正确,连接方式应符合设计要求。固定点应距窗角、中横框、中竖框 150~200 mm,固定点间距不应大于 600 mm。

检验方法:观察;手扳检查;尺量检查;检查隐蔽工程验收记录。

③塑料组合门窗使用的拼樘料截面尺寸及内衬增强型钢的形状和壁厚应符合设计要求。承受风荷载的拼樘料应采用与其内腔紧密吻合的增强型钢为内衬,其两端应与洞口固定牢固。窗框应与拼樘料连接紧密,固定点间距不应大 600 mm。

检验方法:观察;手扳检查;尺量检查;吸铁石检查;检查进场验收记录。

④窗框与洞口之间的伸缩缝内应采用聚氨酯发泡胶填充,发泡胶填充应均匀、密实、发泡胶成剂后不宜切割。表面应采用密封胶密封,密封胶应黏结牢固,表面应光滑、顺直、无裂纹。

检验方法:观察;检查隐蔽工程验收记录。

⑤滑撑铰链的安装应牢固,紧固螺钉应使用不锈钢材质。螺钉与框扇连接处应进行防水密封处理。

检验方法:观察;手扳检查;检查隐蔽工程验收记录。

⑥推拉门窗扇应安装防止扇脱落的装置。

检验方法:观察。

⑦门窗扇关闭应严密,开关应灵活。

检验方法:观察;尺量检查;开启和关闭检查。

⑧塑料门窗配件的型号、规格和数量应符合设计要求,安装应牢固,位置应正确,使用应灵活,功能应满足各自使用要求。平开窗扇高度大于 900 mm 时,窗扇锁闭点不应少于两个。

检验方法:观察;手扳检查;尺量检查。

2) 一般项目

①安装后的门窗关闭时,密封面上的密封条应处于压缩状态,密封层数应符合设计要求。密封条应连续完整,装配后应均匀、牢固,应无脱槽、收缩和虚压等现象;密封条接口应严密,且应位于窗的上方。

检验方法:观察。

②塑料门窗扇的开关力应符合下列规定:

a. 平开门窗扇平铰链的开关力不应大于 80 N;滑撑铰链的开关力不应大于 80 N,并不应小于 30 N。

b. 推拉门窗扇的开关力不应大于 100 N。

检验方法:观察;用测力计检查。

③门窗表面应洁净、平整、光滑,颜色应均匀一致。可视面应无划痕、碰伤等缺陷,门窗不得有焊角开裂和型材断裂等现象。

检验方法:观察。

④旋转窗间隙应均匀。

检验方法:观察。

⑤排水孔应畅通,位置和数量应符合设计要求。

检验方法:观察。

⑥塑料门窗安装的允许偏差和检验方法应符合表7.10的规定。

表7.10　塑料门窗安装的允许偏差和检验方法

项　次	项　目		允许偏差/mm	检验方法
1	门、窗框外形(高、宽)尺寸长度差/mm	≤1 500	2	用钢卷尺检查
		>1 500	3	
2	门、窗框两对角线长度差/mm	≤2 000	3	用钢卷尺检查
		>2 000	5	
3	门、窗框(含拼樘料)正、侧面垂直度		3	用1 m垂直检测尺检查
4	门、窗框(含拼樘料)水平度		3	用1 m水平尺和塞尺检查
5	门、窗下横框的标高		5	用钢卷尺检查,与基准线比较
6	门、窗竖向偏离中心		5	用钢卷尺检查
7	双层门、窗内外框间距		4	用钢卷尺检查
8	平开窗及上悬、下悬、中悬窗	门、窗扇与框搭接宽度	2	用深度尺或钢直尺检查
		同樘门、窗相邻扇的水平高度差	2	用靠尺和钢直尺检查
		门、窗框扇四周的配合间隙	1	用楔形塞尺检查
9	推拉门窗	门、窗扇与框搭接宽度	2	用深度尺或钢直尺检查
		门、窗扇与框或相邻扇立边平行度	2	用钢直尺检查
10	组合门窗	平整度	3	用2 m靠尺和钢直尺检查
		缝直线度	3	用2 m靠尺和钢直尺检查

7.5　特种门安装施工

特种门窗是指具有特殊用途、特殊构造的门窗,如防火门、隔音防火门、卷帘门(门窗)、金属旋转门、(自动)无框玻璃门、自动铝合金门和全玻固定门窗等。下面介绍几种常用门的安装施工。

7.5.1　防火、防盗门安装施工

防火门是指在一定时间内能满足耐火稳定性、完整性和隔热性要求的门。它是设在防火分区间、疏散楼梯间、垂直竖井等具有一定耐火性的防火分隔物。

防火门除具有普通门的作用外,更具有阻止火势蔓延和烟气扩散的作用,可在一定时间内阻止火势的蔓延,确保人员疏散。图 7.16 为防火门。

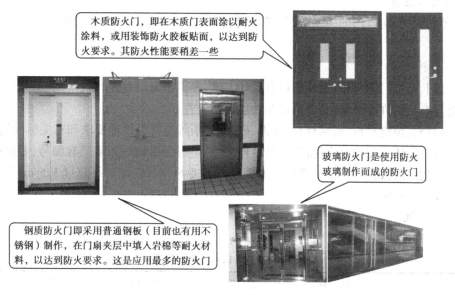

木质防火门,即在木质门表面涂以耐火涂料,或用装饰防火胶板贴面,以达到防火要求。其防火性能要稍差一些

玻璃防火门是使用防火玻璃制作而成的防火门

钢质防火门即采用普通钢板(目前也有用不锈钢)制作,在门扇夹层中填入岩棉等耐火材料,以达到防火要求。这是应用最多的防火门

图 7.16 防火门

防盗门的全称为防盗安全门。它兼备防盗和安全的性能。按照《防盗安全门通用技术条件》(GB 17565—2007)的规定,合格的防盗门在 15 min 内利用凿子、螺丝刀、撬棍等普通手工具和手电钻等便携式电动工具无法撬开或在门扇上开一个 615 mm^2 的开口,或在锁定点 150 mm^2 的半圆内打开一个 38 mm^2 的开口。并且防盗门上使用的锁具必须是经过公安部检测中心检测合格的带有防钻功能的防盗门专用锁。防盗门可用不同的材料制作,但只有达到标准检测合格,领取安全防范产品准产证的门才能称为防盗门。图 7.17 为防盗门。

图 7.17 防盗门

1)施工准备

(1)技术准备

熟悉防火门、防盗门的施工图纸,了解安装要点,依据施工技术交底和安全交底作好施工准备。

(2)材料要求

防火门、防盗门的规格、型号应符合设计要求,经消防部门鉴定和批准的、五金配件配套齐全,并具有生产许可证、产品合格证和性能检测报告。

防腐材料、填缝材料、密封材料、水泥、砂、连接板等应符合设计要求和有关标准的规定。

防火门、防盗门码放前,要将存放处清理平整,垫好支撑物。如果门有编号,要根据编号码放好;码放时面板叠放高度不得超过 1.2 m;门框重叠平放高度不得超过 1.5 m;要作好防晒、防风及防雨措施。

(3)主要机具

主要机具设备一览表,见表 7.11。

表 7.11　主要机具设备一览表

序　号	名　称	数　量	规　格	说　明
1	电钻	2	牧田 6410	—
2	电焊机	1	BX-200	—
3	水准仪	1	—	—
4	电锤	2	SDQ-77	—
5	活扳手	2	—	—
6	钳子	2	—	—
7	水平尺	1	—	—
8	线坠	2	—	—

(4)作业条件

①主体结构经有关质量部门验收合格。工种之间已办好交接手续。

②检查门窗洞口尺寸及标高、开启方向是否符合设计要求。有预埋件的门窗口还应检查预埋件的数量、位置及埋设方法是否符合设计要求。

2)施工工艺

(1)工艺流程

工艺流程:画线→立门框→安装门扇附件。

(2)操作工艺

①画线:按设计要求尺寸、标高和方向,画出门框框口位置线。

②立门框:先拆掉门框下部的固定板,凡框内高度比门扇的高度大于 30 mm 者,洞口两侧地面须设留凹槽。门框一般埋入±0.00 标高以下 20 mm,须保证框口上下尺寸相同,允许误差<1.5 mm,对角线允许误差<2 mm。

将门框用木楔临时固定在洞口内,经校正合格后,固定木楔,门框铁脚与预埋铁板焊牢。然后在框两上角墙上开洞,向框内灌注 M10 水泥素浆,待其凝固后方可装配门扇,冬季施工应注意防寒,水泥素浆浇注后的养护期为 21 天,如图 7.18 和图 7.19 所示。

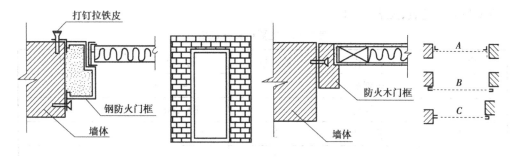

图 7.18　钢木质防火门结构安装图

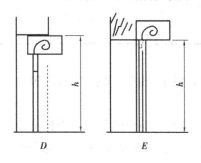

图 7.19　高度安装方式

③安装门扇附件:门框周边缝隙,用 1:2 的水泥砂浆或强度不低于 10 MPa 的细石混凝土嵌缝牢固,应保证与墙体结成整体;经养护凝固后,再粉刷洞口及墙体。

粉刷完毕后,安装门扇、五金配件及有关防火、防盗装置。门扇关闭后,门缝应均匀平整,开启自由轻便,不得有过紧、过松和反弹现象。

7.5.2　卷帘门安装施工

卷帘门又称卷闸门,按其传动形式可分为电动卷帘门、遥控电动卷帘门、手动卷帘门及电动手动卷帘门;按其外形可分为鱼鳞网状卷帘门、直管横格卷帘门、帘板卷帘门及压花帘板卷帘门等;按其材质可分为铝合金卷帘门、电气铝合金卷帘门、镀锌板卷帘门、不锈钢板卷帘门及钢管、钢筋卷帘门等。

1) 施工准备

(1)技术准备

熟悉卷帘门的安装图纸,检查卷帘门的预埋线路是否到位,依据施工技术和安全交底作好施工准备。

(2)材料要求

①符合设计要求的卷帘门产品,由帘板、卷筒体、导轨、电动机传动部分组成。

②卷帘门按其驱动方式的不同可分为手动启闭卷帘门和电动启闭卷帘门两类。

③按其安装方式不同又可分为内口卷帘门和口外卷帘门两种。

④按其导轨的规格不同又可分为8型、14型、16型卷帘门等类型。

⑤不论何种卷帘门均是由工厂制作成成品,运到现场安装。

(3)主要机具

主要机具一览表,见表7.12。

表7.12　主要机具一览表

序　号	名　称	数　量	规　格	说　明
1	切割机	1	—	—
2	电焊机	1	BX-200	—
3	手电钻	2	牧田6410	—
4	冲击电钻	2	—	—
5	专用夹具	3	—	—
6	刮刀	2	—	—

此外,还有粉线包、螺丝刀、锤子、线坠、水平尺、直尺等。

(4)作业条件

①必须检查产品的基本尺寸与门窗口的尺寸是否相符,导轨、支架的数量是否正确。

②结构表面的找平层必须完成,达到强度、平整度符合要求。

③门口预埋件、支架埋件位置正确。

2)施工工艺

(1)工艺流程

工艺流程:洞口处理→弹线→固定卷筒、传动装置→空载试车→装帘板→安装导轨→试车→清理。

(2)施工要点

普通卷帘门的安装方式与防火卷帘门相同,但防火卷帘门的安装要求高于普通卷帘门。因为防火卷帘门一般采用冷扎带钢制成,必须配备温感、烟感报警系统、配备加密水喷淋系统保护后共同作用,一旦发生火情,通过自动报警系统将信号反馈给消防中心,由消防中心发出指令将卷帘门自控下降,定点延时关闭,距地1.5～1.8 m水喷淋动作,喷水降温保护卷帘,使人员能及时疏散。

①洞口处理:复核洞口与产品尺寸是否相符。防火卷帘门的洞口尺寸,可根据3M模制选定。一般洞口宽度不宜大于5 m,洞口高度也不宜大于5 m,并复核预埋件位置及数量。

②弹线:测量洞口标高,弹出两导轨垂线及卷筒中心线。

③固定卷筒、传动装置:首先将垫板电焊在预埋铁板上,用螺丝固定卷筒的左右支架,安装卷筒。卷筒安装后应转动灵活。然后安装减速器和传动系统。最后安装电气控制系统。

④空载试车:通电后检验电机、减速器工作情况是否正常,卷筒转动方向是否正确。

⑤装帘板:将帘板拼装起来,然后安装在卷筒上。

⑥安装导轨:按图纸规定位置,将两侧及上方导轨焊牢在墙体预埋件上,并焊成一体,各

导轨应在同一垂直平面上。安装水幕喷淋系统,并与总控制系统连接。

⑦试车:先手动试运行,再用电动机启闭数次,调整至无卡住、阻滞及异常噪声等现象为止,启闭的速度符合要求。全部调试完毕后,安装防护罩。

⑧清理:粉刷或镶砌导轨墙体装饰面层,清理现场。

图 7.20、图 7.21 分别为卷帘门构造图和示例图。

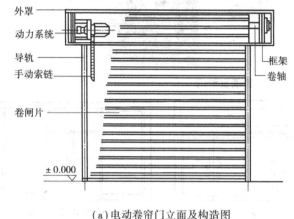

（a）电动卷帘门立面及构造图　　　　（b）电机传动装置安装方式

图 7.20　电动卷帘门示意图

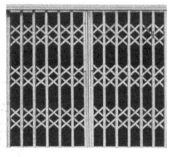

图 7.21　卷帘门实例

7.5.3　自动门安装施工

自动门一般分为微波自动门、踏板式自动门和光电感应自动门 3 种。

①微波自动门:自控探测装置通过微波捕捉物体的移动,传感器固定在门上方正中,在门前形成半圆形探测区域。

②踏板式自动门:踏板按照几种标准尺寸安装在地面或隐藏在地板下,当地板接受压力后,控制门的动力装置接受传感器的信号使门开启,踏板的传感能力不受湿度影响。

③光电感应自动门:该系统的安装分为内嵌式和表面安装,光电管不受外来光线影响,最大安装距离为 6 100 mm。

玻璃自动门由固定玻璃和活动门扇两部分组成,如图 7.22 所示。固定玻璃与活动门扇的连接方法有两种:一种是直接用玻璃门夹进行连接。其造型简洁,构造简单;另一种是通过横框或小门框连接,如图 7.23 和图 7.24 所示。

图 7.22 玻璃自动门

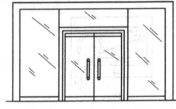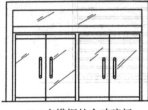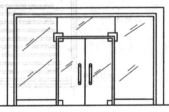

（a）有小门框的全玻璃门　　　　（b）有横框的全玻璃门　　　　（c）采用门夹连接的全玻璃门

图 7.23 全玻璃自动门示意图

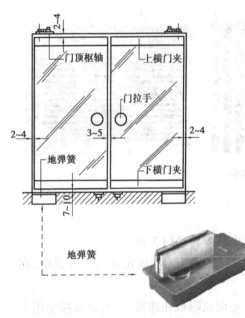

（a）平开式全玻璃门　　　　　　　　　（b）门顶枢轴构造

图 7.24 全玻璃自动门的构造

1）施工条件

①在施工地坪时，在地坪的下轨道位置预埋 50～75 mm 方木条一根。

②在机箱位置处预留预埋铁板和电气线到位。

③在检查门的尺寸、规格与门洞的尺寸是否相符。

2)施工工艺

（1）工艺流程

工艺流程:地面导轨安装→安装横梁→固定机箱→安装门扇→调试。

（2）操作工艺

①地面导轨安装:铝合金自动门和全玻璃自动门地面上装有导向性下轨道。异形钢管自动门无下轨道。自动门安装时,撬出预埋方木条便可埋设下轨道,下轨道长度为开启门宽的 2 倍。埋轨道时,应注意与地坪面层材料的标高保持一致,如图 7.25 所示。

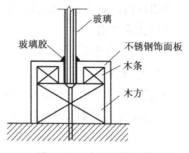

图 7.25　地面导轨安装

②安装横梁:将槽钢放置在已预埋铁板的门柱处,校平、吊直,注意与下面轨道的位置关系,然后电焊牢固。自动门上部机箱层主梁是安装的重要环节。由于机箱内装有机械及电控装置,因此,对支撑横梁的土建支撑结构有一定的强度及稳定性要求。常用的有两种支承接点,如图 7.26 所示。

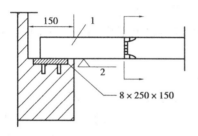
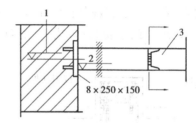

（a）1—机箱层横梁（18号槽钢）;　　　　　（b）1—门扇高度+90 cm;
　　　2—门扇高度　　　　　　　　　　　　　2—门扇高度;3—18号槽钢

图 7.26　机箱横梁支撑节点(单位:mm)

③固定机箱:将厂方生产的机箱仔细固定在横梁上。

④安装门扇:安装门扇,使门扇滑动平稳、润滑。

⑤调试:接通电源,调整微波传感器和控制箱,使其达到最佳工作状态。一旦调整正常后,不得任意变动各种旋转位置,以免出现故障。

7.5.4　全玻门安装施工

全玻璃门区别于铝合金门、塑钢门等普通门最大的特点在于它的门扇(玻璃)周边没有固结的边框。全玻璃门一般都是用8～12 mm 的钢化玻璃做门扇,上下用装饰框或直接用夹子固定,地面需埋设地弹簧。

1)施工准备

（1）技术准备

熟悉全玻门的安装工艺流程和施工图纸的内容,检查预埋件的安装是否齐全、准确,依据施工技术交底和安全交底作好施工的各项准备。

（2）材料要求

玻璃：主要是指 12 mm 以上厚度的玻璃，根据要求选好玻璃，并安放在安装位置附近。不锈钢或其他有色金属型材的门框、限位槽及板都应加工好，准备安装。

辅助材料：如木方、玻璃胶、地弹簧、木螺钉、自攻螺钉等根据设计要求准备。

（3）主要机具

主要机具有电钻、气砂轮机、水准仪、玻璃吸盘、钳子、水平尺、线坠。

（4）作业条件

①墙、地面的饰面已施工完毕，现场已清理干净，并经验收合格。

②门框的不锈钢或其他饰面已完成。门框顶部用来安装固定玻璃板的限位槽预留好。

③活动玻璃门扇安装前应先将地面上的地弹簧和门扇顶面横梁上的定位销安装固定完毕，两者必须同一装轴线，安装时应吊垂线检查，做到准确无误，地弹簧转轴与定位销为同一中心线。

2）施工工艺

（1）工艺流程

①固定部分安装：裁割玻璃→固定底托→安装玻璃板→注胶封口。

②活动玻璃门扇安装：画线→确定门扇高度→固定门扇上下横档→门扇固定→安装拉手。

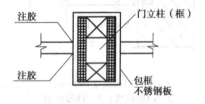

图 7.27　玻璃门框柱与玻璃板安装的构造关系

（2）施工要点

①固定部分安装，如图 7.27 所示。

a. 裁割玻璃：厚玻璃的安装尺寸，应从安装位置的底部、中部和顶部进行测量，选择最小尺寸为玻璃板宽度的切割尺寸。如在上、中、下测得的尺寸一致，其玻璃宽度的裁割应比实测尺寸小 3～5 mm。玻璃板的高度方向裁割应小于实测尺寸 3～5 mm。玻璃板裁割后应将其四周作倒角处理，倒角宽度为 2 mm，如若在现场自行倒角，应手握细砂轮块作缓慢细磨操作，防止崩边崩角。

b. 固定底托：不锈钢（或铜）饰面的木底托，可用木楔加钉的方法固定在地面上，然后再用万能胶将不锈钢饰面板粘卡在木方上。如果是采用铝合金方管，可用铝角将其固定在框柱上，或用木螺钉固定在地面埋入的木楔上。

c. 安装玻璃板：用玻璃吸盘将玻璃板吸紧，然后进行玻璃就位。先把玻璃板上边插入门框底部的限位槽内，然后将其下边安放在木底托上的不锈钢包面对口缝内。

在底托上固定玻璃板的方法：在底托木方上钉木条板，距玻璃板面 4 mm 左右；然后在木板条上涂刷万能胶，将饰面不锈钢板片粘卡在木方上。

d. 注胶封口：玻璃门固定部分的玻璃板就位以后，即在顶部限位槽处和底部的底托固定处，以及玻璃板与框柱的对缝处等均注胶密封。首先将玻璃胶开封后装入打胶枪内，即用胶枪的后压杆端头板顶住玻璃胶罐的底部；然后一只手托住胶枪身，另一只手握着注胶压柄不断松压循环地操作压柄，将玻璃胶注于需要封口的缝隙端。由需要注胶的缝隙端头开始；顺缝隙匀速移动,使玻璃胶在缝隙处形成一条均匀的直线。最后用塑料片刮去多余的玻璃胶,用刀片擦净胶迹。

门上固定部分的玻璃板需要对接时,其对接缝应有 3~5 mm 的宽度,玻璃板边都要进行倒角处理。当玻璃块留缝定位并安装稳固后,即将玻璃胶注入其对接的缝隙,用塑料片在玻璃板对缝的两面把胶刮平,用刀片擦净胶料残迹。

②活动玻璃门扇安装。全玻璃活动门扇的结构没有门扇框,门扇的启闭由地弹簧实现,地弹簧与门扇的上下金属横档进行铰接。

a.画线:在玻璃门扇的上下金属横档内画线,按线固定转动销的销孔板和地弹簧的转动轴连接板。具体操作可参照地弹簧产品安装说明。

b.确定门扇高度:玻璃门扇的高度尺寸,在裁割玻璃板时应注意包括插入上下横档的安装部分。一般情况下,玻璃高度尺寸应小于测量尺寸 5 mm 左右,以便于安装时进行定位调节。

把上下横档(多采用镜面不锈钢成型材料)分别装在厚玻璃门扇上下两端,并进行门扇高度的测量。如果门扇高度不足,即其上下边距门横框及地面的缝隙超过规定值,可在上下横档内加垫胶合板条进行调节。如果门扇高度超过安装尺寸,只能由专业玻璃工将门扇多余部分裁去。

③固定上下横档:门扇高度确定后,即可固定上下横档,在玻璃板与金属横档内的两侧空隙处,由两边同时插入小木条,轻敲稳实,然后在小木条、门扇玻璃及横档之间形成的缝隙中注入玻璃胶。

④门扇固定:进行门扇定位安装。先将门框横梁上的定位销本身的调节螺钉调出横梁平面 1~2 mm,再将玻璃门扇竖起来,把门扇下横档内的转动销连接件的孔位对准地弹簧的转动销轴,并转动门扇将孔位套入销轴上。然后把门扇转动 90°使之与门框横梁成直角,把门扇上横档中的转动连接件的孔对准门框横梁上的定位销,将定位销插入孔内 15 mm 左右(调动定位销上的调节螺钉)。

⑤安装拉手:全玻璃门扇上的拉手孔洞,一般是事先订购时就加工好的,拉手连接部分插入孔洞时不能很紧,应有松动。安装前在拉手插入玻璃的部分涂少许玻璃胶;如若插入过松,可在插入部分裹上软质胶带。拉手组装时,其根部与玻璃贴紧后再拧紧固定螺钉。

知识扩展

弹簧门的安装

1)地弹簧

地弹簧是用于重型门扇下面的一种自动闭门器。当门扇向内或向外开启角度不到 90°时,能使门扇自动关闭,可调整关闭速度,还可将门扇开启至 90°的位置,失去自动关闭的作用。地弹簧的主要结构埋于地下,美观、坚固耐用、使用寿命长。安装时先将顶轴套板固定在门扇上部,再将回转轴杆装于门扇底部,同时将螺钉安装于两侧,对齐上、下两轴孔,将顶轴安装于门框顶部。安装底座时,从顶轴中心吊一垂线至地面,对准底座上地轴之中心,同时保持底座的水平以及底座上面板和门扇底部的缝隙为 15 mm,然后将外壳用混凝土填实。待混凝土达到龄期后,将门扇上回转轴连杆的轴孔套在底座的地轴上,再将门扇顶部顶轴套板的轴孔和门框上的顶轴对准,拧动顶轴上的升降螺钉,使顶轴插入轴孔 15 mm 即可。

如果门扇的启闭速度需要调节,可将底板上的螺钉拧掉,螺钉孔对准的是油泵调节螺丝;使用1年后,底座内应加纯洁油(12号冷冻机油),顶轴上应加润滑油;底座进行拆修后,必须按原状进行密封。

2)门顶弹簧

门顶弹簧又称门顶弹弓,是装于门顶部的自动闭门器。其特点是内部装有缓冲油泵,关门速度较慢,使行人能从容通过,且碰撞声很小。

门顶弹簧用于内开门时,应将门顶弹簧装在门内;用于外开门时,则装于门外。门顶弹簧只适用于右内开门或左外开门,不适用于双向开启的门使用。首先将油泵壳体安装在门的顶部,并注意使油泵壳体上速度调节螺钉朝向门上的合页一面,油泵壳体中心线与合页中心线之间的距离应为350 mm;其次将牵杆臂架安装在门框上,臂架中心线与油泵壳体中心线之间的距离应为15 mm;最后松开牵杆套梗上的紧固螺钉,并将门开启到90°,使牵杆伸长到所需长度,再拧紧紧固螺钉,即可使用。

速度调节螺钉供调节开闭速度之用,顺时针为慢。门顶弹簧使用一年后,通过油孔螺钉加注防冻机油,其余各处的螺钉和密封零件不要随意拧动,以免发生漏油。

3)门底弹簧

门底弹簧又称地下自动门弓,分横式和竖式两种。能使门扇开启后自动关闭,能里外双向开启,不需自动关闭时,将门扇开到90°即可。门底弹簧适用于弹簧木门。

安装时将顶轴安装在门框上部,顶轴套管安装在门扇顶端,两者中心必须对准;从顶轴下部吊一垂线,找出楼地面上底轴的中心位置和底板木螺钉的位置,然后将顶轴拆下;先将门底弹簧主体(指框架底板等)安装于门扇下部,再将门扇放入门框,对准顶轴和底轴的中心及木螺丝的位置,分别将顶轴固定在门框上部、底板固定在楼地面上,最后将盖板装在门扇上,以遮蔽框架部分。

4)鼠尾弹簧

鼠尾弹簧又称门弹簧、弹簧门弓,选用优质低碳钢弹簧钢丝制成,表面涂黑漆、臂梗镀锌或镀镍,是安装在门扇中部的自动闭门器。其特点是门扇在开启后能自动关闭,如不需自动关闭时,将臂梗垂直放下即可,适用于安装在一个方向开启的门扇上。

安装时,可用调节杆插入调节器圆孔中,转动调节器使松紧适宜,然后将销钉固定在新的圆孔位置上。

7.5.5 特种门门窗工程质量验收标准

1)主控项目

①特种门的质量和各项性能应符合设计要求。

检验方法:检查生产许可证、产品合格证书和性能检测报告。

②特种门的品种、类型、规格、尺寸、开启方向、安装位置及防腐处理应符合设计要求及国家现行标准的有关规定。

检验方法:观察;尺量检查;检查进场验收记录和隐蔽工程验收记录。

③带有机械装置、自动装置或智能化装置的特种门,其机械装置、自动装置或智能化装置的功能应符合设计要求。

检验方法:启动机械装置、自动装置或智能化装置,观察。

④特种门的安装必须牢固。预埋件及锚固件的数量、位置、埋设方式、与框的连接方式

必须符合设计要求。

检验方法:观察;手扳检查;检查隐蔽工程验收记录。

⑤特种门的配件应齐全,位置应正确,安装应牢固,功能应满足使用要求和特种门的各项性能要求。

检验方法:观察;手扳检查;检查产品合格证书、性能检测报告和进场验收记录。

2)一般项目

①特种门的表面装饰应符合设计要求。

检验方法:观察。

②特种门的表面应洁净,无划痕、碰伤。

检验方法:观察。

③推拉自动门的感应时间限值和检验方法应符合表7.13的规定。

表7.13 推拉自动门的感应时间限值和检验方法

项 次	项 目	感应时间限值/s	检验方法
1	开门响应时间	≤0.5	用秒表检查
2	堵门保护延时	16~20	用秒表检查
3	门扇全开启后保持时间	13~17	用秒表检查

④人行自动门活动扇在启闭过程中对所要求保护的部位应留有安全间隙。安全间隙应不小于8 mm或大于25 mm。

检验方法:用钢直尺检查。

⑤自动门安装的允许偏差和检验方法应符合表7.14的规定。

表7.14 自动门安装的允许偏差和检验方法

项 次	项 目	允许偏差/mm				检验方法
		推拉自动门	平开自动门	折叠自动门	旋转自动门	
1	上框、平梁水平度	1	1	1	—	用1 m水平尺和塞尺检查
2	上框、平梁直线度	2	2	2	—	用钢直尺和塞尺检查
3	立框垂直度	1	1	1	1	用1 m垂直检测尺检查
4	导轨和平梁平行度	2	—	2	2	用钢直尺检查
5	门框固定扇内侧对角线尺寸	2	2	2	2	用钢卷尺检查
6	活动扇与框、横梁、固定扇间隙差	1	1	1	1	用钢卷尺检查
7	板材对接接缝平整度	0.3	0.3	0.3	0.3	用2 m靠尺和塞尺检查

⑥自动门切断电源,应能手动开启。门的启闭方式、手动开启力和检验方法应符合表7.15

的规定。

表 7.15　门的启闭方式、手动开启力和检验方法

项　次	门的启闭方式	手动开启力/N	检验方法
1	推拉自动门	≤100	用测力计检查
2	平开自动门	≤100(门扇边梃着力点)	
3	折叠自动门	≤100(追之余门扇折叠处铰链推拉)	
4	旋转自动门	150~300(门扇边梃着力点)	

注:①推拉自动门和平开自动门为双扇时,手动开启力仅为单扇的测值;
　②平开自动门在没有风力情况测定;
　③重叠推拉着力点在门扇前、侧结合部的门扇边缘。

本章小结

本章从门窗的构造、所用材料和要求及施工机具入手,按施工过程介绍了装饰木门、铝合金门、塑钢门、全玻璃门的施工工艺,并在此基础上分别介绍了各种门窗工程的质量验收标准,使学生学会正确选择材料和组织施工的方法,力求培养学生解决现场施工常见工程质量问题的能力。

复习思考题

1.门窗有哪些类型?各有何特点?
2.木门窗是怎样安装的?
3.彩板门窗是怎样安装的?
4.塑料门窗是怎样安装的?
5.铝合金门窗是怎样制作和安装的?
6.特殊门窗有哪些?其安装是怎样进行的?

第8章
细部工程施工技术

本章导读

● **基本要求**

（1）知识目标：了解室内橱柜和吊柜、门窗帘盒、护栏和扶手、门窗台板和暖气罩等细部工程的基本知识，理解其制作与安装过程，掌握细部工程中的施工要点。

（2）能力目标：通过对制作与安装过程的深刻理解，使学生具有正确选择材料和组织施工的方法，能解决施工现场中常见工程质量问题，会对工程进行质量验收。

● **重点**

（1）各细部工程制作与安装的工艺。

（2）各细部工程的质量验收。

● **难点**

在学习过程中能掌握理论知识的全部内容，并能在综合实训或以后的工作总把所学的知识运用到施工中，独立完成完整的施工设计和组织，独立写出施工总结。

细部工程是指室内的橱柜和吊柜、窗帘盒、栏杆和扶手、窗台板和暖气罩等。在现代建筑室内装饰工程中，其制作与安装质量对整个工程的装饰效果有很大影响，正所谓"细节决定成败"。为此，在施工时应优选材料、精心制作、仔细安装，使工程质量达到国家标准的规定。

8.1 橱柜制作与安装工程

现代家庭装修中，更注重实用、高效、美观。在住宅室内功能区域划分过程中，橱柜、吊柜的优势在于能够对室内空间进行划分，为住宅室内空间带来活力，又在使用中带来了方便。现代家居中，橱柜、吊柜的形式如图8.1所示。

橱柜是指厨房中存放厨具以及做饭操作的平台。使用明度较高的色彩搭配,由柜体、门板、五金件、台面、电器五大件组成。整体橱柜也称为整体厨房,是指由橱柜、电器、燃气具、厨房功能用具四位一体组成的橱柜组合,如图8.1所示。

图8.1　橱柜

常见橱柜样式有以下几种:

(1)"一"字形橱柜

"一"字形橱柜是将所有的电器和柜子都沿着一面墙放置,操作都在一条直线上进行。这种紧凑、有效的窄厨房设计,适合中小家庭或者同一时间只有一个人在厨房工作的住房。

(2)L形橱柜

L形橱柜是一款实用的厨房设计,也是最常见的厨房设计,是小空间的理想选择。

(3)U形橱柜

U形橱柜是在国外最为流行,一般要求厨房面积较大。U形橱柜在使用上也最为实用,可最大限度地利用空间进行烹饪和储物。

(4)岛形橱柜

岛形橱柜是独立于橱柜之外的,下有柜体的单独操作区。岛形橱柜只适用于开放式厨房,在现代装修中其最大的作用就是作为厨房与其他空间的隔断。

(5)"二"字形橱柜

"二"字形又称为走廊式厨房,是沿着两面相对墙建立两排工作区和储物区。如果准备食物是厨房工作的重点,那么这种设计是一大优点。走廊式厨房不需要很大的空间,厨房尽头有门或窗即可。

8.1.1　橱柜制作安装准备

1)技术准备

熟悉施工图纸,作好施工准备。

2)材料要求

①木方料:用于制作骨架的基本材料,应选用木质较好、无腐朽、不潮湿、无扭曲变形的合格材料,含水率不大于12%。橱柜、吊柜木制品由工厂加工成成品或半成品,木材含水率不得超过12%。加工的框和扇进场时应对型号、质量进行核查,需有产品合格证。

②胶合板:应选择不潮湿并无脱胶开裂的板材;饰面胶合板应选择木纹流畅、色泽纹理一致、无疤痕、无脱胶空鼓的板材。

③配件:根据家具的连接方式选择五金配件,如拉手、铰链、镶边条等。并按家具的造型与色彩选择五金配件,以适应各种彩色的家具使用。

④圆钉、木螺丝、白乳胶、木胶粉、玻璃等。

3)主要机具

主要机具有手提刨、电锯、机刨、手工锯、手电钻、冲击钻、长刨、短刨。

4)作业条件

空间内部地面、墙面、顶棚等工程已完工。

①结构工程和有关橱柜、吊柜的构造连体已具备安装橱柜和吊柜的条件,室内已有标高水平线。

②橱柜框、扇进场后应及时进行加工并在靠墙、贴地、顶面处涂刷防腐涂料,其他各面涂刷底油一道,然后分类码放平整,底层垫平,保持通风,一般不应露天存放。

③橱柜、吊柜的框和扇,在安装前应检查有无窜角、翘扭、弯曲、劈裂,如有以上缺陷,应修理合格后,再进行拼装。吊柜钢骨架应检查规格,有变形的应修正合格后进行安装。

④橱柜、吊柜框的安装应在抹灰前进行;扇的安装应在抹灰后进行。

8.1.2　橱柜制作安装工艺

1)工艺流程

工艺流程:配料→画线→榫槽及拼板施工→组装→面板的安装→线脚收口→边缘线脚。

2)施工要点

①配料:应根据家具结构与木料的使用方法进行安排,主要分为木方料的选配和胶合板下料布置两个方面。应先配长料和宽料,后配小料;先配长板材,后配短板材,顺序搭配安排。对于木方料的选配,应先测量木方料的长度,然后再按家具的竖框、横档和腿料的长度尺寸要求放长 30~50 mm 截取。木方料的截面尺寸在开料时应按实际尺寸的宽、厚各放大 3~5 mm,以便刨削加工。

对于木方料进行刨削加工时,应先识别木纹。不论是机械刨削还是手工刨削,均应按顺木纹的方向。先刨大面,再刨小面,把两个相邻的面刨成90°。

②画线:画线前要备好量尺(卷尺和不锈钢尺等)、木工铅笔、角尺等,应认真看懂图纸,清楚理解工艺结构、规格尺寸和数量等技术要求。画线基本操作步骤如下:

a.首先检查加工件的规格、数量,并根据各工件的表面颜色、纹理、节疤等因素确定其正反面,并作好临时标记。

b.在需要对接的端头留出加工余量,用直角尺和木工铅笔画一条基准线。若端头平直,又属作开榫一端,即不画此线。

c.根据基准线,用量尺量画出所需的总长尺寸线或榫肩线。再以总长线和榫肩线为基准,完成其他所需的榫眼线。

d. 可将两根或两块相对应位置的木料拼合在一起进行画线,画好一面后,用直角尺把线引向侧面。

e. 所画线条必须准确、清楚。画线之后,应将空格相等的两根或两块木料颠倒并列进行校对,检查画线和空格是否准确相符,如有差别,即说明其中有错,应及时查对校正。

③榫槽及拼板施工:

a. 榫的种类主要分为木方连接榫和木板连接榫两大类,但其具体形式较多,分别适用于木方和木质板材的不同构件连接,如木方中榫、木方边榫、燕尾榫、扣合榫、大小榫、双头榫等。

b. 在室内家具制作中,采用木质板材较多,如台面板、橱面板、搁板、抽屉板等,都需拼缝结合。常采用的拼缝结合形式有高低缝、平缝、拉拼缝、马牙缝等。

c. 板式家具的连接方法较多,主要分为固定式结构连接和拆装式结构连接两种。

④组装:木家具组装分部件组装和整体组装。组装前,应将所有的结构件用细刨刨光,然后按顺序逐渐进行装配。装配时,注意构件的部位和正反面。衔接部位需涂胶时,应刷涂均匀并及时擦净挤出的胶液。锤击装拼时,应将锤击部位垫上木板,不可猛击;如有拼合不严处,应查找原因并采取修整或补救措施,不可硬敲硬装就位。各种五金配件的安装位置应定位准确,安装严密、方正牢靠,结合处不得崩搓、歪扭、松动,不得缺件、漏钉和漏装。

⑤面板的安装:如果家具的表面做油漆涂饰,其框架的外封板一般即同时是面板;如果家具的表面是使用装饰细木夹板进行饰面,或是用塑料板做贴面,那么家具框架外封板就是其饰面的基层板。饰面板与基层板之间多是采用胶粘贴合。饰面板与基层黏合后,需在其侧边使用封边木条、木线、塑料条等材料进行封边收口,其原则是凡直观的边部,都应封堵严密和美观。

⑥线脚收口:采用木质、塑料或金属线脚(线条)对家具进行装饰并统一室内整体装饰风格的做法,是当前比较广泛的一种装饰方式。其线脚的排布与图案造型形式,可以灵活多变,但也不宜过于烦琐。

⑦边缘线脚:装饰于家具、固定配置的台面边缘及家具具体与底脚交界处等部位,作为封边、收口和分界的装饰线条形式,使室内陈设的达到完善和完美。同时,通过较好的封边收口,可使板件内部不易受到外界的温度、湿度的影响而保持一定的稳定性。常用的材料有实木条、塑料条、铝合金条、薄木单片等。

a. 实木封边收口:常用钉胶结合的方法,黏结剂可用立时得、白乳胶、木胶粉。

b. 塑料条封边收口:一般是采用嵌槽加胶的方法进行固定。

c. 铝合金条封边收口:有L形和槽形两种,可用钉或木螺丝直接固定。

d. 薄木单片和塑料带封边收口:先用砂纸磨除封边处的木渣、胶迹等并清理干净,在封口边刷一道稀甲醛作填缝封闭层,然后在封边薄木片或塑料带上涂万能胶,对齐边口贴放。用干净抹布擦净胶迹后再用熨斗烫压,固化后切除毛边和多余处即可。对于微薄木封边条也可直接用白乳胶粘贴;对于硬质封边木片也可用镶装或加胶加钉安装的方法。

8.1.3　橱柜制作安装质量验收

1)主控项目

①橱柜制作与安装所用材料的材质、规格、性能、有害物质限量,以及木材的燃烧性能等级和含水率应符合设计要求与国家现行标准的有关规定。

检验方法:观察;检查产品合格证书、进场验收记录、性能检验报告和复验报告。

②橱柜安装预埋件或后置埋件的数量、规格、位置应符合设计要求。

检验方法:检查隐蔽工程验收记录和施工记录。

③橱柜的造型、尺寸、安装位置、制作和固定方法应符合设计要求。橱柜安装应牢固。

检验方法:观察;尺量检查;手扳检查。

④橱柜配件的品种、规格应符合设计要求。配件应齐全,安装应牢固。

检验方法:观察;手扳检查;检查进场验收记录。

⑤橱柜的抽屉和柜门应开关灵活、回位正确。

检验方法:观察;开启和关闭检查。

2)一般项目

①橱柜表面应平整、洁净、色泽一致,不得有裂缝、翘曲及损坏。

检验方法:观察。

②橱柜裁口应顺直、拼缝应严密。

检验方法:观察。

③橱柜安装的允许偏差和检验方法应符合表 8.1 的规定。

表 8.1　橱柜安装的允许偏差和检验方法

项　次	项　目	允许偏差/mm	检验方法
1	外形尺寸	3	用钢尺检查
2	立面垂直度	2	用 1 m 垂直检测尺检查
3	门与框架的平行度	2	用钢尺检查

8.2　窗帘盒、窗台板制作与安装工程

窗帘盒是用来遮挡窗帘杆及其轨道以及窗帘上部的装饰件,作悬挂窗帘之用。一般有明、暗两种,明窗帘盒整个外露,在施工现场加工安装;暗窗帘盒是与吊顶组合预留的挂窗帘的位置,如图 8.2 和图 8.3 所示。

窗帘盒的长度由窗洞口的宽度决定,一般窗帘盒的长度比窗洞口的宽度大 300 ~ 360 mm,也可做通长窗帘盒。窗帘盒的槽体尺寸及用材,取决于窗洞宽度、窗帘自身厚度及层数、窗帘轨固定的方式、室内净高尺寸等,没有严格规定,参考尺寸如下:槽口宽,1 层窗帘 140 mm,2 层窗帘 180 mm,3 层窗帘 220 ~ 240 mm。如窗帘自身厚度偏大,应增大槽口宽度,

以不蹭墙体和前挡板为准。或以不蹭窗台板和前挡板为准（通体下垂窗帘）。槽口深 140 ~ 240 mm。槽口的深度一般由窗帘轨道、滑轮、挂环、挂钩等尺度决定。以前挡板遮挡住所有窗帘轨、五金配件为准。如采用电动轨道，槽口的宽度、深度应以遮挡住电动装置为准。

（a）暗窗帘盒实物图

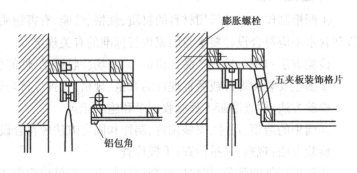

（b）暗窗帘盒构造图

图 8.2　暗窗帘盒

（a）明窗帘盒实物图

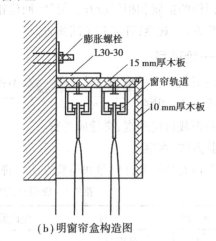

（b）明窗帘盒构造图

图 8.3　明窗帘盒

　　窗帘杆及其轨道的作用是悬挂窗帘。其材质多种多样，有木质的、铝合金的、不锈钢的等，有的窗帘杆及其轨道安装在窗帘盒中，有的则露在外面没有窗帘盒，如图 8.4 所示。

图 8.4　窗帘杆

8.2.1　窗帘盒制作与安装

1)施工准备

(1)材料要求

①木材及制品:一般采用红、白松及硬杂木干燥料,含水率不大于12%,并不得有裂缝、扭曲等现象;通常由木材加工厂生产半成品或成品,施工现场安装。如制作窗帘盒使用大芯板,饰面为清漆涂刷,应做与窗框套同材质的饰面板粘贴。

对称层和同一层单板应是同一树种、同一厚度,并考虑成品结构的均匀性。表板应紧面向外,各层单板不允许端拼。

板均不许有脱胶鼓泡,一等板的面板上允许有或轻微边角缺损,二等板的面板上不得留有胶纸带和明显的胶纸痕。公称厚度自 6 mm 以上的板,其翘曲度:一、二等板不得超过1%,三等板不得超过2%。

②五金配件:根据设计选用五金配件、窗帘轨等,如不锈钢滑轮、PVC 塑钢滑道、镀锌挂钩。

③金属窗帘杆:一般按设计指定型号、规格和构造形式等,如铝质烤漆窗帘杆、不锈钢窗帘杆。

(2)主要机具

木窗帘盒、窗帘杆安装主要机具有木工机床、手电钻、刨、木锯、斧子、扁铲、钢尺等。

(3)作业条件

①如果是明窗帘盒,则先将窗帘盒加工成半成品,再在施工现场安装。

②安装窗帘盒前,应做完顶棚、墙面、门窗、地面的装饰。

2)窗帘盒(杆)安装工艺

(1)施工流程

①明窗帘盒的制作流程:下料→刨光→制作卯榫→装配→修正砂光。

②暗窗帘盒的安装制作流程:定位→固定角铁→固定窗帘盒。

(2)施工要点

①明窗帘盒的制作。

a.下料:按图纸要求截下的不见料要长于要求规格 30~50 mm,厚度、宽度要分别大于 3~5 mm。

b.刨光:刨光时要顺木纹操作,先刨削出相邻两个基准面,并做上符合标记,再按规定尺寸加工完另外两个基础面,要求光洁、无戗槎。

c.制作卯榫:最佳结构方式是采用45°全暗燕尾卯榫,也可采用45°斜角钉胶结合,但钉帽一定要砸扁后打入木内。上盖面可加工后直接涂胶钉入下框体。

d.装配:用直角尺测准暗转角度后把结构敲紧打严,注意格角处不要露缝。

e.修正砂光:结构固化后可修正砂光。用 0 号砂纸打磨掉毛刺、棱角、立搓,注意不可逆木纹方向砂光。要顺木纹方向砂光。

图 8.5 为明窗帘盒和窗帘杆安装。

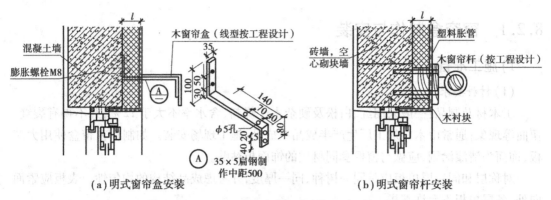

(a) 明式窗帘盒安装　　　　　　　　　　　(b) 明式窗帘杆安装

图8.5　明窗帘盒和窗帘杆安装

②暗窗帘盒的安装。暗装形式的窗帘盒,主要特点是与吊顶部分结合在一起,常见的有内藏式和外接式两种。

内藏式窗帘盒的主要形式是在窗顶部位的吊顶处做出一条凹槽,在槽内装好窗帘轨。作为含在吊顶内的窗帘盒,与吊顶施工一起做好。

外接式窗帘盒是在吊顶平面上,做出一条贯通墙面长度的遮挡板,在遮挡板内吊顶平面上装好窗帘轨。遮挡板可采用木构架双包镶,并把底边做封板边处理。遮挡板与顶棚交接线要用棚角线压住。遮挡板的固定法可采用射钉固定,也可采用预埋木楔、圆钉固定或膨胀螺栓固定。

窗帘轨道有单、双或三轨道之分。单体窗帘盒一般先安轨道,暗窗帘盒在安轨道时,轨道应保持在一条直线上。轨道形式有工字形、槽形和圆杆形3种。

工字形窗帘轨是用与其配套的固定爪来安装的,安装时先将固定爪套入工字形窗帘轨上,每米窗帘轨道有3个固定爪安装在墙面上或窗帘盒的木结构上。

槽形窗帘轨的安装,可用 $\phi5.5$ 的钻头在槽形轨的底面打出小孔,再用螺丝穿过小孔,将槽形轨固定在窗帘盒内的顶面上。

窗台板、暖气罩安装是保护和装饰窗台、美化室内环境的一部分。由于制作材料的不同,窗台板通常有木制窗台板、水泥窗台板、水磨石窗台板、天然石料磨光窗台板和金属窗台板。固定方式为钉固式和粘贴式。暖气罩就是将暖气散热片做隐蔽包装的设施。常见的暖气罩有木制、铝合金等。

8.2.2　窗台板制作与安装工程施工

1) 施工准备

(1) 材料

窗台板制作材料的品种、材质、颜色应按设计选用,木制品应将含水率控制在12%以内,并作好防腐处理,不允许有扭曲变形。水泥窗台板、水磨石窗台板、天然石料磨光窗台板和金属窗台板表面应平整、无破损变形。图8.6为窗台板。

①窗台板制作与安装所使用的材料和规格、木材的燃烧性能等级和含水率及人造板的甲醛含量应符合设计要求和国家现行标准的有关规定。

②木方料:用于制作骨架的基本材料,应选用木质较好、无腐朽、无扭曲变形的合格材

（a）石材窗台板

（b）木窗台板

（c）暖气罩

图8.6　窗台板

料，含水率不大于12%。

③防腐剂、油漆、钉子等各种小五金必须符合设计要求。

（2）主要机具

窗台板、暖气罩安装的主要机具有木工机床、手提切割机、手提抛光机、手电钻、刨、木锯、斧子、扁铲、钢尺等。

（3）作业条件

①安装窗台板的窗下墙，在结构施工时应根据选用窗台板的品种，预埋木砖或铁件。

②窗台板长超过1 500 mm时，除靠窗口两端下木砖或铁件外，中间应每500 mm间距增埋木砖或铁件；跨空窗台板应按设计要求的构造设固定支架。

③安装窗台板、暖气罩时，应在窗框安装后进行，基层窗台面、墙面应平整。窗台板与暖气罩连体的，应在墙、地面装修层完成后进行。

2）窗台板安装工艺

（1）施工流程

施工流程：定位与画线→检查预埋件→支架安装→窗台板的制作→窗台板安装→板材抛光→清洁。

（2）施工要点

①定位与画线：根据设计要求的窗下框标高、位置、核对暖气罩的高度，对窗台板的标高进行画线，并弹暖气罩的位置线。为使同一房间的连通窗台板，保持标高和纵、横位置一致，安装时应拉通线找平，使安装成品达到横平竖直。

②检查预埋件：定位画线后，检查固定窗台板或暖气罩的预埋件，是否符合设计与安装的连接构造要求，如有误差应进行处理，然后再安装。

③支架安装：按设计要求和构造需要设窗台板支架的，安装前应核对支架的标高和位置，按设计要求与支架构造，进行支架安装。

④窗台板的制作：按图纸要求加工的木窗台表面应光洁，其净料尺寸厚度为20～30 mm，比待安装的窗长240 mm，板宽视窗口深度而定，一般要凸出窗口60～80 mm，台板外沿要倒楞或起线。台板宽度大于150 mm，需要拼接时，背面必须穿暗带防止翘曲，窗台板背面要开卸力槽。

⑤窗台板安装。

a. 在窗台墙上，预先砌入防腐木砖，木砖间距500 mm左右，每樘窗不少于两块，在窗框的下坎裁口或打槽（深12 mm、宽10 mm）。将窗台板刨光起线后，放在窗台墙顶上居中，里边嵌入下坎槽内。窗台板的长度一般比窗樘宽度长120 mm左右,两端伸出的长度应一致。在同一房间内同标高的窗台板应拉线找平、找齐,使其标高一致,突出墙面尺寸一致。应注意窗台板上表面向室内略有倾斜(泛水),坡度约1%。

b. 如果窗台板的宽度大于150 mm,拼接时,背面应穿暗带,防止翘曲。

c. 用明钉把窗台板与木砖钉牢,钉帽砸扁,顺木纹冲入板的表面,在窗台板的下面与墙交角处,要钉窗台线(三角压条)。窗台线预先刨光,按窗台长度两端刨成弧形线脚,用明钉与窗台板斜向钉牢,钉帽砸扁,冲入板内。图8.7为窗台板安装示意图。

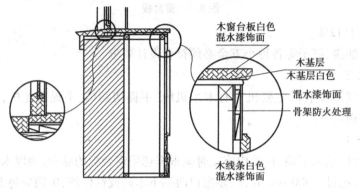

图8.7 窗台板安装

8.2.3 窗帘盒和窗台板制作与安装质量验收标准

1)主控项目

①窗帘盒和窗台板制作与安装所使用材料的材质、规格、性能、有害物质限量,以及木材的燃烧性能等级和含水率应符合设计要求与国家现行标准的有关规定。

检验方法:观察;检查产品合格证书、进场验收记录、性能检验报告和复验报告。

②窗帘盒和窗台板的造型、规格、尺寸、安装位置和固定方法应符合设计要求。窗帘盒和窗台板的安装应牢固。

检验方法:观察;尺量检查;手扳检查。

③窗帘盒配件的品种、规格应符合设计要求,安装应牢固。

检验方法:手扳检查;检查进场验收记录。

2)一般项目

①窗帘盒和窗台板表面应平整、洁净、线条顺直、接缝严密、色泽一致,不得有裂痕、翘曲及损坏。

检验方法:观察。

②窗帘盒和窗台板与墙、窗框的衔接应严密,密封胶缝应顺直、光滑。

检验方法:观察。

③窗帘盒与窗台板安装的允许偏差和检验方法应符合表8.2的规定。

表 8.2　窗帘盒与窗台板安装的允许偏差和检验方法

项次	项目	允许偏差/mm	检验方法
1	水平度	2	用 1 m 水平尺和塞尺检查
2	上口、下口直线度	3	拉 5 m 线,不足 5 m 拉通线,用钢直尺检查
3	两端距窗洞口长度差	2	用钢直尺检查
4	两端出墙厚度差	3	用钢直尺检查

8.3　护栏和扶手制作与安装工程

护栏和扶手是保证上下楼梯以及开敞空间平台处的安全而设置的,栏杆和扶手组合后需要有一定的强度。楼梯栏杆和扶手有 3 种类型:空花楼梯栏杆扶手、靠墙木扶手及有栏板楼梯扶手。

8.3.1　护栏和扶手施工准备

1)材料要求

(1)木扶手

木扶手一般采用硬杂木加工的半成品,其材质、规格、尺寸、形状符合设计要求。木材应纹理顺直,颜色一致。不得有腐朽、节疤、黑斑、黑点、扭曲、裂纹等缺陷。含水率不得大于当地平衡含水率(一般为 8% ~ 12%),弯头料一般使用扶手料以 45°斜面相接。断面特殊的木扶手按设计要求备好弯头料。

(2)塑料扶手

塑料扶手断面形式、规格、尺寸及色彩应符合设计要求。

(3)金属扶手

金属扶手一般选用不锈钢管,其规格、型号、面层质感、亮度应符合设计要求。

(4)金属栏杆

金属栏杆一般采用不锈钢管、钢管或铁艺,不锈钢管、钢管的品种、规格、型号、面层颜色、亮度及质感符合设计要求。铁艺栏杆的规格、型号、颜色、花饰图案、造型形状、颜色应符合设计要求。

(5)其他材料

焊条、焊丝应有合格证。胶黏剂应有出厂合格证,并符合现行国家标准《室内装饰装修材料胶粘剂中有害物质限量》(GB 18583—2008)的规定。螺钉、帽钉的规格、型号按扶手的规格尺寸确定,颜色按扶手的颜色确定。

玻璃在栏板构造中既是装饰构件又是受力构件,需具有防护功能及承受推、靠、挤等外力作用,故应采用安全玻璃,目前多使用钢化玻璃。单层钢化玻璃一般选用 12 mm 厚的品种,因为钢化玻璃不能在施工现场进行裁割,所以应根据设计尺寸到厂家订制,须注意玻璃的排块合理,尺寸精准。楼梯玻璃栏板其单块尺寸一般采用 1.5 m 宽;楼梯水平部位及跑马廊所用玻璃单块宽度,一般为 2 m 左右。图 8.8 为扶手构造。

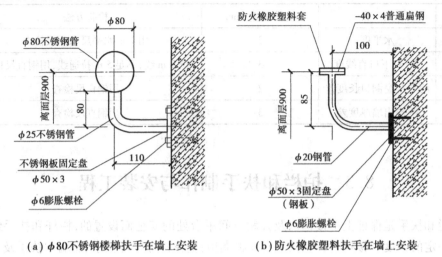

（a）φ80不锈钢楼梯扶手在墙上安装　　（b）防火橡胶塑料扶手在墙上安装

图 8.8　在墙体或柱上安装扶手（单位：mm）

2）主要机具

①机械:电焊机、氩弧焊机、电锯、电刨、抛光机、切割机、无齿锯、手枪钻、冲击电锤、角磨机等。

②工具:手锯、手刨、斧子、手锤、钢锤、木锉、螺丝刀、方尺、割角尺等。

③计量检测用具:水准仪、钢尺、水平尺、靠尺、塞尺、线坠等。

④安全防护用品:安全帽、护目镜、电焊面罩、手套等。

3）作业条件

①弹好水平控制线和标高控制线,并经预检合格。

②安装护栏、扶手部位的顶棚、墙面、楼梯踏步等抹灰施工已完成。

③安装护栏、扶手的预埋件、固定支撑件已施工完,并经检验合格。

④护栏、扶手安装前,墙面、踏步是石材面层时应施工完。

8.3.2　护栏和扶手安装工艺

1）施工流程

施工流程:弹线、检查预埋件→焊连接件→安装护栏和扶手→表面处理（磨光、抛光、油漆等）。

2）施工要点

①弹线、检查预埋件:按设计要求的安装位置、固定点间距和固定方式,弹出护栏、扶手的安装位置中心线和标高控制线,在线上标出固定点位置。然后检查预埋件位置是否合适,固定方式是否满足设计或规范要求。预埋件不符合要求时,应按设计要求重新埋设后置埋件。

②焊连接件:根据设计要求的安装方式,将不同材质护栏、扶手的安装连接件与预埋件进行焊接,焊接要牢固,焊渣应及时清除干净,不得有夹渣现象。焊接完成后进行防腐处理,

做隐蔽工程验收。

③安装护栏和扶手：

A. 护栏安装：不锈钢管护栏安装是按照设计图纸要求和施工规范要求在已弹好的护栏中心线上，先焊接栏杆连接杆，连接杆的长度根据面层材料的厚度确定，一般应高于面层材料踏步面 100 mm。待面层踏步饰面材料铺贴完成后，将不锈钢管栏杆插入连接杆。栏杆顶端焊接扶手前，将踏步板法兰盖套入不锈钢管栏杆内。

a. 铁艺护栏安装：根据设计图纸和施工规范要求，结合铁艺图案确定连接杆（件）的长度和安装方式，待面层材料铺完后将花饰与连接杆（件）焊接，用磨光机将接槎磨平、磨光。

b. 木护栏安装：按照设计图纸、施工规范要求和已弹好的栏杆中心线，在预埋件上焊接连接杆（件），连接杆（件）一般用 ϕ8 钢筋，高度应高于地面面层 60 mm。待地面面层施工完成后，把木栏杆底部中心钻出直径 ϕ10、深 70 mm 的孔洞，在孔洞内注入结构胶，然后插到焊好的连接杆上。

B. 扶手安装：扶手安装的高度、坡度应一致，沿墙安装时出墙尺寸应一致。

a. 不锈钢扶手安装：根据扶梯、楼梯和护栏的长度，将不锈钢管型材切断，按标高控制线调好标高，端部与墙、柱面连接件焊接固定，焊完之后用法兰盖盖好。不锈钢管中间的底部与栏杆立柱焊接，焊接前要对栏杆立柱进行调整，保证其垂直度、顶端的标高和直线度，并尽量使其间距相等，然后采用氩弧焊逐根进行焊接。焊接完成后，焊口部位进行磨平、磨光。如图 8.9 和图 8.10 所示。

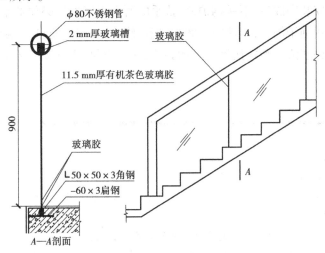

图 8.9 不锈钢玻璃扶手安装示意图

b. 木扶手安装：木扶手一般安装在钢管或钢筋立柱护栏上，安装前应先对钢管或钢筋立柱的顶端进行调直、调平，然后将一根 3 mm×25 mm 或 4 mm×25 mm 的扁钢平放焊在立柱顶上，做木扶手的固定件。木扶手安装时，水平的应从一端开始，倾斜的一般自下而上进行。倾斜扶手安装，一般先按扶手的倾斜度选配起步弯头，通常弯头在工厂进行加工制作。弯头断面应按扶手的断面尺寸选配，一般情况下，稍大于扶手的断面尺寸。弯头和扶手的底部开 5 mm 深的槽，槽的宽度按扁钢连接件确定。把开好槽的弯头、扶手套入扁钢，用木螺钉进行固定，固定间距控制在 400 mm 以内。注意木螺钉不得用锤子直接打入，应打入 1/3，拧入 2/3,木质过硬时,可钻孔后再拧入,但孔径不得大于木螺钉直径的 0.7 倍。木扶手接头下部宜采用暗燕尾榫连接,但榫内均需加黏结剂,避免将接头拔开或出现裂缝。木扶手埋入面层时应作防腐处理。

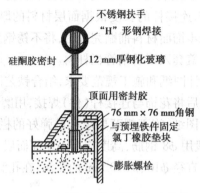

不锈钢扶手
"H"形钢焊接
硅酮胶密封
12 mm厚钢化玻璃
顶面用密封胶
76 mm×76 mm角钢
与预埋铁件固定
氯丁橡胶垫块
膨胀螺栓

图 8.10　型钢与外表圆管焊成整体

c.塑料扶手安装:塑料扶手通常为定型产品,按设计要求进行选择,所用配件应配套。安装时一般先将栏杆立柱的顶端进行调直、调平,把专用固定件安装在栏杆立柱的顶端。楼梯扶手一般从每跑的上端开始,将扶手承插到专用固定件上,从上向下穿入,承插入槽。弯头、转向处,用同样的塑料扶手,按起弯、转向角度进行裁切,然后组装成弯头、转角。塑料扶手的接头一般采用热融或黏结法进行连接,然后将接口修平、抛光。

④表面处理:安装完成后,不锈钢护栏、扶手的所有焊接处均必须磨平、抛光。木扶手的转弯、接头处必须用刨子刨平,木锉锉平磨光,把弯修平顺,使弯曲自然,断面顺直,最后用砂纸整体磨光,并涂刷底漆。塑料扶手需承插到位,安装牢固,所有接口必须修平、抛光。

 别提示

1)季节性施工

①室外施工时注意避开雨、雪天气。

②木质护栏、扶手雨期施工时,注意及时涂刷底漆进行防潮。湿度较高时,不宜进行面层油漆施工。冬期施工时注意通风换气,保持室内湿度和温度,使用黏结剂时室内温度不得低于 5 ℃。

2)栏板施工中应注意的几个问题

①墙、柱施工时,应注意锚固扶手的预埋件的埋设,并保证位置准确。

②玻璃栏板底座土建施工时,注意固定件的埋设应符合设计要求。需加立柱时,应确立立柱的位置。

③扶手与铁件连接,可用焊接或螺栓,也可用膨胀螺栓锚固铁件。

④扶手安装以后,要对扶手表面予以保护。当扶手较长时,要考虑扶手的侧向弯曲,在适当的部位加临时立柱,缩短其长度,减少变形。若变形较大,一般较难调直。

⑤多层走廊部位的玻璃栏板,人靠时,由于居高临下,常常有一种不安全的感觉。因此,该部位的扶手高度应比楼梯扶手要高一些,合适高度在 1.1 m 左右。

⑥不锈钢扶手、铜管扶手表面往往粘有各种油污或杂物,使其光泽受到一定的影响。在交工前除进行擦拭外,一般还需抛光。

8.3.3　护栏和扶手制作与安装工程

1)主控项目

①护栏和扶手制作与安装所使用材料的材质、规格、数量和木材、塑料的燃烧性能等级应符合设计要求及国家标准的有关规定。

检验方法:观察;检查产品合格证书、进场验收记录和性能检测报告。

②护栏和扶手的造型、尺寸及安装位置应符合设计要求。

检验方法:观察;尺量检查;检查进场验收记录。

③护栏和扶手安装预埋件的数量、规格、位置以及护栏与预埋件的连接节点应符合设计要求。

检验方法:检查隐蔽工程验收记录和施工记录。

④护栏高度、栏杆间距、安装位置必须符合设计要求。护栏安装必须牢固。

检验方法:观察;尺量检查;手板检查。

⑤栏板玻璃的使用应符合设计要求和现行行业标准《建筑玻璃应用技术规程》(JGJ 113—2015)的规定。

检验方法:观察;尺量检查;检查产品合格证书和进场验收记录。

2)一般项目

①栏杆和扶手转角弧度应符合设计要求,接缝应严密,表面应光滑,色泽应一致,不得有裂缝、翘曲及损坏。

检验方法:观察;手摸检查。

②护栏与扶手安装的允许偏差和检验方法应符合表 8.3 的规定。

表 8.3　护栏与扶手安装的允许偏差和检验方法

项　次	项　目	允许偏差/mm	检验方法
1	护栏垂直度	3	用 1 m 垂直检测尺检查
2	栏杆间距	0,−6	用钢尺检查
3	扶手直线度	4	拉通线,用钢尺检查
4	扶手高度	+6,0	用钢尺检查

8.4　门窗套制作与安装工程

8.4.1　门窗套制作与安装施工工艺

1)门窗套概述

门窗套是指在门窗洞口的两个立边垂直面,可凸出外墙形成边框也可与外墙平齐,既要立边垂直平整又要满足与墙面平整,故此质量要求很高。这好比在门窗外罩上一个正规的套子,习称为门窗套。

门窗套具有保护和装饰的功能。门窗套起着保护墙体边线的功能,还可连接室内装饰材料的收口,使工艺更加完美。门套还起着固定门扇的作用,没有门套,门扇就会安装不牢固、密封效果差;窗套还能在装饰过程中修补因窗框封不实而导致通风漏气的毛病。

门窗套本身还有相当突出的装饰作用,门窗套是家庭装修的主要内容之一。其造型、材质、色彩对整个家庭装修的风格有着非常重要的影响。绝大多数家庭都做门窗套,因此,做什么样的门窗套,在某种程度上决定了家装的个性。图8.11为门窗套。

图8.11 门窗套

2)施工准备

(1)材料要求

木材:门窗套制作所使用的木材应采用干燥的木材,含水率不应大于12%。腐朽、虫蛀的木材不能使用。

胶合板:应选择不潮湿并无脱胶、开裂、空鼓的板材。

饰面胶合板:应选择木纹美观、色泽一致、无疤痕、不潮湿、无脱胶、空鼓的板材。

(2)主要机具

主要机具有手提刨、电锯、机刨、手工锯、手电钻、冲击电钻、长刨、短刨等。

(3)作业条件

①验收主体结构是否符合设计要求。采用木筒子板的门、窗洞口应比门窗樘宽40 mm,洞口比门窗樘高出25 mm。

②检查门窗洞口垂直度和水平度是否符合设计要求。

③检查预埋木砖或铁连件是否齐全、位置是否正确(中距一般为500 mm),如发现问题必须修理或校正。

3)施工工艺

(1)工艺流程

工艺流程:检查门窗洞孔和预埋件→制作及安装木龙骨→装订面板。

(2)施工要点

①制作木龙骨:

a.根据门窗洞口实际尺寸,先用木方制成木龙骨架。一般骨架分3片,两侧各一片。每片两根立杆,当筒子板宽度大于 500 mm 需要拼缝时,中间适当增加立杆。

b.横撑间距根据筒子板厚度决定。当面板厚度为 10 mm 时,撑间距不大于 400 mm;板厚为 5 mm 时,横撑不大于 300 mm。横撑间距必须与预埋件间距位置对应。

c.木龙骨架直接用圆钉钉成,并将朝外的一面刨光。其他三面涂刷防火剂与防腐剂。

②安装木龙骨:首先在墙面做防潮层,可干铺油毡一层,也可涂沥青。然后安装上端龙骨,找出水平。不平时用木楔垫实打牢。再安装两侧龙骨架,找出垂直并垫实打牢。

③装钉面板:

a.面板应挑选木纹和颜色相近的在同一洞口、同一房间。

b.裁板时要约大于木龙骨架实际尺寸,大面净光,小面刮直,木纹根部朝下。

c.长度方向需要对接时,木纹应通顺,其接头位置应避开视线范围。

d.一般窗筒子板拼缝应在室内地坪 2 m 以上;门洞筒子板拼缝离地面 1.2 m 以下。同时接头位置必须留在横撑上。

e.当采用厚木板时,板背面应做卸力槽,以免板面弯曲。卸力槽一般间距为 100 mm,槽宽 10 mm,深度 5 ~ 8 mm。

f.板面与木龙骨间要涂胶。固定板面所用钉子的长度为面板厚度的 3 倍,间距一般为 100 mm,钉帽砸扁后冲进木材面层 1 ~ 2 mm。

g.筒子板里侧要装进门、窗框预先作好的凹槽里。外侧要与墙面齐平,割角要严密方正。

8.4.2　门窗套制作与安装质量验收标准

1) 主控项目

①门窗套制作与安装所使用材料的材质、规格、花色、性能、有害物质限量及木材的燃烧性能等级和含水率应符合设计要求及国家现行标准的有关规定。

检验方法:观察;检查产品合格证书、进场验收记录、性能检验报告和复验报告。

②门窗套的造型、尺寸和固定方法应符合设计要求,安装应牢固。

检验方法:观察;尺量检查;手扳检查。

2) 一般项目

①门窗套表面应平整、洁净、线条顺直、接缝严密、色泽一致,不得有裂缝、翘曲及损坏。

检验方法:观察。

②门窗套安装的允许偏差和检验方法应符合表 8.4 的要求。

表 8.4　门窗套安装的允许偏差和检验方法

项　次	项　目	允许偏差/mm	检验方法
1	正、侧面垂直度	3	用 1 m 垂直检测尺检查
2	门窗套上口水平度	1	用 1 m 水平检测尺和塞尺检查
3	门窗套上口直线度	3	拉 5 m 线,不足 5 m 拉通线,用钢直尺检查

本章小结

本章主要介绍了装饰工程中的细部工程,有橱柜安装、吊柜安装、窗帘盒(杆)安装、栏板和扶手安装、窗台板和暖气罩安装等安装工艺,并在此基础上分别介绍了各种细部装饰的质量验收标准,使学生在完成安装工艺的同时也能做好工艺检查验收。

复习思考题

1.简述木窗帘的制作与安装过程。

2.简述木扶手制作与安装操作要点。

3.简述不锈钢楼梯栏杆、扶手的安装操作要点。

4.简述玻璃回廊栏板的安装方法。

5.简述楼梯玻璃栏板的施工方法。

6.简述橱柜制作与安装过程。